国家出版基金项目
NATIONAL PUBLICATION FOUNDATION

高含水油田提高采收率
完井、注水、修井关键工程技术

CRUCIAL ENGINEERING TECHNOLOGIES OF WELL COMPLETION，WATER INJECTION，
AND WORKOVER OPERATION TO ENHANCE OIL RECOVERY OF HIGH WATER-CUT OILFIELDS

王增林　著

U0273090

中国石油大学出版社
CHINA UNIVERSITY OF PETROLEUM PRESS

山东·青岛

图书在版编目(CIP)数据

高含水油田提高采收率完井、注水、修井关键工程技术 / 王增林著. --青岛 ：中国石油大学出版社，2022.10

ISBN 978-7-5636-7299-8

Ⅰ．①高… Ⅱ．①王… Ⅲ．①高含水－油田－提高采收率－研究 Ⅳ．①TE357

中国版本图书馆 CIP 数据核字(2021)第 242974 号

书　　　名：高含水油田提高采收率完井、注水、修井关键工程技术
　　　　　　GAOHANSHUI YOUTIAN TIGAO CAISHOULÜ WANJING ZHUSHUI XIUJING GUANJIAN GONGCHENG JISHU

著　　　者：王增林

责任编辑：穆丽娜(电话 0532－86981531)

封面设计：悟本设计

出 版 者：中国石油大学出版社
　　　　　　(地址：山东省青岛市黄岛区长江西路 66 号　邮编：266580)

网　　　址：http://cbs.upc.edu.cn

电子邮箱：shiyoujiaoyu@126.com

排 版 者：青岛天舒常青文化传媒有限公司

印 刷 者：山东临沂新华印刷物流集团有限责任公司

发 行 者：中国石油大学出版社(电话 0532－86983437)

开　　　本：787 mm×1 092 mm　1/16

印　　　张：18.5

字　　　数：429 千字

版 印 次：2022 年 10 月第 1 版　2022 年 10 月第 1 次印刷

书　　　号：ISBN 978-7-5636-7299-8

定　　　价：128.00 元

序

我国水驱油藏类型复杂多样,以陆相沉积为主,储层非均质性严重,开发难度大,尤其是经过数十年的开发,已普遍步入开发中后期,进入高含水、特高含水开发阶段,开发的不均衡导致储层非均质性进一步加剧。对于这类油藏,提高原油采收率在采油工程方面的突出表现为:一是高含水开发阶段油水关系复杂、出砂加剧,常规固井完井完善程度低、易砂埋,稳产难度大,需要进行控水完井,延长防砂有效期;二是剩余油分布零散,挖潜方向逐步转向薄互层和深层细分注水,对分层注水技术提出了更高的要求;三是油水井老化加剧、套损井数多,作业频繁,储量失控严重,需要快速低成本修井,恢复注采井网和储量控制。

鉴于此,该著作以王增林首席专家及其团队十几年来持续攻关研究创新形成的成果为核心,以胜利油田为例详细阐述了高含水油田提高采收率完井与防砂、注水、修井关键工程技术。该技术突破了高含水油田提高采收率的技术瓶颈,并取得了良好的应用效果,已成为高含水油田提高采收率的主导工程技术,有效盘活了高含水老油田水驱控制程度和采收率。

该著作形成的成果可为同类油藏的开发提供可复制、可推广的工程技术示范,也对石油开发研究与矿场应用有良好的借鉴意义。

2021 年 7 月 25 日

前　言

我国水驱油藏原油储量、产量均占全国的 70% 以上，经过 50 多年的开发，已整体进入高含水和特高含水开发阶段，可采储量采出程度高、油水关系复杂，但采收率低，如胜利油田水驱油藏采收率仅为 29.8%。传统的采油工程技术不能有效挖掘水驱油藏纵向和平面剩余油潜力，主要表现是存在三大难题：一是完井技术不能满足高含水、易出砂条件下控水增油的需要，堵水防砂一体化难；二是注水技术不能满足薄互层、深层细分注水的需要，测调效率低、管柱寿命短；三是老油田井数多、老化严重，修井技术不能满足复杂事故诊断及修井的需要，效率低、成本高。胜利油田依托"十二五"国家科技重大专项"胜利油田薄互层低渗透油田开发示范工程"(2011ZX05051)，中国石化科技攻关项目"老油田精细注水技术集成配套及规模应用"(P17056-10)、"疏松砂岩油藏水平井完井修井技术"(P07056)、"高温高压新型橡胶复合密封技术研究及应用"(P12119)，中国石化胜利油田分公司科技攻关项目"套损井打通道及修复关键技术研究"(YKC1705)等，经十余年攻关，创新形成了高含水油田提高采收率完井、注水、修井关键工程技术，突破了高含水油田提高采收率的技术瓶颈，在胜利、吐哈、河南、冀东、渤海等油田实现了工业化应用，并获得了 2020 年度国家科学技术进步奖二等奖(项目名称"高含水油田提高采收率关键工程技术与工业化应用")，取得了显著的社会效益和经济效益，对高含水油田提高采收率具有重要的技术引领和支撑作用。

为了更好地让大家了解和应用该项技术，特编写了《高含水油田提高采收率完井、注水、修井关键工程技术》。该书从高含水油田提高采收率关键工程技术需求出发，详细阐述高含水油田提高采收率完井、注水及修井工程技术创新内容,同时注重理论与实践相结合,为高含水油藏进一步改善开发效果、提高采收率提供了可行的技术决策思路。本书共 5 章,第一章绪论,简要介绍完井、注水、修井技术发展历程和发展趋势;第二章论述创新完成的水平井选择性完井技术,包括完井方式优化、分段控水完井和高效防砂新技术;第三章阐述高含水油田精细分层注水技术,包括分注优化、不同高含水油藏分注工艺技术以及分注政策界限;第四章详细介绍复杂井况快速诊断及井下液压修井技术,包括修井优化设计、精准检测、液压增力打捞、整形、加固补贴、扶正补接等技术;第五章介绍技术系列的矿场应用及效果。

在本书的编写过程中,参考了胜利油田等采油工程方面的技术成果,中国工程院李阳院士对本书的编写工作进行了指导,科研团队的崔玉海、张峰、冯其红、张连煜、王鹏、张福涛等参与了编写工作。在此,对为本书的出版做出贡献的人员和单位深表谢意!

由于作者水平有限,书中难免有不足之处,敬请读者批评指正。

2021 年 12 月 15 日

目　录

第一章
绪　论

提高采收率技术是一项系统工程,国外通常是指强化采收率(EOR)和改善采收率(IOR)技术,可概括为改善水驱、化学驱、稠油热采、气驱、微生物采油和物理法采油等6个方面。水驱是应用规模最大、开采期限最长、调整工作量最多、开发成本(除天然能量外)最低的一种开发方式。改善水驱技术一般按中、高渗透高含水油藏和低渗透油藏两个方面进行分类,高含水油田储层以中、高渗透为主体,所占储量规模最大。随着油田开发程度越来越高,剩余油分布越来越复杂,产水高、地面设施老化和套管损坏等问题日益严重,为进一步提高采收率带来了严峻的技术与经济挑战。传统的采油工程技术不能有效挖掘纵向和平面剩余油潜力,主要存在三大难题:一是完井技术不能满足高含水、易出砂条件下控水增油的需要,堵水防砂一体化难;二是注水技术不能满足薄互层、深层细分注水需要,测调效率低、管柱寿命短;三是老油田套损井数多、老化严重,修井技术不能满足复杂事故诊断及修井需要,效率低、成本高。因此,要想解决高含水油田进一步提高采收率面临的工程技术难题,必须对完井、注水、修井关键工程技术进行技术攻关。

一、完井技术现状和发展趋势

完井工程是衔接钻井和采油工程而又相对独立的工程,是从钻开油气层开始,到下套管、注水泥固井、射孔、下生产管柱、排液,直至投产的一项系统工程。完井设计水平的高低和完井施工质量的优劣,对油气井生产能否达到预期指标和油田开发的经济效益有决定性的影响。近年来,国内外的完井技术均有了较快发展。除常规井完井技术日益完善外,其他特殊井完井技术也得到了很大发展,如水平井完井、小井眼完井、深井/超深井完井、欠平衡完井、多分支井完井、复杂地质条件下的完井等。

(一)国内外完井技术现状

1.常规井完井技术

国外在常规直井完井方面的技术已基本成熟。根据油藏的地质条件、储层类型及产层岩石特性不同,完井方式可分为裸眼完井、射孔完井、防砂完井、混合型完井等。为选择合理的完井方式以使完井最优化,国外一般应用软件模拟技术对完井技术进行优化选择,可根据不同的储层类型、地层岩性、油气层物性、开采方式、经济指标等多项特性进行综合分析,并以保护油气层、达到最大采出程度和采油速度为目的。通过软件模拟,有针对性地选择裸眼、衬管、注水泥射孔、砾石充填、提拉预应力等10余种完井方法,实现了合理的油气层与井底连通方式,大大提高了产量,延长了油气井的寿命。

2. 水平井完井技术

水平井是提高油田开发效益的有效完井方式,尤其对低压、低渗、低产、边底水油藏和稠油油藏的开发效果的改善更加明显。国外现有的水平井完井方式大致可以分为5种类型:裸眼完井、割缝衬管完井、砾石充填完井、封隔器完井、注水泥射孔完井。其中,前3种称为非选择性完井方法,后2种称为选择性完井方法。在进行完井设计时,要根据井眼类型、地层特点、胶结程度和油气层特点等确定使用哪种完井方法。

对于以基岩渗透率为主的完井系统,主要了解渗透率的各向异性、砂岩/页岩序列和层界面位置及压力剖面,采用注水泥射孔的方法;对于有气顶或含水层的井,要确定液体界面的位置,确定地层与井眼的连通渠道,并用水泥进行封隔;在未固结砂岩中完井,必须考虑井眼的稳定性、岩屑运移、钻井液替换和使地层损害最小等问题,在未固结砂岩地层中可以考虑用预充填筛管防砂、砾石充填防砂、衬管等完井方式。

国内经过"八五"及"九五"期间的研究、试验和推广应用,水平井技术不断提高,其应用范围已从新油田、砂砾岩稠油油藏扩大到非稠油的边底水断块油藏、裂缝性油藏、整装高含水油藏、地层不整合油藏和低渗透油藏等,从老油田挖潜转向新区产能建设和老区调整。国内由于受工艺技术水平方面的影响,在实际操作中往往偏重于工艺的熟练程度,而对完井方式与油藏适应性考虑不够,绝大多数井还是采用固井射孔完井,占总完井数的90%以上。单一的完井方式不利于复杂油气藏提高产能和采收率,很多水平井在完井后产生了油层出砂、砂埋地层、油层不出液等复杂情况,有的井在很短的时间内就不能使用。目前国内多采用射孔后管内悬挂滤砂管防砂,防砂方式单一,而国外多采用水平井裸眼砾石充填或管内砾石充填防砂,后者的防砂效果好、工作寿命长。

3. 小井眼完井技术

小井眼由于直径小,井眼内下入的套管尺寸和层数受到严格限制,所以完井方法选择的灵活性受到制约。许多在常规井中应用的完井方法对小井眼完全不能使用或使用受到限制,必须进行工艺、技术或装备上的改进。小井眼完井方式也包括裸眼完井、尾管注水泥完井和割缝衬管完井(砾石充填)等,应用时基本按常规井的完井方法进行,只是井眼及套管尺寸有所不同。壳牌公司和其他公司采用了一种单筒完井技术,其主要特点是生产油管的直径等于或大于生产尾管的直径,其最大优点是不用钻机就能有效地进行油井修理作业,使油井更易于管理。壳牌公司等选择以 $\phi 88.9$ mm 生产油管作为小井眼单筒完井的基本形式,这样便于与通用的各种井下工具配套。

我国曾在 20 世纪 60 年代末和 70 年代初钻过 800 多口小井眼井,但是由于修井和采油设备跟不上等,目前小井眼技术配套不完善,有些技术特别是完井和采油技术需要研究解决的问题还比较多,例如如何选择合适的完井方法以确保后期修井作业的实施,如何保证小井眼井的固井质量等。小井眼井钻井易导致套管和井壁间的环空间隙小,水泥浆流动阻力大,固井施工时压力高,易发生井漏,顶替效率低,水泥环薄但必须满足后续作业如压裂、酸化施工的冲击要求等,对小井眼固井技术提出了挑战。

4. 深井/超深井完井技术

深井/超深井地质情况复杂,风险大,成本高。对深井/超深井完井来说,很重要的一个方面是套管程序设计。由于深井穿过的地层层数多,井眼长度大,可能出现很多难以预料的情况。深井技术套管下入的深度是一个比较复杂且非常重要的问题,特别是最后一层套管或尾管的下入可能会遇到很多问题。国外在套管程序设计方面的研究很充分,有一套比较成熟的套管程序设计原则和方法。高温高压井的完井是高风险和高成本的作业,其风险和效率决定了需要考虑的问题和投资成本。国外深井/超深井大多数是根据套管和油管的设计来选择完井设计的,需要考虑的设计方案要解决高温、高压对井下设备的不利影响。国外在适应高温、高压的完井工具方面进行了深入研究,贝克休斯公司通过与油田公司密切合作填补了这项技术空白,贝克石油工具公司的航海 R&E 实验室研制了可以适应压力高达 207 MPa、温度高达 360 ℃环境的完井工具。

5. 欠平衡完井技术

欠平衡钻井技术作为一项减少储层损害、井漏、压差卡钻等问题的有效手段,越来越多地得到石油界的普遍重视。欠平衡完井技术是欠平衡钻井技术的延伸,是在欠平衡状态下采取的一种新的完井方法,它可以使流体损失程度降到最小,并能减少地层损害及改善油气井产能。国外 76% 的欠平衡钻井的完井方式采用裸眼完井,21% 的采用筛管完井,仅有 3% 的采用固井完井,而国内除少数欠平衡钻井井眼油层保护较好以外基本采用固井完井,油层保护效果差。随着保护油气层、降低地层伤害意识的不断加强,欠平衡钻井技术的不断发展和应用范围的不断扩大,欠平衡完井技术必将得到长足的发展和广泛的应用。

我国经过近几年的研究与发展,空气钻井、天然气钻井、泡沫流体等欠平衡钻井技术已基本成熟,目前可以根据不同的油气藏性质,有针对性地选择欠平衡钻井技术,但是与之相配套的完井技术还不能适应勘探与生产的需要,主要配套技术包括:欠平衡钻井条件下的完井技术,欠平衡钻井条件下的固井技术,欠平衡钻井条件下的取芯技术、试油试气技术,欠平衡钻井条件下的录测井技术等。只有通过对上述技术的研究形成与欠平衡钻井技术配套的完井技术,才能高效地开发低压低产油气田,充分发挥欠平衡钻井的技术优势。

6. 多分支井完井技术

分支井是指在一口主井眼的底部钻出一口或多口分支井眼(二级井眼),甚至再从二级井眼中钻出三级子井眼。主井眼可以是直井、定向斜井,也可以是水平井。分支井眼可以是定向斜井、水平井或波浪式分支井眼。选择何种级别和类型的分支井,应根据油气藏的地质状况和技术条件确定。

1997 年,壳牌等公司在阿伯丁举行了分支井技术进展论坛,并按照复杂性和功能性建立了 TAML(Technology Advancement Multilateral)分级体系,将分支井的完井方式分为 1~6 及 6S 共 7 个等级。

1 级完井:主井眼和分支井眼都是裸眼。

2 级完井:主井眼下套管并注水泥,分支井裸眼只放筛管而不注水泥,主、分井筒连接处不进行机械连接,也不注水泥。

3 级完井:主井眼和分支井眼都下套管(或衬管),主井眼注水泥而分支井眼不注水泥;分支井衬管通过悬挂器或者其他锁定系统固定在主井眼上;主、分井筒连接处没有水力整体性或压力密封。

4 级完井:主井眼和分支井眼都下套管并注水泥,分支井衬管与主套管的接口界面没有压力密封。

5 级完井:5 级完井增加了为分支井衬管和主套管连接处提供压力密封的完井装置,连接窗口处具有压力整体性。

6 级完井:主井眼和分支井眼均下套管注水泥,在分支井眼和主井眼套管的连接处具有一个整体式压力密封。

6S 级完井:一般认为 6S 级完井是 6 级完井的次级,它使用井下分支导向装置完成井眼的分支,即把一个大直径主井眼分成两个小尺寸的分支井眼。

7. 复杂地质条件下完井技术

国内复杂地质条件一般包括山前构造、高陡构造、难钻地层、多压力系统及不稳定岩层等,有些地层还存在高压高温效应等。这种条件下的固井难点主要在于地层压力大、温度高,钻遇的地层压力系统复杂,岩性变化大,井眼深,对固井工艺、固井材料、水泥浆性能等方面提出了更高的要求。因此,这种条件下固井质量往往难以达到理想的效果。国内的处理剂性能很难满足这些复杂井固井的要求,有些井不得不引入国外的外加剂,虽然固井质量有所提高,但成本大大增加。

(二) 完井技术发展趋势

国内在完井方面存在的不足在一定程度上制约了钻井新技术的发展,也影响了我国油气资源的经济有效开发。为了提高我国的完井工艺技术水平,有必要跟踪研究国内外先进的完井技术,发现差距,引进并消化吸收适用于我国油气藏勘探开发的先进完井新技术,充分发挥不同井型的优势,提高油层采收率。主要开展以下几方面的研究工作:

1. 不同储层合理完井方式研究

国内目前主要根据经验或对油气藏的定性认识及分析来选择完井方式并进行完井设计。由于没有关于完井方式各种因素影响的定量化判断指标,无系统化、科学化的完井方式选择方法及完井设计方法,导致不少油气井因完井方式选择不当或设计不合理而严重出砂、井壁垮塌或套管腐蚀破坏,严重影响气井正常生产,所以有必要开展完井方式与储层匹配关系研究。

2.复杂水平井完井技术研究

目前我国水平井钻井技术取得了很大的成就,可以钻各种类型的水平井。但是,水平井完井技术却大大落后于钻井技术的发展,这就限制了水平井在勘探开发中的应用。因此,应更加重视水平井完井方式的优选,从完井方式对油藏的适应性和经济因素等方面综合考虑,最大限度地提高油井的完善程度,保护油气层,降低完井成本,充分发挥水平井的优势,提高油层采收率。

3.高含硫气田固井完井配套技术

目前我国高含硫气田开发步入了世界先进行列,但在完善油藏评价、储层预测技术,丛式水平井钻井井眼轨迹目标控制技术,水平井钻井中气藏保护和井控安全配套技术,以及最佳完井方式研究,裸眼、筛管与射孔完井对比分析,岩石机械强度测试评价,井下管柱材质的腐蚀评价、气冲蚀影响、高效缓蚀剂及注入工艺的研究等方面与世界领先技术相比还存在较大差距。

4.多分支井钻井完井技术研究

国内不少油气田已逐步进入开发中晚期,许多油田对低压、低渗、裂缝性油气藏缺乏有效的开发手段,而接替的新区勘探难度日益增加。因此,如何运用多分支井技术及其他技术和工艺进行挖潜,提高单井油气采收率,降低吨油开发成本,已成为亟待解决的问题。研究和掌握一套适用于我国油气田的多分支井技术,将为今后的油气田开发、增产稳产起到重要的作用。

5.低压低渗油藏欠平衡完井技术研究

欠平衡钻井适合于低压低渗、低压高渗和水敏性等地层的勘探开发。我国不少油田属低压、易漏、低渗油田,估计储量达 $60 \times 10^8 t$,占常规储量的 $1/3 \sim 1/2$。利用欠平衡钻井技术打开储层,并采用系列化的欠平衡完井技术和增产技术保护储层,可以提高勘探成功率和油井产量。欠平衡钻井后若仍采用传统的完井方法,则势必对产层造成一定的损害,导致产能下降,从而降低欠平衡钻井的综合效益。因此,有必要研究低压低渗油藏欠平衡完井技术。

二、分层注水技术发展历程和发展趋势

(一)分层注水技术发展历程

随着地质研究的深入和开发水平的提高,对注水工艺的要求也在逐步提高。为适应油

田发展的需要,我国水驱油田注水工艺的发展过程可以归纳为 4 个阶段,即笼统注水、固定式同心分层注水、活动式分层注水、测调一体化分层注水。前 2 个阶段已经基本结束,目前基本处于第 3 阶段向第 4 阶段的过渡阶段,且以第 4 阶段为主。

1. 笼统注水阶段

注水开发初期采取笼统注水方式,即下光油管对地层进行笼统注水,保持了地层压力,油井自喷能力旺盛。但由于多油层非均质性产生的层间、层内、平面三大矛盾,出现了主力油层单层突进、过早水淹的现象,因此提出了分层注水的技术要求。

2. 固定式同心分层注水

20 世纪 60 年代中期,开始采用固定式同心配水管柱,随后研究完善了与固定式分层注水技术相配套的不压井作业、验窜、验封、分层测试技术,形成了第 1 代分层注水技术——固定式分层注水配套技术。该技术的推广应用,对缓解层间矛盾效果十分显著,但在应用中调配水量比较困难,必须经过作业施工,周期长、成本高,因此又发展出了同心活动式分层配水器。该配水器可通过投捞调换水嘴来调整层段注水量,但无法进行分层测试,其推广受到限制。

3. 活动式分层注水

活动式分层注水包括偏心活动式分层注水和空心活动式分层注水。20 世纪 60 年代末,大庆油田经过多次试验,研制出偏心配水器,形成了偏心配水分层注水技术。该技术不但可以通过投捞调配层段注水量,而且很好地解决了封隔器验封和压力、流量测试等工艺,使注水井分层注水技术达到了比较完善的程度。

70 年代中期以后,胜利油田针对油藏特点研制了空心活动配水管柱,即 475-9 封隔器+活动空心配水器。活动式分层注水技术几十年来一直是各大油田的主导分注技术,为进一步解决层间矛盾、实现细分注水及提高注采对应率发挥了重要作用。该技术在应用过程中不断得到改进,封隔器也由水力扩张式向水力压缩式发展,这就有效地延长了配水管柱的使用寿命,逐步形成了第 2 代分层注水工艺技术——活动式分层注水技术。

20 世纪 80 年代,各油田逐步进入中高含水开采阶段。由于长期注水,井下套管状况变差,出现套管变形、错断、外漏等套损井,原有管柱不能适应套变井分层注水要求,因此研究了小直径分层注水、井下释放同位素测吸水剖面等工艺技术。此外,一些低渗透油田相继投入注水开发,分层注水层数增加、注水压力升高,扩张式封隔器由于停注时层间串通严重,已经不能满足低渗透油田开发的要求,因此这一阶段普遍应用压缩式封隔器。各油田开发出了以 Y341 型水力压缩式封隔器为替代产品的新型压缩式封隔器分层注水工艺技术。

20 世纪 90 年代,各油田进入高含水开采阶段,开始实施"稳油控水"开发方针,要求分层注水工艺在注好水、注够水上下工夫。"注好水"就是把水注到所需要的层位中,提高注水合格率;"注够水"就是随着油田含水上升不断增大注水强度,尤其增加低渗透层的注水强度,逐步恢复地层压力。在这种情况下,要求对注采结构进行调整,强化攻关高含水后期细分层注水挖潜技术。各油田为了降低开发成本、延长管柱工作寿命,研制出一些新型分层注水技术,如测调集成式精细分层注水技术、大厚层精细分层注水技术、锚定补偿式分层注水技术和胜利浅海油田的分层注水防砂一体化技术等,使分层注水工艺技术达到一个新水平。该阶段一直延伸至 2009 年。

4. 测调一体化分层注水

进入 21 世纪后,精细油藏描述技术不断进步,随着精细油藏描述内容的深入和扩大,对油藏的认识更加细致。分层注水技术为调整注水开发油田平面和纵向上的矛盾、完善注采关系、进一步挖掘剩余油潜力、提高最终采收率提供了重要技术保障。但总体来看,分注层段合格率较低,除了因为分层注水管柱本身分层不清外,另一个主要原因是目前的测试调配效率低。由于主要是活动式分层注水技术,注水井测试多采用存储式流量计测试法,测试时要在井下逐层进行,仪器到位后利用降压法(或升压法)进行调点测试;测完后把流量计起到地面,通过地面数据处理系统得出各层的吸水量和吸水能力,然后调节水嘴;调配主要采用钢丝绳投捞的方式进行,即把原水嘴捞出,投入调整后的水嘴,一次起下只能起出或下入一层的水嘴,测试、调配时要逐层进行投捞,所以工作量大,成本高。一口 3 层的井达到配注合格,要进行多次投捞,一般需要 3~4 d。因此,亟需研制新的工艺以提高测调效率。2006 年开始围绕水井测调效率和功能的提升,对测调一体化技术进行了调研、研究和试验,形成了一种设计独特、性能优越、自动化程度高、测调效率高的第 3 代分层注水工艺技术——测调一体化分层注水技术。该工艺技术装置主要由地面仪器和井下仪器两大部分组成。仪器下井可以对各层进行边测边调,工具一次下井可以完成多个层位的流量测试调配工作,同时可以通过地面控制软件实时观察井底流量、压力、温度的变化情况,大大降低了测调工作量、作业成本,提高了工作效率。2011 年,该技术开始大面积推广,到 2018 年已应用了 2 530 井次,层段合格率为 82%,到 2020 年底测调井次超过 10 万井次以上。

(二) 分层注水技术发展趋势:智能分层注水

测调一体化技术可边测边调,仪器一次下井即可完成所有层段的测试和调配,提高测调效率 60% 以上。但该技术存在以下不足:① 分注 4 层以上的注水井易受层间干扰等因素影响,需要在各小层间反复起下钢丝 7~8 次,进行粗调和微调;② 目前季度性测调瞬时流量等不能实时反映水井真实注水状况,小层注水量容易受邻井作业、洗井、调参等影响,导致层段合格率降低;③ 受大斜度、油管内结垢严重等影响的分注井经常出现测调仪器下行遇阻现象,影响测试成功率。综上所述,开展智能分层注水技术攻关研究,将电缆携带仪器的频繁起下测调创新为井下电缆常置式实时传输测控,可以满足不同井况的分注需求,实现现场测调、验封零工作量,对延长注水管柱寿命,提高层段合格率具有重要意义。截至 2020 年底,已经完成智能分层注水的现场先导试验,试验过程中按月进行数据采集和流量调配,流量测试精度在满量程时的 5% 以内,控制精度能够满足注水井调配要求,地面控制系统能够进行数据的实时解码和分析,从而准确指导井下对应注水层水量调节。现场应用证明,智能分层注水技术实现了分层注水量的实时监测与控制,免去了测试、调配、验封等工作量,能够实时掌握井下各注水层动态参数的变化,指导油藏开发方案的合理部署,有利于提升注水井动态管理水平,标志着分层注水技术逐渐进入第 4 代分层注水技术——智能分层注水技术。

三、修井技术现状和发展趋势

(一)国外修井技术现状

国外套损井修复主要的方式是套管修复和侧钻。套管修复技术以套管整形、膨胀管补贴、套管补贴和取换套技术为主。

套管整形主要采用机械整形修复的方式,需要使用大修设备平台,整形力来源于管柱自重及修井设备加压,可控性差,存在较大的卡钻风险。

随着新工艺、新材料的发展,国外在膨胀管补贴方面进步显著。1991 年,壳牌公司最早提出了膨胀管补贴的构想,直到 1999 年壳牌和哈里伯顿公司合伙成立 Enventure 公司,膨胀管技术才开始正式实施并试用。Enventure 膨胀管以特制的膨胀锥膨胀,膨胀后屈服、破裂强度和膨胀前基本一致,系统最高耐温 270 ℃,已应用最长补贴长度为 926 m。目前,国外提供膨胀管技术和膨胀产品的公司还包括威德福公司、哈里伯顿公司、贝克石油工具公司、斯伦贝谢公司以及 READ 油井服务公司。另外,俄罗斯的鞑靼石油研究设计院的膨胀管技术也得到了广泛应用。

近年来,随着实体膨胀管技术的发展,国外的可膨胀尾管悬挂器技术日趋成熟,取得了显著的经济效益。哈里伯顿公司研发的 VersaFlex XtremeGrip 可膨胀尾管悬挂系统主要应用于颇具挑战性的深水和高温环境下的钻完井作业中。该系统是常规 VersaFlex 系统的升级版,其高性能的、先进的金属密封技术将金属-金属的封接密封和橡胶组的高弹性体密封有机结合在一起,弥补了常规密封技术的缺陷,大大提升了系统的可靠性。VersaFlex XtremeGrip 系统旨在降低作业风险,保证其在高温环境下的悬重负载能力,增强了作业的安全性和成功率。

Enventure 公司的膨胀管技术在世界上居于领先地位,该公司研发的增强型膨胀管系统是行业中唯一一种可旋转、可回收的可膨胀尾管,可为作业者减少非生产时间,提升高成本资产的价值,从而完成作业目标。

(二)国内修井技术现状和发展趋势

中国石油勘探开发研究院自 2001 年开始开展膨胀套管及相关技术的跟踪、研究工作;2002 年 5 月完成了首次概念性试验,随后通过对 10 余种材质的钢管做膨胀性能评价实验,优选出 20G 和 0Cr19Ni10 奥氏体不锈钢两种管材,实现了预定膨胀率,膨胀变形后基本达到 API SPEC 5CT 标准的 55 钢级水平,并于 2003 年底在大庆油田采油四厂成功实施了两口井套损段的单根小规格膨胀套管(10 m 以内)补贴作业;2006 年对膨胀管材的选取又进行了深入研究、实验和改进,形成了较为成熟的膨胀套管补贴技术。

国内除了膨胀管补贴技术外,还形成了取换套、套管贴堵、液压加固补贴、化学堵剂修复等技术。大庆油田套损井相对较浅,以换取套技术为主。该技术不影响修复后的套管内径,是最彻底的一种修井技术,但只适用于浅层套损井修复。胜利油田由于油藏结构复杂、埋藏深,套损井类型多、井段长,相对修复难度大,以套管补贴工艺为主。该技术可以实现对任何卡封层、套管漏失点的封堵,修复井段长,工艺相对比较简单,但是修复后内通径较小,对后期分层注采等工艺影响较大。针对 10 m 以内的套损段,胜利油田研发了液压加固补贴工艺,通过在套管内侧漏失位置悬挂加固管,两端采用耐高温金属液压膨胀悬挂密封方式,实现快速修补套管漏失段。

化学堵剂修复主要采用无机胶凝材料或热固性树脂堵漏。该工艺施工简单,但是一般堵剂存在滞留性差、胶结性差、适应性差的问题。针对以上问题,长庆油田开展了大量的室内研究和现场试验工作,研制开发了滞留能力强、低温堵漏强度高、现场适应性好的 CSDL 油水井破损套管化学堵剂。该堵剂施工成功率高,具有广泛的推广应用前景。

河南油田应用微膨胀堵浆,针对套管变形、套管错断、套管破裂和套管腐蚀、穿孔等套损井况开展了 25 井次现场试验,结果表明,微膨胀封堵技术一次封堵成功率在 96% 以上。

对于不容易实现修复的套损井,侧钻是一种较好的修复手段。与国外技术相比,国内的侧钻井技术起步较晚,直到 20 世纪 90 年代国内才开始研究该技术。目前侧钻井技术在国内也得到了大量应用,侧钻井大部分在 5½ in 套管内完成,其完井方式大都采用层间注水泥方式,由于井眼小、斜度大、固井质量难以控制,特别是在尾管悬挂器处固井质量更难保证。侧钻小井眼膨胀管钻完井技术也有一定的报道和研究,但是并未形成大规模应用。

对此,国内研究人员也加快了钻井和完井两方面的侧钻井技术研究,力求实现国内比较成熟的技术和施工工艺。

国内近年来对套损井修复技术的重视程度不断加大,但总体上修复的效率、成功率比较低,修复后的工艺适应性差,为此下一步发展趋势为提高效率的液压整形和快速高效的大通径选择性补贴。

第二章
水平井选择性完井技术

自 19 世纪 80 年代中期以来,世界水平井技术迅速发展。水平井技术作为老油区调整挖潜提高采收率、新油田实现高效开发的一项重要技术,在世界范围内得到了大规模的应用,取得了显著的经济效益。

胜利油田自 1990 年首次引进水平井技术以来,经过 30 多年的研究攻关和试验,水平井完井技术实现了两个方面的转变:一是由过去单一的固井射孔完井方式发展成适应不同油藏类型和储层特点的筛管完井、衬管完井等多种配套完井工艺;二是由全井射孔投产发展成满足油藏及工艺要求的分段开采工艺,实现了选择性分段采油、分段卡堵水,提高了油气采收率。

水平井选择性完井技术可以根据油藏地质状况和水平井的具体条件进行完井方式优选,根据油藏需求、分段生产需求和井身轨迹进行完井管柱的优化设计,实现了全井段替钻井液、酸化、水平段分段卡封、采用裸眼封隔器或选择性井段固井卡封气水层,而且固井后不需要钻水泥塞,配合差异化防砂,具有防止油层污染、降低完井成本、提高施工效率、提高水平井产能、延长防砂有效期的优点。在疏松砂岩油藏,实现了水平井选择性控水完井和水平井高效防砂两大技术突破,这两大技术已成为高含水老油田控水增油、提高采收率的重要保障。

第一节　高含水油田完井方式优化

水平井完井方式的选择是一项复杂的系统工程,需要综合考虑的因素很多,主要有生产过程中井眼是否稳定、生产过程中地层是否出砂、地质和油藏工程特性、完井产能大小、钻井完井成本、综合经济效益、采油工程要求等。属于同一油藏类型的单井,由于其所处构造位置不同,所选完井方式也不尽相同。有效的完井必须保持井筒的机械完整性并确保井筒内流体的流动性良好。

一、不同水平井完井方式适应性

国内外系列水平井完井方式包括裸眼完井、射孔完井、筛管完井、带管外封隔器的筛管完井、砾石充填防砂完井等，各种完井方式的优缺点和适应性不尽相同，其主要区别见表 2-1-1。

表 2-1-1　水平井完井方式优缺点及适应性分析

完井方式	优　点	缺　点	适用条件
裸眼完井	① 成本最低； ② 储层不受水泥浆污染； ③ 可获得可靠的生产监测资料	① 对于疏松砂岩，井壁可能坍塌； ② 难以避免层间窜通和干扰； ③ 长水平段难以有效实施注汽、压裂等措施作业	① 岩石坚硬致密、井壁不易坍塌的地层； ② 不要求层段分隔的地层； ③ 天然裂缝性碳酸盐岩或硬质砂岩； ④ 短或极短曲率半径的水平井
射孔完井	① 有效分隔层段，可避免层段之间的窜通和干扰； ② 可分层段实施选择性生产或增产增注作业	① 成本相对较高； ② 水泥浆容易污染储层； ③ 水平井的固井质量难以保证； ④ 要求较高的射孔操作技术水平	① 要求实施层段分隔的注水开发储层； ② 要求实施水力压裂作业的储层； ③ 裂缝性砂岩储层
筛管完井	① 成本相对较低； ② 储层不受水泥浆污染； ③ 防止井眼坍塌和油层出砂	① 不能实施层段分隔，不能避免层段之间的窜通和干扰； ② 无法实施选择性生产和增产增注作业； ③ 无法实施生产控制，不能获得可靠的生产监测资料	① 井壁不稳定，有可能发生坍塌的储层； ② 不要求层段分隔的地层； ③ 天然裂缝性碳酸盐岩或硬质砂岩
带管外封隔器的筛管完井	① 相对中等的完井成本； ② 储层不受水泥浆污染； ③ 利用裸眼封隔器实施层段分隔，可在一定程度上避免层间窜通和干扰	裸眼封隔器分隔层段的有效程度取决于水平井井眼的规则程度及封隔器的耐压、耐温等因素	① 要求不用注水泥实施层段分隔的注水开发储层； ② 要求实施层段分隔，但不要求水力压裂的储层； ③ 天然裂缝性或横向非均质的碳酸盐岩或硬质砂岩储层
砾石充填防砂完井	① 防砂强度高，效果好； ② 油层伤害小，防砂后油井产量高	① 完井成本相对较高； ② 技术难度相对较大	疏松砂岩油藏和碳酸盐岩油藏

1. 裸眼完井

裸眼完井主要用于碳酸盐岩油藏及胶结致密的砂岩油藏。该技术的关键是如何有效地解除钻井过程中造成的油层污染。由于钻井技术水平的限制，油层污染是不可避免的。在一定条件下，有效地进行井眼清洗、解除油层污染是提高水平井产能的重要因素。根据钻井液对岩芯的污染及解堵实验结果，可选择合适的洗井液、酸液，并对井眼进行替钻井液和酸洗,最大限度地解除钻井过程中造成的油层污染。

裸眼完井的优点是简便经济,油层裸露面积大,油气流流动阻力小,油藏不受注水泥作业和射孔作业的损害;缺点是油层压力不同时会出现窜流,修井和生产测井困难。这种方法只适用于硬地层中产层厚度大、均质系数高、物性较好、不采取增产措施的井。

2. 射孔完井

射孔完井方式的优点主要为:① 能有效防止层间干扰,便于分采、分注、分层测试改造;② 能有效封隔和支撑疏松地层,加固井壁,防止地层坍塌;③ 有利于采取各种防砂措施,控制油井出砂;④ 有利于采取各种增产增注措施;⑤ 适用各种地层。其缺点主要为:① 注水泥作业时水泥浆损害油气层;② 射孔造成油气层损害;③ 射孔孔眼有限,油气流入井筒阻力大;④ 当固井质量不合格时,容易出现窜槽、自由水以及固相沉降等问题。

3. 传统筛管完井

该技术适用于造斜段为泥岩夹层,无水、气层等影响,且水平段为单一均质油藏的情况。这种类型的油藏地质条件及完井施工相对较简单,筛管完井技术的关键是完井管柱的合理设计与安全下入。

4. 带管外封隔器的筛管完井

有的水平井的水平段可能贯穿多套油藏,各油层之间非均质性严重,或者在生产过程中某一井段可能遭到水淹,因此各油层之间必须进行封隔。水平段固井容易造成很多问题,如固井质量难以保证、水泥浆会造成油层污染等,因此最好的方法是采用多级裸眼封隔器完井,这样既可以保证卡封效果,又可以避免油层污染。

这种完井方式是依靠管外封隔器实施层段的分隔,可以按层段进行作业和生产控制。该技术根据油藏地质状况和水平井的具体条件进行完井方式的优化选择,针对井眼轨迹及尺寸进行完井管柱的优化设计,实现全井段替钻井液、酸化、水平段分段卡封,采用裸眼封隔器或选择性井段固井卡封气水层,且固井后不需要钻水泥塞,具有防止油层污染、降低完井成本、提高施工效率、提高水平井产能及油藏采收率等优点。

5. 砾石充填防砂完井

国内外实践表明,在水平段内无论是裸眼砾石充填还是套管内砾石充填,其工艺都非常复杂。裸眼砾石充填时,在砾石完全充填到位之前,井眼有可能已经坍塌;扶正器有可能被埋在疏松地层中,难以保证筛管居中。裸眼及套管砾石充填时,充填长度受到限制。据国外资料,当渗透率 $K \geqslant 0.1\ \mu m^2$ 时,一次充填长度不到 60 m;当渗透率 $K < 0.1\ \mu m^2$ 时,一次充填长度不到 120 m。目前水平井的防砂完井多采用砾石预充填筛管、金属纤维筛管或割缝衬管等。

二、不同水平井完井方式产能预测

根据裸眼完井、套管射孔完井、射孔套管内绕丝筛管完井、射孔套管内砾石充填完井、裸眼精密滤砂管完井、裸眼砾石充填完井等不同完井方式的特点和适应性,考虑地层损害和完井方式及完井参数的影响,进行了产能预测数学模型的研究,对不同水平井完井方式下的产能进行预测。

1. 理想和实际条件下水平井裸眼完井产能预测

对于理想条件下的裸眼完井水平井,水平井段油层物性无差异,流体为不含水、气的单相均质原油,流体从油层进入井筒的过程中不考虑钻完井过程对油层的伤害,不同井段进入井筒的流体无互相干扰。

1) 理想条件下水平井裸眼完井方式的天然产能计算模型

$$J_h = \frac{542.8 K_h h}{B_o \mu_o} \frac{1}{\ln \dfrac{a + \sqrt{a^2 - (L/2)^2}}{L/2} + (\beta h/L)\ln \dfrac{(\beta h/2)^2 + (\beta \delta)^2}{\beta h r_w/2}} \quad (2\text{-}1\text{-}1)$$

其中:

$$a = \frac{L}{2}\left[0.5 + \sqrt{0.25 + (2 r_{eh}/L)^4}\right]^{0.5}, \quad \beta = \sqrt{K_h/K_v}$$

式中　J_h——裸眼完成方式下的水平井产能,t;

　　　h——储层厚度,m;

　　　B_o——原油体积系数,小数;

　　　μ_o——原油黏度,mPa·s;

　　　K_v——垂向渗透率,μm;

　　　a——排油椭圆长轴之半,m;

　　　L——水平井长度,m;

　　　β——储层各向异性系数;

　　　δ——水平井眼偏心距,m;

　　　r_w——井眼半径,m;

　　　r_{eh}——泄流半径,m;

　　　K_h——水平方向渗透率,μm^2。

2) 实际条件下水平井裸眼完井方式的产能预测模型

水平井进行裸眼完井时,储层会受到钻井液损害,因此油井产能低于自然产能。通过引入表皮系数 S_{hd},可以预测裸眼完井方式下水平井的产能:

$$J_h = \frac{542.8 K_h h}{B_o \mu_o} \frac{1}{\ln \dfrac{a + \sqrt{a^2 - (L/2)^2}}{L/2} + \dfrac{\beta h}{L}\ln \dfrac{(\beta h/2)^2 + (\beta \delta)^2}{\beta h r_w/2} + S_{hd}} \quad (2\text{-}1\text{-}2)$$

其中：

$$S_{hd} = \frac{\beta h}{L} S_{vd} = \frac{\beta h}{L}\left(\frac{K_h}{K_d} - 1\right)\ln\frac{r_d}{r_w}$$

式中　S_{hd}——裸眼水平井的钻井损害表皮系数；

　　　S_{vd}——裸眼垂直井的钻井损害表皮系数；

　　　K_d——钻井损害区的渗透率，μm^2；

　　　r_d——钻井损害半径，即井眼半径与损害厚度之和，m；

　　　其他符号意义同前。

2. 射孔完井产能预测

水平井进行射孔完井时，储层不但受钻井和固井的损害，而且受射孔本身的损害，致使油井产能低于自然产能。射孔损害包括储层射开程度不完善，流线在井眼附近发生弯曲、汇集所引起的井底附加压降，以及成孔过程中孔眼周围的岩石被压实，致使渗透率大大降低所引起的井底附加压降。

一般用孔眼几何表皮系数 S_p 及压实损害表皮系数 S_c 来表达上述两种附加压降。通过引入 S_p 和 S_c，可以预测射孔完井方式下水平井的产能：

$$J_{hd} = \frac{542.8 K_h h/(B_o\mu_o)}{\ln\dfrac{a + \sqrt{a^2 - (L/2)^2}}{l/2} + (\beta h/L)\ln\left[\dfrac{(\beta h/2) + (\beta\delta)^2}{\beta h r_w/2}\right] + S_{hd} + S_{hp}} \tag{2-1-3}$$

其中：

$$S_{hd} = \frac{\beta h}{L} S_{vd} = \frac{\beta h}{L}\left[(K_h/K_d - 1)\ln(r_d/r_w)\right] + \frac{\beta h}{L}(K_h/K_d - 1)S_p$$

$$S_{hp} = (\beta h/L)S_{vp}, \quad S_{vp} = S_p + S_c, \quad S_p = S_h + S_v + S_{wb}$$

$$S_h = \ln(r_w/r_{we}), \quad S_v = 10^a h_D^{b-1} r_{pd}^b, \quad r_{we} = \alpha(r_w/l_p), \quad h_D = \frac{1}{D_{en}l_p}\sqrt{K_h/K_v}$$

$$a = a_1\lg r_{pd} + a_2, \quad b = b_1 r_{pd} + b_2, \quad S_{wb} = C_1\exp(C_2 r_{wd})$$

$$r_{wd} = \frac{r_w}{r_w + l_p}, \quad S_c = \frac{1}{D_{en}l_p}\left(\frac{K_h}{K_o} - \frac{K_h}{K_d}\right)\ln\frac{r_c}{r_p}$$

式中　J_{hd}——射孔完井方式下水平井产能，t；

　　　S_{hp}——射孔水平井的射孔损害表皮系数；

　　　S_{vp}——射孔垂直井的射孔损害表皮系数；

　　　S_p——射孔几何表皮系数；

　　　S_c——射孔压实损害表皮系数；

　　　S_h——径向渗流表皮系数；

　　　S_v——垂向渗流表皮系数；

　　　S_{wb}——井眼表皮系数；

　　　r_{we}——有效井半径，m；

　　　r_{pd}——无因次孔眼半径，m；

h_D——无因次孔眼间距;

D_{en}——射孔密度,孔/m;

l_p——孔眼穿透深度(从井壁算起),m;

r_p——孔眼半径,m;

C_1,C_2——系数,由相位角确定;

r_{wd}——无因次井眼半径;

K_d——钻井损害区的渗透率,μm^2;

K_h——射孔压实带的垂向渗透率,μm^2;

K_o——压实带渗透率,μm^2;

r_c——压实带半径,$r_c=r_p+$压实厚度,m;

a,b,a_1,b_1,a_2,b_2——与相位角有关的系数,由相位角确定;

其他符号意义同前。

3. 射孔完井管内砾石充填和套管内绕丝筛管完井产能预测

用表皮系数 S_G 表示砾石充填层(或自然充填的地层砂层)时的表皮系数,通过引入 S_G,可以预测套管内砾石充填完井方式和套管内绕丝筛管完井方式下的水平井产能:

$$J_{hH} = \frac{542.8 K_h h/(B_o\mu_o)}{\ln\dfrac{a+\sqrt{a^2-(L/2)^2}}{L/2}+(\beta h/L)\ln\dfrac{(\beta h/2)^2+(\beta\delta)^2}{\beta h r_w/2}+S_{hd}+S_{hp}+S_G}$$

(2-1-4)

其中:

$$S_G=\frac{542.8\sqrt{K_h K_v}L\Delta p_G}{q_o B_o\mu_o},\quad \Delta p_G=\frac{9.08\times10^{-13}EB_o^2\rho L_G}{A^2}q_o^2+\frac{B_o\mu_o L_G}{1.127\times10^{-3}K_G A}q_o$$

$$E=\frac{1.47\times10^7}{K_G^{0.55}},\quad L_G=\frac{D_{td}-D_{sd}}{2},\quad A=2\pi r_w L$$

式中　J_{hH}——预测套管内砾石充填完井方式和套管内绕丝筛管完井方式下的水平井产能,t;

S_G——水平井套管内充填砂层的表皮系数;

Δp_G——原油流过充填砂层时的附加压降,psi(1 psi=6.895 kPa);

ρ——原油密度,lb/ft³(1 lb/ft³=16.02 kg/m³);

L_G——砂堆积层厚度,ft(1 ft=0.304 8 m);

q_o——水平井产油量,bbl/d(1 bbl/d=0.159 m³/d);

A——井壁渗流面积;

K_G——充填砂层的渗透率,对管内砾石充填完井,K_G 为砾石充填层的渗透率,对管内绕丝筛管完井,K_G 为绕丝筛管与套管环空中自然堆积砂层的渗透率,$10^{-3}\ \mu m^2$;

D_{td}——井眼直径,m;

D_{sd}——筛管直径,m;

其他符号意义同前。

由 Δp_G 计算公式求得的 Δp_G 的单位为 psi，须化为 MPa 后代入 S_G 计算公式。

在用式（2-1-4）求解产能时，需要解关于产油量 q_o 的一元二次方程，待求得 q_o 后即可得到套管内砾石充填完井或套管内绕丝筛管完井方式下的水平井产能 J_{hH}。

4. 裸眼精密滤砂管完井产能预测

裸眼精密滤砂管完井后，滤砂管与井壁之间的自然堆积砂层将造成一定的附加压降，从而降低油井产能。表皮系数 S_{sg} 可以表达该附加压降，这种完井方式下的产能预测公式为：

$$J_{hsg} = \frac{542.8 K_h h}{B_o \mu_o} \frac{1}{\ln \dfrac{a + \sqrt{a^2 - (L/2)^2}}{L/2} + (\beta h/L) \ln \dfrac{(\beta h/2)^2 + (\beta \delta)^2}{\beta h r_w / 2} + S_{hd} + S_{sg}}$$

$$(2-1-5)$$

其中：

$$S_{sg} = \frac{542.8 \sqrt{K_h K_v} L \Delta p_s}{q_o B_o \mu_o}, \quad \Delta p_s = \frac{4.468 \times 10^{-13} E B_o^2 \rho L_{sg}}{A^2} q_o^2 + \frac{B_o \mu_o L_{sg}}{0.587\,7 \times 10^{-3} K_{sg} A} q_o$$

$$E = \frac{1.47 \times 10^7}{K_{sg}^{0.55}}, \quad L_{sg} = \frac{D_{td} - D_{sd}}{2}, \quad A = 2\pi r_w L$$

式中　　J_{hsg}——裸眼精密滤砂管完井方式下水平井产能，t；

　　　　S_{sg}——裸眼精密滤砂管表皮系数，小数；

　　　　Δp_s——原油流过精密滤砂管时的附加压降，psi；

　　　　K_{sg}——筛管外储层砂堆积层的渗透率，即粒径为 d_{50} 的砂层的渗透率，μm^2；

　　　　L_{sg}——筛管外储层砂堆积层厚度，m；

　　　　A——井壁的渗流面积；

　　　　其他符号意义同前。

5. 裸眼砾石充填完井产能预测

表皮系数 S_G 表示原油流过砾石充填层的附加压降，考虑 S_G 时裸眼砾石充填完井方式下的产能预测公式为：

$$J_{hG} = \frac{542.8 K_h h/(B_o \mu_o)}{\ln \dfrac{a + \sqrt{a^2 - (L/2)^2}}{L/2} + (\beta h/L) \ln \dfrac{(\beta h/2)^2 + (\beta \delta)^2}{\beta h r_w / 2} + S_{hd} + S_G} \quad (2-1-6)$$

其中：

$$S_{hd} = (\beta h/L) S_{vd} = (\beta h/L) \left[(K_h/K_d - 1) \ln(r_d/r_w) \right]$$

$$S_G = \frac{542.8 \sqrt{K_h K_v} L \Delta p_G}{q_o B_o \mu_o}$$

式中　　J_{hG}——裸眼砾石充填完井方式下水平井产能，t；

　　　　S_{hd}——裸眼水平井的钻井损害表皮系数，小数；

　　　　S_G——裸眼水平井砾石充填层表皮系数，小数；

　　　　Δp_G——原油流过砾石充填层时的附加压降，MPa；

其他符号意义同前。

在用式(2-1-6)求解产能时,需要解关于产油量 q_o 的一元二次方程,求得 q_o 以后即可得到裸眼砾石充填完井方式下的水平井产能 J_{hG}。

通过上述数学模型计算得出,对于疏松砂岩油藏水平井,采用裸眼精密滤砂管完井方式的油井产能高,如图 2-1-1 所示。因此,在储层构造允许的条件(油井不钻遇水层)下,疏松砂岩油藏水平井最优完井方式为裸眼精密滤砂管完井。

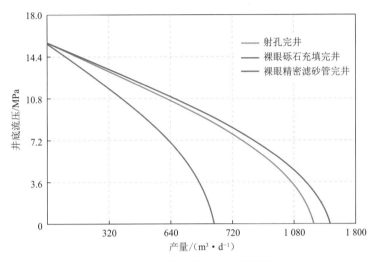

图 2-1-1　不同完井方式产量预测

三、水平井完井方式优选

根据建立的数学模型,编制了水平井完井方法优选软件,其设计思路是从储层岩石的地质特性、岩石力学性质、原油性质以及钻井工程技术要求等多种影响因素着手,结合生产技术指标(产能、产量)和经济指标(成本、收益、风险),对比不同的完井方案,从而确定最优完井方式。功能模块包含井壁稳定与出砂预测、完井方式选择、完井产能预测、生产动态分析、完井参数设计、井身结构设计、油管及套管尺寸的选定等。

针对胜利油田疏松砂岩油藏的特点,对河口、孤岛、现河、滨南等不同油区水平井完井方式进行研究,利用水平井完井方法优选软件优选出不同储层特性疏松砂岩油藏的完井方式。下面以河口油区沾 18 块和现河油区金家油田为例,详细介绍优化设计过程。

1. 沾 18 块水平井完井方式优选与产能预测

1) 沾 18 块水平井完井方式优选

为了提高井底完善程度,同时保证先期防砂效果,降低后期作业工作量及作业费用,利用水平井完井方法优选软件,综合考虑油藏的地质特征、防砂方式的适应性和技术完善程度及经济性等因素,对沾 18 块水平井的完井方式进行优化选择。

（1）油井基本资料。

油井基本资料见表 2-1-2。

表 2-1-2　油井基本资料列表

参　数	取　值	参　数	取　值
油田名称	沾 18 块	井　型	水平井
油藏类型	砂岩油藏	产层数目/层	1
地层中部深度/m	1 157	油层有效厚度/m	8.5
地层压力/MPa	11.81	地层孔隙度/%	34.3
水平方向渗透率/($10^{-3}\ \mu m^2$)	2 047	垂向渗透率/($10^{-3}\ \mu m^2$)	1 200
原始含油饱和度/%	65	剩余油饱和度/%	30
原油黏度/(mPa·s)	250	原油密度/(g·cm^{-3})	0.996
原油体积数	1.07	油井半径/mm	107.95
水平井段长度/m	200	水平井偏心距/m	3
地层砂粒度中值 d_{50}/mm	0.23		

（2）完井方式选择补充参数。

完井方式选择补充参数见表 2-1-3。

表 2-1-3　完井方式选择补充参数列表

参　数	取　值	参　数	取　值
油井套管尺寸/in	7.0	地层岩石密度/(g·cm^{-3})	2.3
地层岩石泊松比	0.2	岩石抗压强度/MPa	5
抗拉强度/MPa	1.0	设计生产压差/MPa	4.00
地层砂粒度值 d_{40}/mm	0.26	地层砂粒度值 d_{90}/mm	0.06
水平方向最大应力方位/(°)	0	水平井段方位/(°)	0

注：① 1 in＝25.4 mm；② d_{40} 和 d_{90} 分别为地层砂粒度组成曲线上累积质量分数达到 40% 和 90% 对应的粒径。

（3）井壁稳定与出砂预测。

井壁稳定与出砂预测输入参数见表 2-1-4。

表 2-1-4　井壁稳定与出砂预测输入参数列表

参　数	取　值	参　数	取　值
水平方向最大应力/MPa	15.510	水平方向最小应力/MPa	12.51
垂向应力/MPa	26.611	岩芯资料	疏松、强度低
钻杆测试（DST）结果	出　砂	邻井状态	出　砂
纵波时差/($\mu s·m^{-1}$)	335.000	体积模量/MPa	—
剪切模量	—		

井壁稳定与出砂预测结果见表 2-1-5。

表 2-1-5 井壁稳定与出砂预测结果输出列表

项　目	结　果	项　目	结　果
岩芯资料	出　砂	DST 测试结果	出　砂
邻井状态	出　砂	C 公式法	出　砂
声波时差法	可能出砂	出砂指数法	出　砂
斯伦贝谢比法	不出砂	判定结果	出　砂
选择处理结果	出　砂	井壁稳定判定结果	井壁不稳定

（4）完井方式优选结果。

水平井完井方法优选软件界面如图 2-1-2 所示。经过软件计算优化后的结果见表 2-1-6。

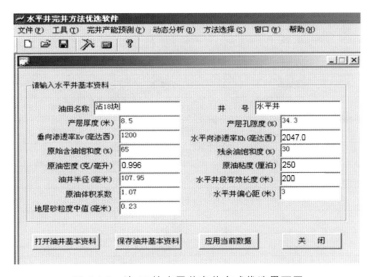

图 2-1-2 沾 18 块水平井完井方式优选界面图

表 2-1-6 沾 18 块水平井完井方式优选结果

完井方式	开井产量/(t·d⁻¹)	经济效益/万元	生产时间/d
裸眼预充填砾石筛管完井	52.035 995	14 811.300 781	9 126
裸眼金属纤维筛管完井	54.438 499	15 502.088 867	9 126
裸眼金属毡筛管完井	53.691 418	15 287.249 023	9 126
裸眼砾石充填完井	65.760 017	18 094.539 063	9 126
裸眼精密滤砂管完井	68.564 606	19 363.625 000	9 126

按产量优选最佳完井方式。可以采用的完井方式有裸眼砾石充填完井、裸眼精密滤砂管完井。由于裸眼砾石充填完井施工复杂、投资大、经济效益差，所以推荐的完井方法为裸眼精密滤砂管完井，其挡砂精度为 200 μm（0.2 mm）。裸眼精密滤砂管完井动态分析结果见表 2-1-7 和图 2-1-3～图 2-1-6。

表 2-1-7 裸眼精密滤砂管完井动态分析结果

生产时间/d	平均日产油量/(t·d⁻¹)	累积产油量/t	采出程度/%	投资收益/万元
1	68.52	68.5	0.037	−338.008
15	67.94	1 023.5	0.557	−170.888
30	67.33	2 037.7	1.109	6.603
60	66.12	4 038.8	2.197	356.782
180	61.48	11 688.7	6.359	1 695.529
360	55.12	22 169.4	12.060	3 529.649
540	49.43	31 566.9	17.173	5 174.212
720	44.32	39 993.2	21.757	6 648.807
900	39.74	47 548.6	25.867	7 970.999
1 080	35.63	54 323.1	29.552	9 156.543
1 260	31.95	60 397.5	32.857	10 219.564
1 440	28.65	65 844.1	35.820	11 172.718
1 620	25.69	70 727.8	38.476	12 027.361
1 800	23.03	75 106.7	40.859	12 793.677
1 980	20.65	79 033.1	42.995	13 480.791
2 160	18.52	82 553.6	44.910	14 096.889
2 340	16.60	85 710.4	46.627	14 649.315
2 520	14.89	88 540.9	48.167	15 144.653
2 700	13.35	91 078.8	49.548	15 588.795
2 880	11.97	93 354.6	50.786	15 987.051
3 060	10.73	95 395.0	51.896	16 344.132
3 240	9.62	97 224.6	52.891	16 664.305
3 420	8.63	98 865.1	53.783	16 951.387
3 600	7.74	100 336.0	54.584	17 208.797
3 780	6.94	101 654.9	55.301	17 439.605
3 960	6.22	102 837.5	55.944	17 646.561
4 140	5.58	103 897.9	56.521	17 832.129
4 320	5.00	104 848.6	57.039	17 998.514
4 500	4.48	105 701.2	57.502	18 147.703
4 680	4.02	106 465.6	57.918	18 281.473
4 860	3.61	107 151.0	58.291	18 401.420
5 040	3.23	107 765.6	58.625	18 508.973
5 220	2.90	108 316.6	58.925	18 605.406

生产时间/d	平均日产油量/(t·d⁻¹)	累积产油量/t	采出程度/%	投资收益/万元
5 400	2.60	108 810.7	59.194	18 691.877
5 760	2.09	109 651.0	59.651	18 838.930
6 120	1.68	110 326.6	60.019	18 957.152
6 480	1.35	110 869.7	60.314	19 052.199
6 840	1.09	111 306.4	60.552	19 128.617
7 200	0.87	111 657.5	60.743	19 190.057

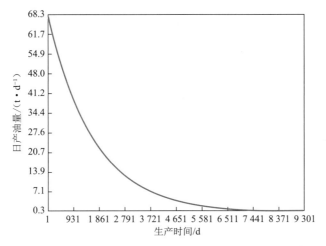

图 2-1-3　裸眼精密滤砂管完井方式下日产油量递减曲线

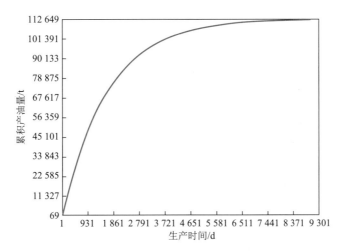

图 2-1-4　裸眼精密滤砂管完井方式下累积产油量变化曲线

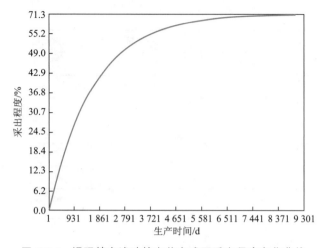

图 2-1-5　裸眼精密滤砂管完井方式下采出程度变化曲线

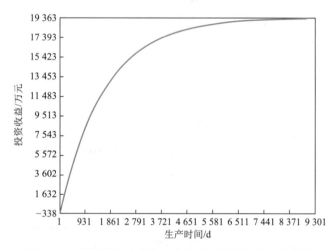

图 2-1-6　裸眼精密滤砂管完井方式下投资收益变化曲线

2）产能预测

根据式（2-1-1）、式（2-1-5），对理想无污染和裸眼精密滤砂管完井 2 种情况下的水平井产能进行预测，结果如下：

（1）理想无污染情况下水平井产能为 146.7 m³/(d·MPa)；

（2）裸眼精密滤砂管完井情况下水平井产能为 107.3 m³/(d·MPa)。

3）黏度对产能的影响分析

考虑不同原油黏度对水平井产能的影响，计算结果见表 2-1-8 和图 2-1-7。

表 2-1-8　不同原油黏度对产能的影响

原油黏度/(mPa·s)	9 499.71	1 000	500	200	100
理想无污染完井时水平井产能/(m³·d⁻¹·MPa⁻¹)	1.74	16.54	33.08	82.70	165.40
裸眼精密滤砂管完井时水平井产能/(m³·d⁻¹·MPa⁻¹)	1.49	14.16	28.33	70.82	141.65

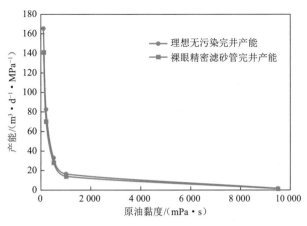

图 2-1-7　沾 18 块原油黏度对水平井完井方式产能的影响

从表 2-1-8 和图 2-1-7 可以看出,地下原油黏度较高时,天然产能很低;当原油黏度下降到一定值时,产能有较大的提高。因此,建议沾 18 块实施热采开发。

4) 水平井段长度对产能的影响分析

热采条件下(原油黏度为 100 mPa·s)水平井段长度对产能的影响计算结果见表 2-1-9 和图 2-1-8。

表 2-1-9　热采条件下水平井段长度对产能的影响

水平井段长度/m	250	300			345	400	500
理想无污染完井时水平井产能/(m³·d⁻¹·MPa⁻¹)	125.03	146.70			165.40	187.28	224.55
裸眼滤砂管完井时水平井产能/(m³·d⁻¹·MPa⁻¹)	—	107.13	125.67	141.65	160.34	192.15	

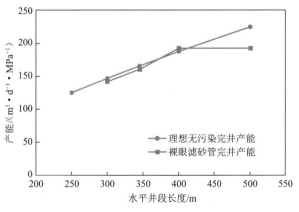

图 2-1-8　沾 18 块水平井段长度对产能的影响

由表 2-1-9 和图 2-1-8 可以看出,水平井长度为 500 m 时水平井产能较高。

2. 金家油田水平井完井方式优选与产能预测

金家油田位于山东省桓台县马桥乡境内，其构造位置位于东营凹陷西南边缘斜坡带，金家—樊家鼻状构造带南端。东营组东三段 3 和 4 砂层组为主力含油层系，地层埋深一般为 830～1 000 m。油层埋藏浅，压实程度低，岩石疏松，胶结物含量少，储层物性好，属于高孔、高渗储层。岩芯分析渗透率平均为 $365×10^{-3}$ μm^2，特殊测试岩芯渗透率平均为 $275.8×10^{-3}$ μm^2，属高孔、中低渗油藏；$Ed_3 4^3$ 物性较好，渗透率平均为 $1 790×10^{-3}$ μm^2，特殊测试岩芯渗透率平均为 $2 111×10^{-3}$ μm^2，属高孔、高渗储层，孔喉半径均值为 12.03 μm，而 $Ed_3 4^{1+2}$ 小层孔喉明显较小，平均半径只有 2.62 μm。孔喉半径分布较宽（0.025～100 μm），均质程度中等，均质系数为 0.20～0.33，平均为 0.27；变异系数为 0.82～0.84，平均为 0.83。根据生产井的原油性质分析，原油密度为 0.980 6～0.996 4 g/cm³，平均为 0.988 5 g/cm³，地面脱气原油黏度为 2 356～3 552 mPa·s，平均为 2 954 mPa·s，含硫 0.28%，凝固点为 −12 ℃，因此该油藏为普通稠油油藏。

1）金家油田水平井完井方法优选

利用水平井完井方式优化设计软件对金家油田水平井完井方式进行优选，优选结果为：采用裸眼精密滤砂管防砂完井或裸眼井下砾石充填防砂完井。

2）裸眼精密滤砂管防砂完井产能预测

根据式（2-1-5）对理想无污染和裸眼精密滤砂管完井 2 种情况下的水平井产能进行预测，结果如下：

（1）理想无污染情况下水平井产能为 182.52 m³/(d·MPa)；

（2）裸眼精密滤砂管防砂完井情况下水平井产能为 154.11 m³/(d·MPa)。

不同水平井段长度对产能的影响见表 2-1-10 和图 2-1-9。

表 2-1-10　不同水平井段长度对水平井产能的影响

水平井段长度/m	150	200	250	350	500
理想无污染完井时水平井产能/(m³·d⁻¹·MPa⁻¹)	168.17	176.86	182.52	189.45	194.99
裸眼精密滤砂管完井时水平井产能/(m³·d⁻¹·MPa⁻¹)	142.18	149.41	154.11	159.86	164.47

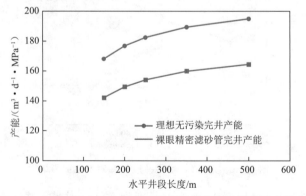

图 2-1-9　金家不同水平井段长度下裸眼精密滤砂管防砂完井产能

由表 2-1-10 和图 2-1-9 可以看出,随着水平井段长度的增加,产能逐渐增加;在 250～350 m 时,钻成的水平井段的成本较低,而超过 350 m 以后,产能增加的幅度减小,再增加水平井段长度时钻井成本和难度急剧上升,因此最优水平井段长度为 250～350 m。

3)裸眼井下砾石充填防砂完井产能预测

根据式(2-1-6)对理想无污染和裸眼井下砾石充填完井 2 种情况下的水平井产能进行预测,结果如下:

(1)理想无污染情况下水平井产能为 182.52 m³/(d·MPa);

(2)裸眼井下砾石充填完井情况下水平井产能为 58.40 m³/(d·MPa)。

不同水平井段长度对产能的影响见表 2-1-11 和图 2-1-10。

表 2-1-11　不同水平井段长度对水平井产能的影响

水平井段长度/m	150	200	250	350	500
理想无污染完井时水平井产能/(m³·d⁻¹·MPa⁻¹)	168.17	176.86	182.52	189.45	194.99
裸眼井下砾石充填完井时水平井产能/(m³·d⁻¹·MPa⁻¹)	142.63	152.33	158.40	165.55	171.05

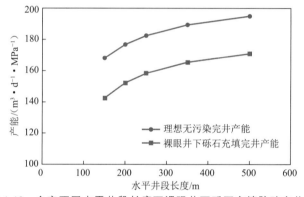

图 2-1-10　金家不同水平井段长度下裸眼井下砾石充填防砂完井产能

由表 2-1-11 和图 2-1-10 可以看出,随着水平井段长度的增加,产能逐渐增加;在 250～350 m 时,钻成的水平井段的成本较低,而超过 350 m 以后,产能增加的幅度减小,再增加水平井段长度时钻井成本和难度急剧上升,因此最优水平井段长度为 250～350 m。

3. 胜利油田疏松砂岩油藏水平完井方式适应性评价

对胜利油田不同油藏类型和工艺特点的水平井完井方式适应性进行评价和优选(表 2-1-12),预测结果与室内实验结果对比显示了较好的一致性,设计符合率达到 92%,并得出了不同储层条件下的主要完井方式。

表 2-1-12　胜利油田疏松砂岩油藏水平井完井方式适应性

油藏类型	油藏地质特征	工艺要求	粒度中值/μm	完井方式
整装砂岩油藏	出砂油藏,造斜段无复杂油水关系,单一储层,或不需要分段生产的储层	非选择性生产,防砂投产	>100	裸眼精密滤砂管防砂完井
				裸眼段砾石充填,精密滤砂管防砂完井
			>300(分选均匀)	割缝筛管防砂完井

油藏类型	油藏地质特征	工艺要求	粒度中值/μm	完井方式
复杂断块油藏	出砂油藏,造斜段及油层段油水关系复杂、需要分段生产的储层	选择性生产,防砂投产	>100	管外封隔器局部注水泥＋精密滤砂管防砂完井
				套管(尾管)固井射孔,管内防砂完井
			>300(分选均匀)	管外封隔器局部注水泥＋割缝衬管防砂完井
稠油油藏	出砂油藏,造斜段无复杂油水关系,单一储层,或不需要分段生产的储层	非选择性生产,需注汽开采,防砂投产	>100	裸眼精密滤砂管防砂完井
				裸眼井下砾石充填完井
			>300(分选均匀)	割缝筛管防砂完井

第二节　水平井选择性分段控水完井技术

随着复杂断块油藏的不断开发,对完井技术的要求越来越高,在完井过程中既要满足油层防砂、分层分采的要求,又要实现水层、气层的有效封堵,以达到有效开采油层的目的。裸眼完井技术主要应用于碳酸盐岩油藏及胶结致密的砂岩油藏等地层;筛管(或滤砂管)完井技术主要应用于油层段为泥岩夹层,无水、气层等影响,且目的层为单一均质油藏的情况。这两种完井方式都无法实现水层、气层的有效封堵。带多级裸眼封隔器的筛管(或滤砂管)完井虽然可以对造斜段存在的水层或气层进行卡封,但是由于封隔器承压能力、寿命以及井下复杂情况的影响,随着时间的推移,封隔器的密封效果将会降低,在开采后期很容易造成油水层互窜,影响开发效果。为此,胜利油田研发了水平井选择性分段完井优化设计技术和选择性固井与裸眼分段组合完井管柱,形成了适应不同油水分布类型的水平井选择性分段控水完井技术。

一、水平井选择性分段完井优化设计技术

1. 水平井分段完井最优分段方法

1) 影响因素分析

水平井分段完井设计需要综合考虑油藏物性、水平井轨迹、完井技术经济成本等多种因素的影响,以确保设计方案的可行性和有效性。

(1) 储层非均质性。

储层非均质性是导致水平井过早见水的重要因素之一。为了更好地实现分段完井技术目标,水平井分段设计时应尽可能地确保各分段内部物性相近,将高渗层(井段)和低渗层(井段)分开,通过适当控制高渗层(井段)的产液速度,调整水平井产液剖面,改善边底水

前沿推进不均程度,从而延缓水平井见水。若水平井目的层含有边底水易突破的高渗条带,则应将其卡封,以防水平井出现严重的水淹问题;若水平井目的层含有泥岩段,则可作为封隔器放置位置,即分段位置,以达到更好的封隔效果。

(2)水平井筒变质量流压降损失。

在水平井生产过程中,水平井筒中流体从趾端向跟端按照一定压力降流动,水平井筒中的压力分布是不均匀的。在水平井筒中,越接近水平井跟端,流体流速越大,变质量流压降损失越大,井筒压力从趾端到跟端下降得越来越快(图 2-2-1),水平井趾端与跟端的压差越来越大。因此,水平井大部分产能都是由近跟端的井段贡献的(图 2-2-2),特别是当水平段较长、水平井筒变质量流压降损失较大时,甚至可能出现趾端不产液现象。

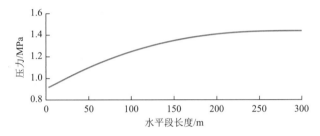

图 2-2-1 水平井筒压力分布(跟端→趾端)

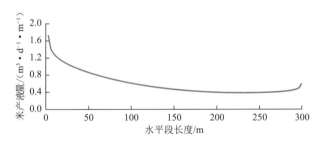

图 2-2-2 水平井产液剖面(跟端→趾端)

此外,由于水平井筒变质量流导致压降损失,所以水平井筒从趾端到跟端各处的生产压差不同,产液速度也不同。在开发底水油藏时,水平井跟端生产压差最大,水平井跟端底水脊进速度最快,从而导致底水最先从水平井跟端突破到井筒,使水平井过早见水,无水采油期缩短,开发效果变差(图 2-2-3),而且水平段越长,井筒内变质量流压降损失越大,底水从跟端过早突破现象越显著。

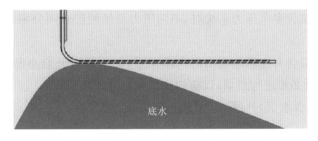

图 2-2-3 水平井跟端底水突破示意图

（3）水平井钻遇地层含多个压力系统。

当水平井钻遇地层含多个压力系统（图 2-2-4）时，不同压力系统的能量大小、油水界面位置等都可能不同，在能量充足的井段，边底水极易快速突破，而且多个压力系统间相互干扰，影响水平井生产。因此，若水平井钻遇地层含多个压力系统，则分段完井时应封隔相邻的压力系统，以免生产过程中不同压力系统之间相互影响，从而防止水平井过早见水。

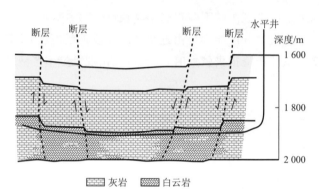

图 2-2-4　水平井目的层含多个压力系统示意图

（4）水平井避水高度波动。

水平井轨迹需要综合考虑优质砂岩钻遇率和油藏需求，这就导致水平段避水高度沿水平井轨迹延伸方向上下波动。在其他因素影响相同或者相近的前提下，水平井避水高度越大，底水突破越慢；相反，避水高度越小，底水突破越快，见水时间越早。若水平井部分井段钻遇底水，则油井开井即可见水。因此，分段设计时应确保水平井各分段内避水高度相近，且须卡封钻遇底水井段。

（5）分段完井经济技术条件。

经济效益是应用水平井分段完井技术的重要考量因素之一。水平井分段完井分段数越多，完井所需设备（流入控制设备和封隔器等）就越多，同时完井难度越大，由此造成的操作成本也就越高，因此分段数必须在成本预算允许范围内。

2）分段原则

根据水平井分段影响因素分析，总结出以下 5 项水平井分段原则：

（1）卡封原则。

① 水平井目的层含多个压力系统时，不同压力系统油层必须分段封隔，以防不同压力系统间的相互干扰；

② 水平井目的层含有连通边底水的高渗条带（如裂缝或开启小断层）时，包含连通边底水的高渗条带井段必须进行封堵，以防边底水突进并快速突破；

③ 钻遇边底水（含水层）井段不能作为投产井段，须卡封。

（2）相近原则。

① 各分段的段内储层物性相近；

② 各分段的段内避水高度相近。

（3）经济技术原则。

分段方案的操作成本须在成本预算范围内，同时满足技术适用条件。

（4）分段选择原则。

物性差的井段（泥岩段）可作为可选分段点，有利于分段封隔开采。

（5）多段且趋于均匀原则。

分段数越多，分段越均匀，越有利于减小变质量流压降的影响。

3）最优分段方法

综合分析油藏、井眼轨迹、分段完井技术经济成本等影响因素，在水平井分段完井的分段原则确立的基础上，建立了粗分段预处理与聚类分析优化相结合的水平井分段完井最优分段方法，该方法流程如下：

（1）进行经济技术评价，确定合理的分段数及分段长度范围。

以经济技术原则及多段且趋于均匀原则为指导，确定满足经济技术要求的分段数以及分段长度范围。

① 分段数范围确定。结合分段完井技术水平以及现场经济成本预算，确定合理的分段数范围。目前随着管外封隔器的发展，分段数可达到 10 段甚至更多。分段数增加，分段完井所需设备随之增多，致使操作成本上升，因此分段数须控制在成本预算范围内。

② 分段长度范围确定。分段完井各分段的长度主要受分段完井设备的限制，因此需根据分段完井技术的适用条件确定合理的分段长度范围。

（2）进行卡封井段分析，明确分段完井投产井段。

综合利用现场地质认识，分析水平井目的层的发育特征、展布特征、物性特征以及油水界面的分布特征等，以卡封原则为指导，卡封易出水井段，明确分段完井投产井段。

（3）进行综合聚类分析，确定水平井最优分段方案。

根据完钻后的测井解释资料以及油水分布特征，分析沿水平井段的渗透率、孔隙度分布以及避水高度变化特征，以（物性、避水高度）相近原则、分段选择原则以及多段且趋于均匀原则为指导，采用聚类分析方法进行快速优化，得到最优分段方案。其中，聚类分析是以相似性为基础的，与不在同一聚类中的模式相比，在一个聚类中的模式之间具有更多的相似性。因此，选用水平井段的渗透率、孔隙度测井解释资料以及水平井避水高度资料作为样本特征，每一个测井数据点为一个样本，采用距离测量方法来评判各样本间的相似性并进行组合，即以样本间距离作为它们相似程度的一种度量。

假设水平井段共有 n 个测井数据点（不含卡封井段测井数据点），分别为 $x_1, x_2, \cdots, x_n$，即 n 个样本，每个样本包含该测井点的物性特征（渗透率 K、孔隙度 ϕ）以及水平井避水高度 h 3 个指标，即

聚类样本（测井数据点）：$x_1, x_2, \cdots, x_n$。

样本指标：$x_i = (K_i, \phi_i, h_i)$，$i = 1, 2, \cdots, n$。

样本各个指标的数量级通常是不一样的，因此在聚类分析之前应先对指标参数进行标

准化处理。

渗透率标准化:

$$K'_i = \frac{K_i}{\sum\limits_{j=1}^{n} K_j} \quad (i = 1, 2, \cdots, n) \tag{2-2-1}$$

孔隙度标准化:

$$\phi'_i = \frac{\phi_i}{\sum\limits_{j=1}^{n} \phi_j} \quad (i = 1, 2, \cdots, n) \tag{2-2-2}$$

避水高度标准化:

$$h'_i = \frac{h_i}{\sum\limits_{j=1}^{n} h_j} \quad (i = 1, 2, \cdots, n) \tag{2-2-3}$$

式中 K'_i, ϕ'_i, h'_i——标准化后的第 i 个样本的渗透率、孔隙度及避水高度。

在聚类过程中,只有相邻的测井数据点才能聚在一起成为一个分段,因此聚类过程中仅需评判相邻样本间的相似性,而不是所有样本间的相似性。

选用距离测量方法来评判相邻样本间的相似性,距离越近,样本越相似。定义相邻样本(测井数据点)x_i 和 x_{i+1} 间的距离为 d_i,满足:

$$d_i \geqslant 0 \tag{2-2-4}$$

将欧氏距离算法改进为仅计算相邻样本间距离的算法,相邻样本 x_i 和 x_{i+1} 间的距离 d_i 的计算公式为:

$$d_i = \left[(K'_i - K'_{i+1})^2 + (\phi'_i - \phi'_{i+1})^2 + (h'_i - h'_{i+1})^2 \right]^{\frac{1}{2}} \tag{2-2-5}$$

水平井分段的聚类优化过程如下:

步骤1 数据标准化

利用式(2-2-1)~式(2-2-3)对水平井段的渗透率、孔隙度及避水高度数据做标准化处理。

步骤2 样本初聚类

利用式(2-2-5)计算相邻样本间的距离,若样本所在井段需卡封,则其不参与聚类。按距离从近到远的顺序依次将相似度高的样本聚为新样本,直到每个新样本都含有几个旧样本(测井数据点),并以原样本标准化后的样本指标(渗透率、孔隙度、避水高度)平均值代表新样本的样本指标,即将水平井按物性相近、避水高度相近的原则分成多个小段,以利于后续快速聚类优化。

步骤3 样本再聚类

利用式(2-2-5)计算相邻样本间的距离,但不计算因卡封段间隔而不相邻样本间的距离。试将距离最近的相邻样本合并为一个新样本,并检查新样本所对应井段的长度 L_s 是否满足:

$$L_s \leqslant L_{max} \tag{2-2-6}$$

式中 L_{max}——最大分段长度界限,m。

若满足,则将此相邻样本合并为一个新样本,即聚为一段,并以原样本标准化后的样本指标平均值代表新样本的样本指标,进入步骤4。

若不满足,则将检查距离次近的相邻样本合并为一个新样本,检查其所对应井段长度是否满足式(2-2-6),如果满足则合并为一个新样本,并以原样本标准化后的样本指标平均值代表新样本的样本指标,并进入步骤4;如果不满足则依次分析。

步骤4　分段检查

检查聚类后的新样本集,即检查分段方案是否满足分段数要求以及分段长度要求,如果不满足则返回步骤2,如果满足则分析分段方案是否符合分段选择原则、多段且趋于均匀原则,最后进入步骤5。

步骤5　给出最优分段方案

计算各样本(分段)的井段长度、井段位置,给出水平井最优分段方案。

2. 水平井分段配产优化方法

如果通过分段完井控制水平井各段的生产速度,使底水均匀地向水平井筒脊进,则当水脊突破到水平井筒内时,水平井各生产井段同时见水,即水平井各生产井段的见水时间相同。可以利用各段最终见水时间一致的原则进行配产,因此只要求得各段产能与见水时间关系式,便可进行配产。

1) 分段配产优化数学模型

假设水平井段长度为 L,设计产能为 Q,同时假设水平井的 n 个井段为 n 口独立的水平井,每口井均位于一个独立的盒状油藏中,忽略生产过程中它们之间的相互影响,则原始油藏由这 n 个独立的盒状油藏沿水平井方向依次并列组成。以第 i 口水平井($i=1,2,\cdots,n$)及第 i 个独立的盒状油藏为例,水平井及油藏的相关参数假设如下:第 i 口水平井产能为 q_i,长度为 L_i(平行于 y 方向),井筒半径为 r_w,井筒中心坐标为 (x_{0i}, y_{0i}, z_{0i}),该水平井所处的第 i 个独立盒状油藏在 x 方向上的长度为 a_i,在 y 方向上的长度为 $b_i(b_i \geqslant L_i)$,在 z 方向上的储层厚度为 h_i,储层 x,y 和 z 方向上的渗透率分别为 K_{xi},K_{yi} 和 K_{zi},孔隙度为 ϕ_i;油藏原始压力为 p_e,流体微可压缩,流体黏度为 μ,岩石压缩系数为 c_t。

根据模型假设,建立水平井第 i 井段的油藏渗流数学模型:

$$\begin{cases} K_{xi}\dfrac{\partial^2 p_i}{\partial x^2} + K_{yi}\dfrac{\partial^2 p_i}{\partial y^2} + K_{zi}\dfrac{\partial^2 p_i}{\partial z^2} = \phi_i\mu c_t\dfrac{\partial p_i}{\partial t} \\[2mm] \left.\dfrac{\partial p_i}{\partial x}\right|_{(x=0,a_i)} = \left.\dfrac{\partial p_i}{\partial y}\right|_{(y=0,b_i)} = \left.\dfrac{\partial p_i}{\partial z}\right|_{(z=h)} = 0, \quad p_i\big|_{(z=0)} = p_e \\[2mm] \lim\limits_{r\to 0}\left(\displaystyle\int_0^{L_i} r\dfrac{\partial p}{\partial r}\mathrm{d}y\right) = -\dfrac{q_i\mu}{2\pi K_i} \end{cases} \quad (2\text{-}2\text{-}7)$$

利用格林源函数以及 Newman 积分,得到油藏压降 $\Delta p_i(x,y,z)$:

$$\Delta p_i(x,y,z) = \dfrac{2q_i B}{\delta\phi_i c_t}\int_0^t s_1 s_2 s_3\,\mathrm{d}\tau \quad (2\text{-}2\text{-}8)$$

式中,源函数 s_1,s_2,s_3 的表达式为:

$$s_1 = \frac{1}{a_i} + \frac{2}{a_i} \sum_{n=1}^{\infty} \cos \frac{n\pi x_{0i}}{a_i} \cos \frac{n\pi x}{a_i} \exp\left(-\frac{n^2 \pi^2 \eta_{xi} \tau}{a_i^2}\right) \qquad (2\text{-}2\text{-}9)$$

$$s_2 = \frac{L_i}{b_i} + \frac{4}{\pi} \sum_{m=1}^{\infty} \frac{1}{m} \cos \frac{m\pi y_{0i}}{b_i} \cos \frac{m\pi y}{b_i} \sin \frac{m\pi L_i}{2b_i} \exp\left(-\frac{m^2 \pi^2 \eta_{yi} \tau}{b_i^2}\right) \qquad (2\text{-}2\text{-}10)$$

$$s_3 = \frac{2}{h_i} \sum_{u=1}^{\infty} \cos \frac{(2u+1)\pi(h_i - z_{0i})}{h_i} \cos \frac{(2u+1)\pi(h_i - z)}{h_i} \exp\left[-\frac{(2u+1)^2 \pi^2 \eta_{zi} \tau}{h_i^2}\right]$$

$$(2\text{-}2\text{-}11)$$

其中：

$$\eta_{xi} = \frac{10^{-3} K_{xi}}{\phi_i \mu c_{\mathrm{t}}}, \quad \eta_{yi} = \frac{10^{-3} K_{yi}}{\phi_i \mu c_{\mathrm{t}}}, \quad \eta_{zi} = \frac{10^{-3} K_{zi}}{\phi_i \mu c_{\mathrm{t}}}$$

式中　B——流体体积系数；

　　　δ——单位换算系数，$\delta = 86\ 400$；

　　　τ——积分变量；

　　　m, n, u——镜像源编号。

假设水平井开井生产后不久油藏便处于稳定状态，则可将式（2-2-8）对 t 积分，并作近似处理：

$$\Delta p_i(x, y, z) = \frac{Bq_i}{\delta a_i b_i h \phi_i c_{\mathrm{t}}} (pz_i + pyz_i + pxz_i + pxyz_i) \qquad (2\text{-}2\text{-}12)$$

$$pz_i = \sum_{u=1}^{\infty} \frac{8L_i \phi_i \mu c_{\mathrm{t}} h^2}{\beta(2u+1)^2 \pi^2 K_{zi}} \cos \frac{(2u+1)\pi(h-z)}{h} \cos \frac{(2u+1)\pi(h-z_{0i})}{h} \qquad (2\text{-}2\text{-}13)$$

$$pyz_i = \sum_{m=1}^{\infty} \sum_{u=1}^{\infty} \frac{4b_i}{m^2 \pi \left[\dfrac{\beta(2u+1)^2 \pi^2 K_{zi}}{4\phi_i \mu c_{\mathrm{t}} h^2} + \dfrac{\beta m^2 \pi^2 K_{yi}}{\phi_i \mu c_{\mathrm{t}} b_i^2}\right]} \sin \frac{\pi L_i}{2b_i} \cos \frac{m\pi y}{b_i} \cdot$$

$$\cos \frac{m\pi y_{0i}}{b_i} \cos \frac{(2u+1)\pi(h-z)}{h} \cos \frac{(2u+1)\pi(h-z_{0i})}{h} \qquad (2\text{-}2\text{-}14)$$

$$pxz_i = \sum_{n=1}^{\infty} \sum_{u=1}^{\infty} \frac{4L_i}{\dfrac{\beta(2u+1)^2 \pi^2 K_{zi}}{4\phi_i \mu c_{\mathrm{t}} h^2} + \dfrac{\beta m^2 \pi^2 K_{xi}}{\phi_i \mu c_{\mathrm{t}} a_i^2}} \cos \frac{n\pi x}{a_i} \cos \frac{n\pi x_{0i}}{a_i} \cdot$$

$$\cos \frac{(2u+1)\pi(h-z)}{h} \cos \frac{(2u+1)\pi(h-z_{0i})}{h} \qquad (2\text{-}2\text{-}15)$$

$$pxyz_i = \sum_{n=1}^{\infty} \sum_{m=1}^{\infty} \sum_{u=1}^{\infty} \frac{8b_i}{m^2 \pi \left[\dfrac{\beta m^2 \pi^2 K_{xi}}{\phi_i \mu c_{\mathrm{t}} a_i^2} + \dfrac{\beta m^2 \pi^2 K_{yi}}{\phi_i \mu c_{\mathrm{t}} b_i^2} + \dfrac{\beta(2u+1)^2 \pi^2 K_{zi}}{4\phi_i \mu c_{\mathrm{t}} h^2}\right]} \cos \frac{n\pi x}{a_i} \cdot$$

$$\cos \frac{n\pi x_{0i}}{a_i} \cos \frac{m\pi y}{b_i} \cos \frac{m\pi y_{0i}}{b_i} \sin \frac{\pi L_i}{2b_i} \cos \frac{(2u+1)\pi(h-z)}{h} \cdot$$

$$\cos \frac{(2u+1)\pi(h-z_{0i})}{h} \qquad (2\text{-}2\text{-}16)$$

式中　h——油层厚度，m；

　　　β——单位换算系数，$\beta = 10^{-3}$。

以原始油水界面为基准，定义油相势函数 $\Phi_i(x, y, z, t)$：

$$\Phi_i(x,y,z,t) = -\Delta p_i(x,y,z) + 10^{-6}\rho_o gz \qquad (2\text{-}2\text{-}17)$$

式中　ρ_o——油相密度，$\mathrm{kg/m^3}$；

　　　g——重力加速度，$\mathrm{m^2/s}$；

　　　z——油柱高度，m。

因此，边底水前沿油水界面处的势函数 $\Phi_{fi}(x,y,z,t)$ 可表示为：

$$\Phi_{fi}(x,y,z,t) = -\Delta p_i(x,y,z) - 10^{-6}\Delta\rho g z_f \qquad (2\text{-}2\text{-}18)$$

$$\Delta\rho = \rho_w - \rho_o$$

式中　ρ_w——水相密度，$\mathrm{kg/m^3}$；

　　　z_f——油水界面位置，m。

根据 Darcy 定律，忽略油水两相之间的流度差并取 K_{zi}/μ 为油相流度，用水平井第 i 段中部边底水推进速度 v_i 代表该井段油水界面平均移动速度，则有：

$$v_i = -\frac{10^3 K_{zi}}{\mu\phi_i(1-S_{wc}-S_{or})}\frac{\partial\Phi_{fi}}{\partial z_f}\Bigg|_{x=x_{0i},y=\frac{b_i}{2}} \qquad (2\text{-}2\text{-}19)$$

式中　v_i——边底水推进速度，$\mathrm{m/s}$；

　　　S_{wc}——束缚水饱和度，%；

　　　S_{or}——残余油饱和度，%。

又有 $v_i = \dfrac{\mathrm{d}z_f}{\mathrm{d}t}$，代入式(2-2-19)并对 t 积分可得到水平井第 i 井段的边底水突破时间 t_{bi}：

$$t_{bi} = -\frac{\mu\phi_i(1-S_{wc}-S_{or})}{86.4 K_{zi}}\int_0^{z_w}\frac{\mathrm{d}z_f}{\dfrac{\partial\Phi_{fi}}{\partial z_f}\Bigg|_{x=x_{0i},y=\frac{b_i}{2}}} \qquad (2\text{-}2\text{-}20)$$

其中：

$$\frac{\partial\Phi_{fi}}{\partial z_f} = -\frac{\partial\Delta p_i}{\partial z_f} - 10^{-6}\Delta\rho g \qquad (2\text{-}2\text{-}21)$$

$$\frac{\partial\Delta p_i}{\partial z_f} = \frac{\delta B q_i}{a_i b_i h\phi_i c_t}\left(\frac{\partial pz_i}{\partial z_f} + \frac{\partial pyz_i}{\partial z_f} + \frac{\partial pxz_i}{\partial z_f} + \frac{\partial pxyz_i}{\partial z_f}\right) \qquad (2\text{-}2\text{-}22)$$

$$\frac{\partial pz_i}{\partial z_f} = \frac{8L_i\phi_i c_t h_i^2}{\beta\pi^2 K_{zi}}\sum_{u=1}^{\infty}\frac{\mu h_i}{(2u+1)^3\pi}\sin\frac{(2u+1)\pi(h-z)}{h_i}\cos\frac{(2u+1)\pi(h_i-z_{0i})}{h_i}$$

$$(2\text{-}2\text{-}23)$$

$$\frac{\partial pyz_i}{\partial z_f} = \frac{4b_i}{\pi}\sum_{m=1}^{\infty}\sum_{u=1}^{\infty}\frac{1}{m^2\left[\dfrac{\beta(2u+1)^2\pi^2 K_{zi}}{4\phi_i\mu c_t h_i^2} + \dfrac{\beta m^2\pi^2 K_{yi}}{\phi_i\mu c_t b_i^2}\right]}\frac{h_i}{(2u+1)\pi}\cos\frac{m\pi y}{b_i}\cdot$$

$$\cos\frac{m\pi y_{0i}}{b_i}\sin\frac{\pi L_i}{2b_i}\sin\frac{(2u+1)\pi(h_i-z)}{h_i}\cos\frac{(2u+1)\pi(h_i-z_{0i})}{h_i} \qquad (2\text{-}2\text{-}24)$$

$$\frac{\partial pxz_i}{\partial z_f} = \sum_{n=1}^{\infty}\sum_{u=1}^{\infty}\frac{4L_i h_i}{(2u+1)\pi\left[\dfrac{\beta(2u+1)^2\pi^2 K_{zi}}{4\phi_i\mu c_t h_i^2} + \dfrac{\beta m^2\pi^2 K_{xi}}{\phi_i\mu c_t a_i^2}\right]}\cos\frac{n\pi x}{a_i}\cos\frac{n\pi x_{0i}}{a_i}\cdot$$

$$\sin\frac{(2u+1)\pi(h_i-z)}{h_i}\cos\frac{(2u+1)\pi(h_i-z_{0i})}{h_i} \qquad (2\text{-}2\text{-}25)$$

$$\frac{\partial pxyz_i}{\partial z_f} = \sum_{n=1}^{\infty}\sum_{m=1}^{\infty}\sum_{u=1}^{\infty}\frac{8b_i}{m^2\pi\left[\dfrac{\beta m^2\pi^2 K_{xi}}{\phi_i\mu c_t a_i^2}+\dfrac{\beta m^2\pi^2 K_{yi}}{\phi_i\mu c_t b_i^2}+\dfrac{\beta(2u+1)^2\pi^2 K_{zi}}{4\phi_i\mu c_t h_i^2}\right]}\cos\frac{n\pi x}{a_i}\cdot$$

$$\frac{h_i}{(2u+1)\pi}\cos\frac{n\pi x_{0i}}{a_i}\cos\frac{m\pi y}{b_i}\cos\frac{m\pi y_{0i}}{b_i}\sin\frac{\pi L_i}{2b_i}\sin\frac{(2u+1)\pi(h_i-z)}{h_i}\cdot$$

$$\cos\frac{(2u+1)\pi(h_i-z_{0i})}{h_i} \tag{2-2-26}$$

式中　z_w——避水高度，m。

可将水平井各段见水时间与产能的关系式（2-2-20）简写为：

$$t_{bi}=f(q_i)\quad(i=1,2,\cdots,n) \tag{2-2-27}$$

在水平井均衡见水情况下，水平井各段见水时间一致，即

$$t_{b1}=t_{b2}=\cdots=t_{bi}=\cdots=t_{bn} \tag{2-2-28}$$

同时，水平井各段产能与总产能有如下关系：

$$q_1+q_2+\cdots+q_i+\cdots+q_n=Q \tag{2-2-29}$$

因此，联立式（2-2-27）～式（2-2-29）可建立基于均衡见水的水平井分段配产优化数学模型：

$$\begin{cases}t_{b1}=t_{b2}=\cdots=t_{bi}=\cdots=t_{bn}\\ q_1+q_2+\cdots+q_i+\cdots+q_n=Q\\ t_{bi}=f(q_i)\end{cases} \tag{2-2-30}$$

该模型含有 $2n$ 个未知数（$q_1,q_2,\cdots,q_n;t_{b1},t_{b2},\cdots,t_{bn}$）和 $2n$ 个方程，直接求解或者采用优化方法近似求解便能得到均衡见水情况下的分段配产方案。

2）水平井分段及配产优化示例

选取胜利油田永 66 断块 P6 井进行分段配产优化。永 66 断块是一个被四面断层遮挡的长方形底水封闭断块。P6 井有目的含油层 1 个，砂层厚 10 m，油层厚 4.8 m，井控面积 0.035 km²，井控储量 3.1×10⁴ t，完钻垂深 1 470 m，设计产能 100 m³/d。P6 井 A 靶点距油层顶 1 m，B 靶点距油层顶 1 m，水平段轨迹基本处于水平状态（图 2-2-5）。

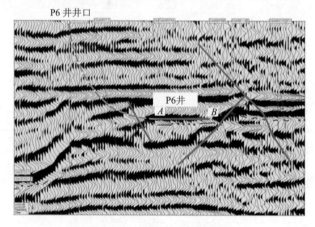

图 2-2-5　P6 井过井地震剖面

P6 井随钻测井解释成果表明，储层渗透率为 $(581 \sim 2\,630) \times 10^{-3}\ \mu m^2$，渗透率变异系数为 0.27，孔隙度为 34%～42%，储层砂质含量 90%～98%（质量分数），沿水平段方向储层物性变化大，在水平井段 120 m 附近物性较好，底水易最先突破。

依据 P6 井水平段渗透率、孔隙度及岩性分布特点，同时根据现场的经济技术要求（每段长度≥10 m，分段数≤10），采用所建立的水平井最优分段方法，将该井分为 10 段（图 2-2-6、表 2-2-1），可以看出，分段方案中各段物性相近度高，且各段长度均满足要求。

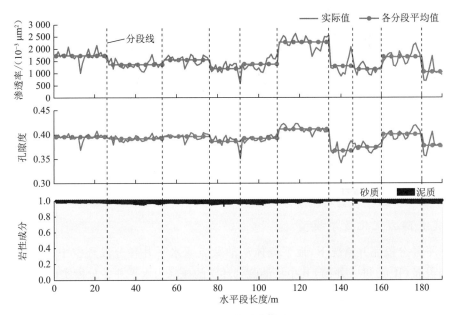

图 2-2-6　P6 井分段方案

表 2-2-1　P6 井分段方案

分段序号	分段长度/m	平均渗透率/($10^{-3}\ \mu m^2$)	平均孔隙度	平均避水高度/m	渗透率变异系数
1	26	1 728.0	0.395 2	9	0.12
2	27	1 360.9	0.391 8	9	0.12
3	23	1 555.9	0.396 3	9	0.10
4	15	1 189.0	0.386 0	9	0.20
5	18	1 370.0	0.392 1	9	0.18
6	25	2 274.3	0.411 2	9	0.11
7	12	1 298.5	0.366 8	9	0.24
8	14	1 169.8	0.373 9	9	0.15
9	20	1 669.5	0.400 8	9	0.17
10	10	1 050.4	0.376 9	9	0.25

在 P6 井最优分段方案的基础上，利用基于均衡见水的水平井分段配产优化方法对 P6 井的配产方案进行设计，得到 P6 井的最优分段配产方案，如图 2-2-7 所示。可以看出，P6

井各分段的最优配产量与储层物性相关,分段储层物性越好,配产量越高,可保证水平井各分段产能的充分发挥。

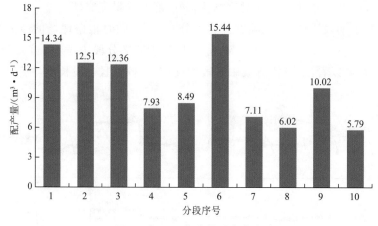

图 2-2-7　P6 井分段配产方案

3. 水平井分段完井参数优化设计

1) 完井阻力优化数学模型

在水平井分段完井情况下,地下流体从油藏流入水平井各分段环空中,然后从环空经流入控制设备(ICD)进入井筒,其中从油藏到环空的压降为水平井各分段实际的有效生产压差,而从环空到井筒的压降是地下流体流经流入控制设备所产生的附加压降(图 2-2-8),其主要作用是调节水平井各分段的有效生产压差,从而达到控制水平井各分段产液速度的目的。

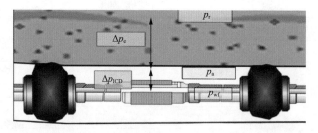

p_r—油藏压力;p_a—环空压力;p_{wf}—井筒流压;Δp_e—有效生产压差,$\Delta p_e = p_r - p_a$;Δp_{ICD}—附加压降,$\Delta p_{ICD} = p_a - p_f$。

图 2-2-8　分段完井压降示意图

受油藏非均质性及分段方案等因素的影响,在最优配产方案情形下,水平井各分段的有效生产压差不尽相同,同时受井筒变质量流压降损失的影响,从水平井趾端到跟端压力下降速度越来越快,生产压差也越来越大(图 2-2-9),因此实现水平井最优配产方案的关键在于依据各分段的有效生产压差和变质量流压降确定各分段的压降,即完井阻力,以指导相关的分段完井参数设计。

为此,将水平井段从趾端到跟端分为 n 个节点,其中趾端节点处的井底流压为 $p_{wf}(1)$,

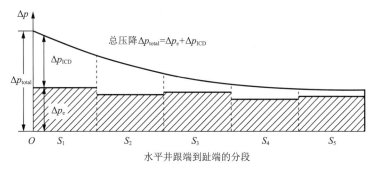

图 2-2-9　分段完井压力分布示意图

第 i 个节点处的井底流压为 $p_{wf}(i)$，跟端节点处的井底流压为 $p_{wf}(n)$，从第 i 个节点到第 $i+1$ 个节点的变质量流压降损失为 $\Delta p_l(i)$，即

$$p_{wf}(i) - p_{wf}(i+1) = \Delta p_l(i) \tag{2-2-31}$$

同时假设水平井分段完井共分为 E 段，从趾端起第 k 段占 n_k 个节点，且 $\sum\limits_{k=1}^{E} n_k = n$，此段井筒环空中的流体在第 n_k 个节点处经 ICD 流入井筒油管中，对应的井底流压为 $p_{wf}(j)$，环空压力为 $p_a(j)$，其中 $j = \sum\limits_{e=1}^{k} n_e$，并假设油藏边界压力为 p_r，则此节点对应的有效生产压差为：

$$\Delta p_e(j) = p_r - p_a(j) \tag{2-2-32}$$

地层流体流经 ICD 的压降 Δp_{ICD} 为：

$$\Delta p_{ICD}(j) = p_a(j) - p_{wf}(j) \tag{2-2-33}$$

由式（2-2-32）式（2-2-33）可得：

$$\Delta p_{ICD}(j) = p_r - \Delta p_e(j) - p_{wf}(j) \tag{2-2-34}$$

又有：

$$p_{wf}(j) = p_{wf}(n) + \sum_{i=j}^{n-1} \Delta p_l(i) \tag{2-2-35}$$

将式（2-2-35）代入式（2-2-34）得：

$$\Delta p_{ICD}(j) = p_r - p_{wf}(n) - \sum_{i=j}^{n-1} \Delta p_l(i) - \Delta p_e(j) \tag{2-2-36}$$

式（2-2-36）等号右端项中：第 1 项为油藏边界压力，为已知项；第三项为井筒流体从第 j 节点到跟端第 n 节点的变质量流压降损失，可根据设计的最优配产方案，利用水平井筒变质量流压降损失模型计算得到；最后一项为水平井第 k 段的有效生产压差，可根据设计的最优配产方案，利用式（2-2-32）计算得到。因此，只需确定合理的跟端井底流压 $p_{wf}(n)$，便可确定水平井各段的完井阻力。

综合考虑水平井分段完井配产要求、井筒变质量流压降特点、分段完井设备 ICD 的技术界限以及油藏实际的压力条件等因素，以总完井阻力最小为优化目标，建立如下水平井分段完井阻力优化模型：

优化目标

$$f_{\min}\left\{\sum \Delta p_{\mathrm{ICD}}(j)\right\} \qquad \left(j = \sum_{e=1}^{k} n_e, 1 \leqslant k \leqslant E\right) \qquad (2\text{-}2\text{-}37)$$

约束条件

$$
\begin{cases}
\Delta p_{\mathrm{ICD}}(j) = p_r - p_{\mathrm{wf}}(n) - \sum_{i=j}^{n-1} \Delta p_1(i) - \Delta p_e(j) \\
\Delta p_{\min} \leqslant \Delta p_{\mathrm{ICD}}(j) \leqslant \Delta p_{\max} \quad \left(j = \sum_{e=1}^{k} n_e, 1 \leqslant k \leqslant E\right) \\
p_{\min} \leqslant p_{\mathrm{wf}}(n) \leqslant p_{\max}
\end{cases} \qquad (2\text{-}2\text{-}38)
$$

式中 E——水平井完井分段数，个；

$\Delta p_{\min}, \Delta p_{\max}$——ICD 附加压降控制上、下界限，MPa；

$p_{\min}, p_{\max}$——水平井跟端井底流压允许的波动范围上、下界限，MPa。

2）最优完井参数

由于产生压降的方式不同，ICD 的主要类型可分为通道型、喷嘴型和孔板型 3 种。由于不同类型 ICD 的结构各不相同，所以在对其进行完井参数设计时所采用的计算模型也不相同。选择喷嘴型 ICD 进行完井时，由于该类型 ICD 通过喷嘴来产生流动阻力，所以在特定流速下应选择适当尺寸的喷嘴以在控制器内部形成所需要的压降。

在水平井分段完井各控流段完井阻力方案优化的基础上，利用以下 ICD 附加压降公式可计算出各控流段的喷嘴直径：

$$\Delta p = p_{ai,\mathrm{mi}} - p_{ti,\mathrm{mi}} = C_u \frac{\rho_{i,\mathrm{mi}} v_c^2}{2 C_v^2} \qquad (2\text{-}2\text{-}39)$$

$$v_c = 4 \frac{q_{ti,\mathrm{mi}}}{\pi D_N^2} \qquad (2\text{-}2\text{-}40)$$

式中 Δp——ICD 两端的压降，MPa；

$p_{ai,\mathrm{mi}}, p_{ti,\mathrm{mi}}$——ICD 处的环空压力和油管压力，MPa；

C_u——单位转换常数；

$\rho_{i,\mathrm{mi}}$——井液的密度，kg/cm³；

v_c——流体流经 ICD 时的流速，m/s；

C_v——ICD 喷嘴的流量系数；

$q_{ti,\mathrm{mi}}$——井液的流量，m³/s；

D_N——ICD 喷嘴直径，mm。

以胜利油田永 66 断块 P6 井为例，在图 2-2-7 给定的 P6 井最优分段配产方案的基础上，采用上述水平井分段完井参数设计方法，确定了 P6 井的合理附加完整阻力方案（油管跟端压力为 14.2 MPa，图 2-2-10），计算得到 P6 井的合理完井参数（ICD 喷嘴直径）方案（图 2-2-11）。

为了验证 P6 井的生产实时调整效果，模拟了 P6 井在最优分段配产方案下的生产动态，如图 2-2-12 所示。P6 井按照最优分段配产方案生产，从 180～300 d 的产水剖面形态及变化来看，底水脊进较为均匀，剖面也较为平缓，有效延缓了油井见水，同时增大了油井见水时底水脊的驱替范围。

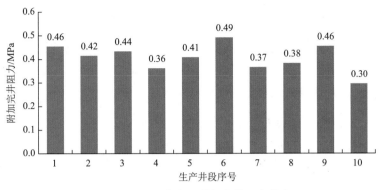

图 2-2-10　P6 井合理附加完井阻力方案

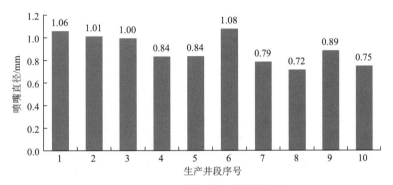

图 2-2-11　P6 井合理完井参数方案

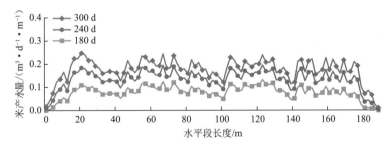

图 2-2-12　P6 井产水剖面(最优分段配产方案)

二、筛管顶部注水泥完井工艺技术

筛管顶部注水泥完井工艺技术是在油层段下入筛管,油层以上注水泥固井,以达到保护油层的目的。对需要分层的油层,应下入套管外封隔器,实现油水层的有效卡封、分层,以满足油井分层处理、开采的要求。油层顶部进行注水泥固井,以实现对油层顶部水层、气层等不稳定层位的有效封堵,若存在油层,则可以在主力油层弃用后进行射孔投产。与固井射孔完井相比,水平井采用筛管完井可大大降低建井成本,缩短建井时间,显著提高油井产能和采油指数,并且油层具有较大的裸露面积,能够避免水泥浆对油层的损害,从而有效地保护油层。

1.完井工艺管柱

实施水平井造斜段注水泥、裸眼封隔器分段筛管完井工艺共需下入两次管柱:第一次下入的管柱为完井管柱;第二次下入的管柱为洗井、胀封一体化管柱,利用该管柱可先后完成井壁泥饼清洗、近井地带酸化和各级裸眼封隔器胀封。

1)完井管柱组合(以封隔两层为例)

完井管柱组合(图 2-2-13)为:洗井阀＋滤砂管＋套管短节＋裸眼封隔器＋套管短节＋滤砂管＋套管短节＋盲板短节＋裸眼封隔器＋套管短节＋分级注水泥器＋套管(到井口)。

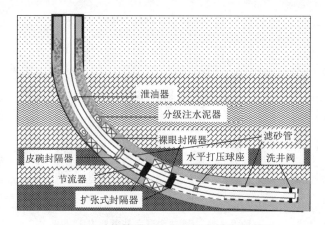

图 2-2-13　筛管顶部注水泥完井管柱示意图

2)洗井、胀封一体化管柱组合

洗井、胀封一体化管柱组合(图 2-2-13)为:插入密封＋油管＋水平打压球座＋油管＋扩张式封隔器＋油管短节＋扩张式封隔器＋节流器＋油管＋皮碗封隔器＋油管＋泄油器＋油管(到井口)。

2.施工工艺

筛管顶部注水泥完井施工工艺如下:

(1)按完井管柱组合配接管柱并下到设计位置;

(2)用固井车打压,充分膨胀筛管顶部封隔器,继续打压将分级注水泥器打开;

(3)注水泥固井;

(4)释放顶替胶塞,关闭分级注水泥器,关井候凝;

(5)水泥凝固后,用合适尺寸的钻头钻除胶塞、分级注水泥器内部铝质碰压座及铝质盲板;

(6)按洗井、胀封管柱组合配接管柱并下到设计位置;

(7)洗井、酸化;

(8)用固井车小排量打压,使下部封隔器膨胀;

(9)继续打压,打掉水平打压球座;

(10)将井内管柱起出,完成施工。

3. 技术特点

筛管顶部注水泥完井工艺技术有以下特点：

（1）可避免由地层裸眼坍塌和井眼缩径造成的油井报废；

（2）采用筛管完井不会污染油层，可保持油井原始渗透率，同时节省射孔费用；

（3）采用裸眼滤砂管防砂，完井后管柱内通径无缩径，可降低后期作业难度；

（4）可实现油层的分段开采；

（5）在上部造斜井段采用配套工具实施固井，可有效封隔水层等干扰层；

（6）新型分级注水泥器可消除传统分级注水泥器关闭不严的现象，避免套管外水泥浆倒返而影响固井质量，保证造斜段水泥环封堵可靠；

（7）采用内、外管柱组合结构，一次管柱可实现多段油层洗井、胀封作业，从而高效快捷地沟通油流通道，减少施工工序，降低完井成本。

4. 关键工具

筛管顶部注水泥完井工艺的关键工具有裸眼封隔器、液压悬挂器、分级注水泥器、可洗井膨胀工具、变密度滤砂管等。

1）裸眼封隔器

裸眼封隔器是用于卡封水层或气层及分段开采、分段进行油层处理的重要工具。该工具随完井管柱一起下入井中，流体（钻井液、水或水泥浆）充填到封隔器的胶筒内，使胶筒膨胀，密封完井筛管与裸眼井壁之间的环形空间，达到封隔、分段的目的。

（1）工具结构。

裸眼封隔器主要由中心管、膨胀阀、胶筒及密封件等组成，如图 2-2-14 所示。封隔器的胶筒设计了两端固定、不连续钢片的结构，既增加了胶筒的长度，又保证了胶筒的充分膨胀，提高了环空密封压力；封隔器胶筒进行了耐高温设计，耐温达到 150 ℃。

1—上接头；2—中心管；3—胶筒总成；4—膨胀阀系；5—下接头。

图 2-2-14　裸眼封隔器结构图

（2）工作原理。

当封隔器管柱下到设计位置后，向管柱内投入钢球、胶塞或利用膨胀工具，使封隔器内外不连通，油管内加液压，在一定压差作用下，开启阀的剪销被剪断，膨胀流体通过开启阀、单流阀和关闭阀进入胶筒。随着流体的不断增多，胶筒逐渐膨胀，在一定压力作用下发生变形，与裸眼井壁紧密接触而形成密封。胶筒内压力不断升高，当达到一定值后，关闭阀的剪销被剪断，关闭阀关闭，将进液孔堵死，实现可靠密封。将井口放压到零，打开阀回位并自动锁紧,实现永久性关闭。无论管柱内压力如何变化,都不会对胶筒内的压力系统产生影响。

（3）技术指标。

裸眼封隔器技术性能指标见表 2-2-2。

表 2-2-2　裸眼封隔器技术性能指标

公称直径		最大外径	内径/mm	总长度	胶筒长度	中心管	密封压力	耐温/℃	连接螺纹
mm	in	/mm		/m	/m	钢级	/MPa		
102	4	133	89	3～14	1～12	N80	7～15	≤170	4TBG
114	4½	142	97	3～14	1～12	P110	7～15	≤170	4½TBG
127	5	148	108	3～14	1～12	P110	7～15	≤170	5LCSG
139.7	5½	178	121	3～14	1～12	P110	7～30	≤170	5½LCSG
177.8	7	204	159	3～14	1～12	P110	7～30	≤170	7LCSG

2）液压悬挂器

悬挂器是尾管完井的重要工具,其作用是使尾管定位,尤其是在需要卡封水层的完井管柱中,与裸眼封隔器配套应用时能够提高封隔器卡封的准确性,同时还可以起扶正尾管的作用,有利于修井作业管柱的再进入。正在研究的几种适用于疏松砂岩油藏水平井的完井工艺均需配套使用液压式悬挂器,因此应重点对液压悬挂器进行研制。

（1）结构组成。

液压悬挂器可分为坐封系统、锚定系统、密封系统、锁定系统等机构,如图 2-2-15 所示。

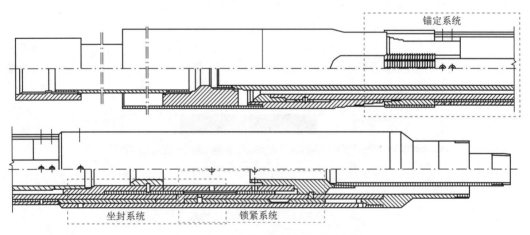

图 2-2-15　液压悬挂器结构原理示意图

（2）工作原理。

完井管柱下到设计位置后,从管柱内加液压,在压差作用下,尾管悬挂器的坐封机构的剪钉被剪断,活塞推动卡瓦座沿锥体上行,使卡瓦撑开锚定在套管壁上,由于锁紧机构的作用,活塞无法回退,因此卡瓦就被牢固地撑在套管壁上,从而使尾管从完井管柱上脱开后被固定在套管上。

（3）技术指标。

液压悬挂器技术指标见表 2-2-3。

表 2-2-3　液压悬挂器技术指标

型　号	最大外径/mm	内径/mm	长度/mm	坐封压力/MPa	上连接螺纹	下连接螺纹
XGQ115	115	76	2 250	5～20	$2\frac{7}{8}$ IF	$3\frac{1}{2}$ TBG
XGQ150	150	98	2 300	5～20	$3\frac{1}{2}$ IF	$4\frac{1}{2}$ TBG
XGQ208-I	208	121	2 150	5～20	$4\frac{1}{2}$ IF	$5\frac{1}{2}$ LCSG

3）分级注水泥器

水平井分级注水泥器是实现注水泥完井工艺的重要工具，一般和裸眼封隔器配套使用。它是完井尾管内外连通的通道，注水泥时能够保证畅通无阻，注完水泥后能够可靠关闭。

（1）结构组成。

分级注水泥器主要由上接头、关闭套、外筒、内筒、打开套、挡环和下接头等组成，如图 2-2-16 所示。该工具与常规注水泥器的区别在于前者可实现液压打开和液压关闭。

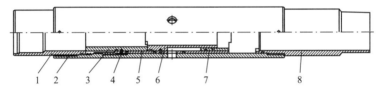

1—上接头；2—外筒；3—关闭套；4—剪钉；5—内筒；6—打开套；7—挡环；8—下接头。

图 2-2-16　分级注水泥器结构示意图

（2）工作原理。

当裸眼封隔器膨胀后，从套管内继续加液压，压力升高到一定值后，分级注水泥器的打开套在压力作用下将剪钉剪断，打开套下行，露出循环孔，套管柱内外连通，实现正循环。固井时，泵入水泥浆可通过循环孔进入套管外环空。固井完毕后，用来顶替水泥浆进入套管外环空位置的胶塞与分级注水泥器关闭套产生碰压，顶替关闭套下行，关闭套将循环孔关闭（或通过机械方式关闭循环孔），套管外环空的水泥浆无法倒流，从而实现水平井注水泥固井。

（3）技术指标。

分级注水泥器技术指标见表 2-2-4。

表 2-2-4　分级注水泥器技术指标

型　号	最大外径/mm	内径/mm	长度/mm	打开压力/MPa	关闭压力/MPa	连接螺纹
FJG140	185	121	1 450	15～20	6～10	$5\frac{1}{2}$ LCSG
FJG178	208	156	1 650	15～20	6～10	7LCSG

4）可洗井膨胀工具

可洗井膨胀工具是裸眼封隔器的配套工具。该工具与节流器、水平打压球座配合，可在完井管柱下部连接筛管的情况下,在封隔器附近建立起局部压力系统,使封隔器膨胀,膨胀工具起出后完井管柱内保持畅通无阻,有利于生产及后期作业等。

（1）结构组成。

可洗井膨胀工具主要由密封系统、控制系统等部分组成,如图 2-2-17 所示。

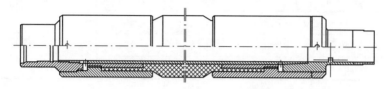

图 2-2-17　可洗井膨胀工具示意图

（2）工作原理。

完井尾管释放后,上提送入管柱（钻杆柱）,使可洗井膨胀工具定位于封隔器处,正向加液压,此时洗井、胀封管柱下部的水平打压球座关闭,液压力将可洗井膨胀工具坐封,进而完成裸眼封隔器的膨胀。洗井时,反循环加液压,可洗井膨胀工具解封,水平打压球座打开,形成洗井通道。

（3）技术指标。

可洗井膨胀工具技术指标见表 2-2-5。

表 2-2-5　可洗井膨胀工具技术指标

指标名称	取　值	指标名称	取　值
钢体最大外径/mm	113	启动压力/MPa	<0.5
密封压力/MPa	25	中心管内径/mm	62
连接螺纹	2⅞TBG		

5）滤砂管优选研究

出砂油藏水平井防砂施工难度大、要求高,现有的砾石充填、化学防砂等防砂工艺技术不能满足现场要求,而采取套管内下滤砂管的防砂完井方式可以对出砂油藏进行先期防砂,但由于完井后管柱内通径小,增大了油井后期分段处理和滤砂管打捞等措施作业的难度,影响生产效果。20 世纪 70 年代后推广的金属纤维、金属毡滤砂管和割缝衬管已形成系列,有可用于水平井的不同尺寸规格,但采取裸眼金属网、金属毡滤砂管和割缝衬管防砂完井的油井生产一段时间后出现了一些问题:① 割缝衬管防砂有效期短,衬管缝隙填满地层砂后渗流面积变小,产量较低。② 金属纤维、金属毡滤砂管孔隙大小不均,尺寸分布范围宽,存在漏砂孔,经井液冲蚀变大,导致防砂失效;管内沉砂,需要周期性冲洗;表面堵塞后压实,孔隙减小,进一步造成堵塞,在较短时间内导致防砂失败。

为了解决以上问题,优选了大通径精密微孔滤砂管。

（1）结构组成。

大通径精密微孔滤砂管主要由接箍、基管、过流孔、复合过滤层及内外支撑环和内外保护套组成,如图 2-2-18 所示。基管用于支撑连接,复合过滤层为挡砂过滤层,内外保护套起保护作用。复合过滤层的过滤精度根据地层砂粒度中值和油层采油强度来选择,如地层砂粒度中值小,要求复合过滤层的过滤精度高;地层砂粒度中值大,要求复合过滤层的过滤精度低。

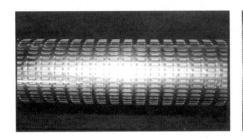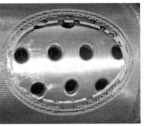

图 2-2-18　大通径精密微孔滤砂管

（2）防砂原理。

在防砂完井过程中,大通径精密微孔滤砂管与其他完井配套工具连接在一起下入油层部位裸眼中。在油井生产过程中,油流通过滤砂管的过滤层进入井筒并采出地面,而地层砂被阻挡在滤砂管与井筒环空内,非常细的地层砂随油流产出,较大颗粒的地层砂聚积在环空内形成自然充填层,可进一步提高防砂效果。

大通径精密微孔滤砂管的复合过滤层具有一定的弹性。当环空充填层渗透率减小时,生产压差增大,压差增大到一定值时,复合过滤层孔隙发生变化,使一定粒度的地层砂通过,环空充填层的渗透率随之增加,而复合过滤层在弹性作用下恢复原状,因此具有良好的自洁能力、过滤特性和水动力特点以及良好的防砂效果和液流效应。

（3）性能特点。

大通径精密微孔滤砂管的主要性能特点为:稳定的精密微孔、滤套式结构、非真空烧结式、双层滤网式、孔隙无遮挡。

（4）技术参数。

大通径精密微孔滤砂管的尺寸规格和过滤精度等技术参数见表 2-2-6 和表 2-2-7。

表 2-2-6　大通径精密微孔滤砂管尺寸规格

参　数	取　值	参　数	取　值
基管直径/in(mm)	5(127)	最大外径/mm	150
	5½(139.7)		159
	7(177.8)		196
基管长度/m	4.6~4.8	过滤段长度/m	4.0~4.2
	9.3~9.6		8.0~8.4

表 2-2-7　大通径精密微孔滤砂管过滤精度

过滤材料编号	WF60	WF80	WF100	WF120	WF160	WF200	WF250	WF300	WF350
过滤精度/μm	60	80	100	120	160	200	250	300	350

三、水平井免钻塞注水泥分段完井技术

筛管顶部注水泥工艺技术实施起来相对简单,但存在以下问题:

(1)施工工艺复杂。注水泥完毕后需要下入钻头钻塞,然后下大直径铣锥进行多次刮管,修正分级箍及盲板处的井眼,导致卡钻的风险增大。

(2)钻塞时会损坏分级箍及套管。钻塞时如果操作不当,会损坏分级箍及套管,严重的会造成套管开窗,导致井眼报废。

(3)产生缩径现象。分级箍关闭塞座、胶塞骨架、打开套及盲板等需要钻掉的部分虽由铝制材料制成,但无论如何钻塞、刮管和通井都不会达到原套管尺寸大小,这会给油井的后期作业带来不必要的麻烦。

(4)形成井底落物。如果钻掉的铝块不能全部循环上来,则会产生井下落物,影响以后的洗井作业。如果后期还要实施砾石充填,那么这些井下落物会对施工造成较大影响。

(5)5½ in 套管内侧钻水平井无法实现钻塞。由于侧钻水平井井眼尺寸小,特别是5½ in 套管内侧钻水平井,采用分级箍注水泥后,在 76 mm 套管内无法完成钻塞工艺,因此目前采用封隔器分段完井。此外,对于夹层薄或隔层不致密的油井,封隔器分段完井无法保证有效的水层封隔。

为了进一步减少完井时间、避免钻塞对套管造成损坏、防止钻塞过程对油藏造成二次污染,对筛管顶部注水泥完井技术进行完善配套,形成了水平井免钻塞注水泥分段完井技术。

该技术应用洗井阀、免钻塞分级箍、管外封隔器、堵塞器、胶塞等特殊工具,实施造斜段注水泥完井作业,然后下入打捞工具将堵塞器及胶塞捞出,实现水平井免钻塞注水泥完井。完井前,首先将管外封隔器、免钻塞分级箍和堵塞器装配在一起,然后与套管、筛管、洗井阀等工具连接在一起并下到预定深度,膨胀管外封隔器、打开分级箍,对造斜段实施注水泥固井,待水泥全部入井后投入胶塞,打压关闭分级箍,下入打捞工具,打捞堵塞器及胶塞,再下入洗井、酸化、胀封一体化管柱,对油层进行洗井和酸化,清除钻井泥饼,沟通油流通道,最后胀封水平段封隔器,实现造斜段注水泥加筛管完井。

1. 完井工艺管柱

1)完井管柱组合

水平井免钻塞注水泥分段完井技术完井管柱组合(自下而上)为:洗井阀＋筛管串＋套管＋管外封隔器＋套管＋筛管串＋油层套管＋管外封隔器(两级)＋免钻塞分级箍＋套管串(到井口),如图 2-2-19 所示(以封隔两层为例)。

2)洗井、酸化、胀封一体化管柱组合

水平井免钻塞注水泥分段完井技术洗井、酸化、胀封一体化管柱组合为:密封插管＋单流阀＋2⅞ in 油管串＋胀封总成＋2⅞ in 油管串＋洗井封隔器＋2⅞ in 油管串＋挡板短节＋

$2\frac{7}{8}$ in 销钉泄油器＋$2\frac{7}{8}$ in 油管串（到井口），如图 2-2-20 所示。

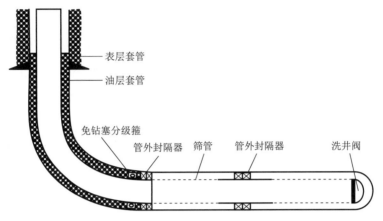

图 2-2-19 水平井免钻塞注水泥完井管柱示意图

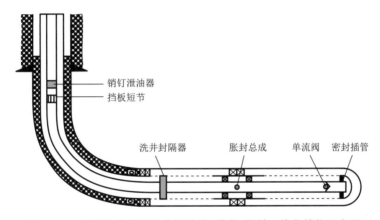

图 2-2-20 水平井免钻塞注水泥洗井、酸化、胀封一体化管柱示意图

2. 施工工艺

水平井免钻塞注水泥分段完井施工工艺为：

（1）下井前，将管外封隔器、免钻塞分级箍和堵塞器按图 2-2-21 所示管柱结构装配在一起，然后上接套管、下接筛管及其他完井工具，并下至设计井深；

（2）坐封管外封隔器；

（3）打开分级箍；

（4）循环钻井液；

（5）注水泥；

（6）投胶塞，关闭分级箍；

（7）打捞胶塞及堵塞器，候凝；

（8）下入洗井、酸化、胀封一体化管柱；

（9）洗井、酸化、胀封；

（10）起出作业管柱。

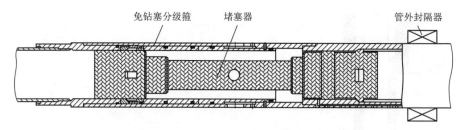

图 2-2-21　免钻塞分级箍、堵塞器及管外封隔器连接示意图

3. 技术特点

水平井免钻塞注水泥分段完井技术特点为：

（1）采用筛管完井，不污染油层，可保持油井原始渗透率，同时节省射孔费用；

（2）免钻塞分级注水泥管柱实现了免钻塞分级箍与管外封隔器的有机结合，简化了完井管柱，提高了完井管柱的结构稳定性；

（3）防砂完井后 7 in 井内通径达 159 mm，可为后期作业提供方便；

（4）在上部造斜井段采用配套工具实施固井，可有效封隔水层等干扰层；

（5）水平井无内管免钻塞注水泥完井工艺不仅可避免钻塞带来的风险，还可缩短完井时间；

（6）一趟管柱可实现多段油层洗井、胀封作业，高效快捷地沟通油流通道，减少施工工序，降低完井成本。

4. 关键工具

水平井免钻塞注水泥分段完井工艺的关键工具为免钻式分段注水泥工具，该装置主要由三大部分组成，即管外封隔器、堵塞器和免钻塞分级箍。该工具必须满足封固井段、循环水泥浆等所有筛管顶部注水泥施工的要求。

管外封隔器由两级胶筒串接而成，具有定压开启、定压关闭、自动保压等功能，具备常规筛管顶部注水泥施工中水泥承托封隔的全部功能。免钻塞分级箍由打开套、分级箍外管、关闭套、分级箍接头、锁环和锁环压帽等组成，其功能与常规分级箍功能相同，能够实现在一定压力条件下循环滑套的打开和关闭。堵塞器可以在完成固井施工后由打捞矛捞出。

图 2-2-22 是注水泥关键工具结构连接示意图，包括自下而上连接的管外封隔器、免钻塞分级箍、套管，堵塞器置于管外封隔器和分级箍中，胶塞置于堵塞器之上，上部套管可连接到井口，下部管外封隔器以下连接套管或滤砂管或其他完井工具。

免钻塞分级箍的关闭套装包括锁环和锁环压帽。锁环压帽的内壁上设有关闭凹槽，可与堵塞器上的关闭块配合，在注完水泥浆后将分级箍可靠关闭。免钻塞分级箍技术指标见表 2-2-8。

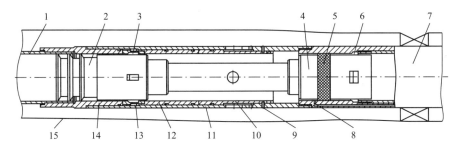

1—套管；2—胶塞；3—关闭块；4—堵塞器；5—胶筒；6—定位块；7—管外封隔器；8—封隔器进液孔；
9—打开剪钉；10—打开套；11—分级箍外管；12—关闭套；13—套管；14—分级箍接头；15—井眼。

图 2-2-22　注水泥关键工具结构连接示意图

表 2-2-8　免钻塞分级箍技术指标

规格及型号	最大外径/mm	内径/mm	长度/mm	打开压力/MPa	关闭压力/MPa	连接螺纹
SCYMZQ-210	210	159	936	15～20	5～6	7LCSG

堵塞器由定位机构、密封机构和关闭机构组成，如图 2-2-23 所示。定位机构置于管外封隔器内，包括定位内管、定位外管、定位块、锁块、释放管、释放剪钉。定位外管套在定位内管之外，其侧壁开台阶孔；定位块径向由内向外从台阶孔中伸出，嵌入封隔器内壁上的定位凹槽中；释放管套在定位内管内，其上连接关闭机构中的关闭内管，下端支撑关闭内管锁块槽中的锁块；定位外管与定位内管通过锁块固定在一起。密封机构包括胶筒、锁紧帽。胶筒套在定位内管外，置于定位外管和锁紧帽之间，并且胶筒的位置在封隔器进液孔之下；锁紧帽与定位内管之间设有螺纹，当组装机构时，锁紧帽通过上紧螺纹坐封胶筒，将上部空间密封。关闭机构置于分级箍内，包括关闭内管、关闭外管、关闭块。关闭外管套在关闭内管之外，其侧壁开台阶孔；关闭块径向由内向外从台阶孔中伸出，嵌入分级箍锁环压帽上的关闭凹槽中。堵塞器技术指标见表 2-2-9。

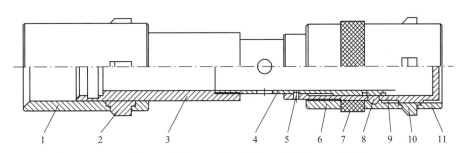

1—关闭外管；2—关闭块；3—关闭内管；4—释放管；5—释放剪钉；
6—锁紧帽；7—胶筒；8—锁块；9—定位内管；10—定位块；11—定位外管。

图 2-2-23　堵塞器结构示意图

表 2-2-9　堵塞器技术指标

规格及型号	最大外径/mm	长度/m	上提解封力/t	密封能力/MPa
SCYDQ-150	150	943	2～3	≥25

图 2-2-22 中的胶塞结构如图 2-2-24 所示。胶塞包括胶塞堵头、卡环、胶塞中心管、皮碗和皮碗压帽。胶塞堵头设置在胶塞中心管的两端,一般由陶瓷或玻璃等易碎材料制成。胶塞的下端设有凹槽,内置卡环,在堵塞器的关闭内管内壁上也设有凹槽,在胶塞顶替水泥到位后,卡环嵌入关闭内管上的凹槽中,在打捞时,捞矛可以打捞堵塞器的内腔,如果捞不住堵塞器,也可以捞住胶塞中心管,利用卡环将下部结构作为整体一起捞出。胶塞技术指标见表 2-2-10。

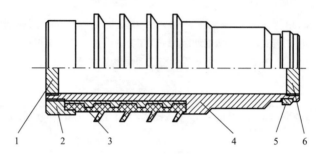

1—胶塞上堵头;2—皮碗压帽;3—皮碗;4—胶塞中心管;5—卡环;6—胶塞下堵头。

图 2-2-24　胶塞结构示意图

表 2-2-10　胶塞技术指标

规格及型号	钢体最大外径/mm	长度/m
SCYSJQ-166	84	359

四、水泥充填裸眼封隔器分段完井技术

为了实现水平井的分段生产,提高油藏的采收率,解决完井液填充裸眼封隔器密封性差、寿命短的问题,发明了水泥填充裸眼封隔器分段完井技术。水平井水泥填充裸眼封隔器分段完井技术是在常规水力(如水、钻井液等)胀封封隔器技术基础上研发的一项完井技术,即完井时根据油井实际地质状况,设计裸眼封隔器个数及下入位置,依次串接在套管(或筛管)上并下入井中,用流动性好、候凝时间长的优质水泥浆胀封封隔器,以达到有效封隔各层段的目的。该技术工艺简单,分层封堵可靠,完井成本低,可以减缓边底水或注入水突进,延长稳油生产时间,同时可为后期卡、堵水实施提供条件。该完井工艺只需下入两次管柱,第一次为完井管柱组合;第二次为洗井、胀封管柱组合,通过定位器注水泥胀封,并实现反洗井。

1.完井工艺管柱

1)完井管柱组合

水泥充填裸眼封隔器分段完井技术完井管柱组合为:洗井阀+滤砂管+定位套+套管短节+内管式水泥填充裸眼封隔器+套管短节+滤砂管+套管短节+盲板短节+压差式

水泥充填裸眼封隔器＋套管短节＋分级箍＋套管（到井口），如图 2-2-25 所示（以分两段为例）。

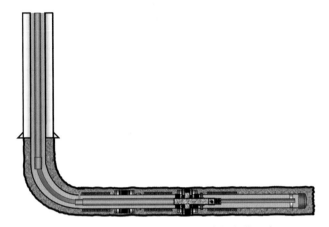

图 2-2-25　水泥填充裸眼封隔器分段完井示意图

2）洗井、胀封管柱组合

水泥充填裸眼封隔器分段完井技术洗井、胀封管柱组合为：插入密封＋胶塞捕捉器＋反洗阀＋定位器＋油管短节＋组合注入工具＋油管＋洗井封隔器＋油管（到井口），如图 2-2-26 所示。

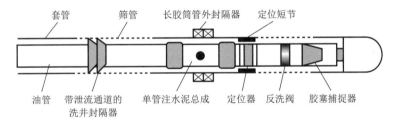

图 2-2-26　洗井、胀封管柱组合示意图

2. 工作原理

水泥充填裸眼封隔器工作原理为：通过注水泥管柱上的定位器和完井管柱的定位套配合定位，确保组合注入工具对准完井管柱的水泥充填封隔器。当插管插入洗井阀时，洗井阀被打开，洗井、胀封管柱通过洗井阀与油层连通，形成一个循环通道，实现反洗井（图 2-2-27）。投入刮塞座和领浆，待刮塞到位后，内管便形成密封空间，使注水泥总成中的卡封封隔器膨胀，然后通过注水泥总成中的注水泥通道注入水泥浆。地面泄压，解封管内封隔器；然后打压 2 MPa，打开反洗井阀，大排量洗出管内多余水泥浆；最后正打压 20 MPa，打掉胶塞座，起出注水泥管柱。

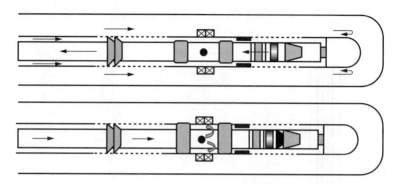

图 2-2-27　注水泥分段完井反洗井原理示意图

3. 施工工艺

水泥充填裸眼封隔器分段完井施工工艺为：

（1）按完井管柱组合配接管柱并下到设计位置。

（2）用固井车打压，充分膨胀封隔器，继续打压使分级箍打开。

（3）注水泥固井。

（4）释放顶替胶塞，关闭分级箍，关井候凝。

（5）水泥凝固后，用合适尺寸的钻头钻除胶塞、分级箍内部铝质碰压座及铝质盲板。

（6）下入洗井、胀封管柱，反复探底，确保定位器坐于定位短节内。

（7）酸洗。按照反洗井流程连接管线，酸洗打开油流通道。

（8）注水泥。按照正打压流程连接管线，投入胶塞和领浆，然后注入设计量的水泥浆，待胶塞到位后起压，打压，充分膨胀水泥填充管外封隔器，将水泥填充到封隔器胶筒内部。

（9）反洗井。将地面管线按反洗井流程连接，大排量反洗井，洗出多余的水泥浆。

（10）起管柱。将地面管线按正循环连接，打压 20 MPa，打掉胶塞座，起出管柱。

4. 技术特点

水泥充填裸眼封隔器分段完井技术特点为：

（1）与常规水力胀封裸眼封隔器相比，该完井技术变橡胶密封为长效的实体密封。常规完井技术用钻液或水胀封封隔器，由于封隔器胶筒本身抗压强度有限，所以在井下温度、压力和井液浸泡条件下易老化失效。用水泥浆胀封封隔器就解决了这个问题：水泥浆凝固后变成水泥石，封隔器的橡胶膨胀体相应成为普通的密封填充材料（即使破裂老化也不会失去密封能力），胶筒和水泥石形成牢固的密封实体，这种实体密封可避免由压力、温度、化学腐蚀造成的任何密封失效，使用寿命大于 15 年，1 m 长密封体的封隔能力可达 25 MPa 以上。

（2）与固井比较，水泥充填裸眼封隔器完井技术能更有效地实现层间隔离，避免油层污染。固井是易受诸多因素影响的胶结密封，而水泥充填的裸眼封隔器密封是几乎不受其他因素影响的套管与密封体以及密封体与井壁间的机械密封。机械密封能够在较短井段实现可靠密封，隔离压差相对较大；而胶结密封严格要求界面胶结质量好，还要求水泥石本身胶结好,在井眼不干净、存在层间压差或易漏井况下,水泥浆胶结易受到影响。另外,水泥胀封封隔器完井可避免水泥浆对油层的污染,泄油面积大,产能损失小,从而有效提高油井产量和采收率。

(3) 封隔器长度有限。虽然用水泥胀封的封隔器本身不会失效,但由于封隔器密封的井段太短,如果层间压差大或实施压裂增产作业,则容易形成井壁一侧的旁通。为满足生产作业需要,实际使用中需采取应对措施:封隔器下入位置在致密、稳定的井段;实施压裂增产作业时,在同一位置连续下两个短封隔器,在两个封隔器之间形成一个压力缓冲腔,可避免形成由井眼轴向裂纹引起的窜通。

5. 技术优势

水泥充填裸眼封隔器分段完井技术优势为:

(1) 可有效防止井壁坍塌,同时避免水泥浆污染油层;

(2) 与水力胀封裸眼封隔器相比,该技术可提高层间封隔效果和寿命,提高难动用储量的开发能力;

(3) 具有成本低、安全可靠、施工简单等优点。

6. 关键工具

水泥充填裸眼封隔器分段完井技术的关键工具有高密封压差水泥充填裸眼封隔器、注水泥总成、注水泥专用洗井阀、胶塞捕捉器等,下面分别进行介绍。

1) 高密封压差水泥充填裸眼封隔器

(1) 结构组成。

高密封压差水泥充填裸眼封隔器主要由连接件、胶筒机构、水泥吸入部分、水泥注入部分、钻井液进入机构等组成,如图 2-2-28 所示。其中,连接件主要由上下接头、中心管、护套等组成,胶筒主要由硫化接头、胶筒、胶筒护套等组成,水泥吸入部分主要由吸入活塞、吸入弹簧、吸入弹簧套等组成,水泥注入部分主要由注入弹簧、注入活塞、注入弹簧套组成,钻井液进入机构主要由销钉、中心管、储能活塞、储能活塞筒等组成。水泥吸入部分、水泥注入部分以及钻井液进入机构均包含上下两级。

(2) 工作原理。

高密封压差水泥充填裸眼封隔器工作原理为:向中心管内注入水泥浆,进行固井,并释放胶塞进行顶替,当胶塞到达工具位置时,剪断上下销钉,打开胀封通道,待胶塞碰压后,从井口反复打压、泄压。当中心管内压力小于分段固井工具的外部压力时,水泥自水泥吸入通道进入,推动吸入活塞(上)向上运动并与连接件分开,吸入活塞(下)向下运动并与连接件分开,形成水泥进入通道,水泥进入水泥收纳腔;当中心管内压力大于水泥充填分段固井工具外部压力时,钻井液储能腔内的钻井液推动储能活塞向下运动,水泥进入水泥注入通道,推动注入活塞与连接件分开,当水泥进入胶筒内部的水泥收纳腔中时,钻井液储能腔内的钻井液推动储能活塞向上运动,水泥进入水泥注入通道,推动注入活塞与连接件分开,水

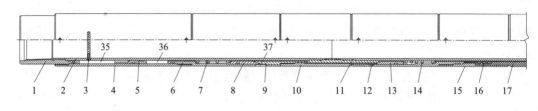

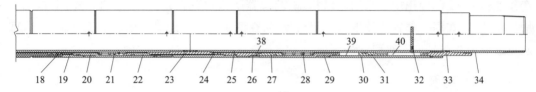

1—上接头;2,11,25—中心管;3,32—销钉;4,30—储能活塞筒;5,31—储能活塞;6,29—吸入弹簧套;
7,28—吸入弹簧;8,27—吸入活塞;9,23,26—连接件;10,24—护套;12,20—注入弹簧套;
13,22—注入活塞;14,21—注入弹簧;15,19—胶筒护套;16,18—硫化接头;17—胶筒;
33—短节;34—下接头;35,40—钻井液储能腔;36,39—水泥收纳腔;37,38—水泥吸入通道。

图 2-2-28　高密封压差水泥充填裸眼封隔器结构示意图

泥进入胶筒内部的水泥收纳腔。随着上下两股水泥浆的注入,胶筒内部水泥越来越多。随着中心管脉冲式打压,上述吸入水泥、注入水泥的过程不断重复,直至胶筒内部充满水泥,最终胶筒与套管之间实现高压密封。

（3）性能特点。

高密封压差水泥充填裸眼封隔器性能特点为:

① 将传统的水或钻井液等充填流体转换为水泥浆,水泥浆凝固后形成水泥石,使得封隔寿命大大延长;

② 可以多级联用,提高分段效果,满足分段改造和开发的需要;

③ 施工简单,可操作性好,碰压后只需井口打压即可完成施工;

④ 在膨胀过程中对工具上下的套管有直接扶正作用,工具上下部位的套管外环空可以形成完整的水泥环,从而提高固井质量。

（4）技术指标。

高密封压差水泥充填裸眼封隔器技术指标见表 2-2-11。

表 2-2-11　高密封压差水泥充填裸眼封隔器技术指标

适合套管/in	外径/mm	内径/mm	上下连接螺纹	承压能力/MPa
7	146	101	4½LCSG	15

2）注水泥总成

（1）结构组成。

注水泥总成由上接头、胶筒压帽、胶筒、中心管、中间压帽、坐封活塞、中间接头、弹簧、注入活塞、下接头等组成,如图 2-2-29 所示。

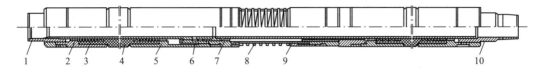

1—上接头;2—胶筒压帽;3—胶筒;4—中心管;5—中间压帽;6—坐封活塞;

7—中间接头;8—弹簧;9—注入活塞;10—下接头。

图 2-2-29　注水泥总成结构示意图

（2）工作原理。

注水泥总成的工作原理为：洗井结束后，投入领浆和胶塞，待胶塞到位后形成密封空间；由于中间的循环孔在弹簧的作用下具有节流作用，所以水泥浆先进入两端的胶筒，使胶筒膨胀，当压力达到设定值后液体上顶弹簧，打开循环孔；由于循环孔两端被胶筒封堵，所以水泥浆进入裸眼封隔器胶筒，从而使管外封隔器膨胀。

3）注水泥专用洗井阀

（1）结构组成。

注水泥专用洗井阀主要由上接头、接箍、打开套、内筒、外筒、弹簧、堵头、引鞋、接箍、密封套、插管组成，如图 2-2-30 所示。该结构不同于常规洗井阀，在充分洗井的同时可大大提高密封效果，满足胀封过程的需要。

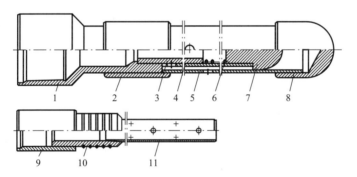

1—上接头;2—接箍;3—打开套;4—内筒;5—外筒;6—弹簧;7—堵头;

8—引鞋;9—接箍;10—密封套;11—插管。

图 2-2-30　注水泥专用洗井阀结构示意图

（2）工作原理。

注水泥专用洗井阀的工作原理为：在洗井过程中，插管插入洗井阀，打开套在插管的作用下下行，露出内筒循环孔，洗井阀内外形成连通，建立循环通道，实现洗井；完成洗井后，插管提出，打开套在弹簧的作用下复位，关闭循环孔，洗井阀内外不再连通，满足胀封、防砂工艺的要求。

（3）技术指标。

注水泥专用洗井阀技术指标见表 2-2-12。

表 2-2-12 注水泥专用洗井阀技术指标

连接螺纹	长度/m	最大外径/mm	本体钢级	密封压力/MPa
7LCSG	2.5	210	P110	20
5½LCSG	2.0	154	P110	20

4）胶塞捕捉器

（1）结构组成。

胶塞捕捉器主要包括上接头、活塞、剪钉、中心管、连接套、胶塞座、下接头等，如图 2-2-31 所示。

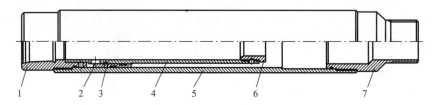

1—上接头；2—活塞；3—剪钉；4—中心管；5—连接套；6—胶塞座；7—下接头。

图 2-2-31 胶塞捕捉器结构示意图

（2）工作原理。

胶塞捕捉器的工作原理为：管外封隔器膨胀前先投入胶塞，胶塞到达胶塞座后形成上部密封空间，配合单管注水泥总成完成胀封，在上部反洗阀的配合下完成反洗井，将多余的水泥浆洗出井筒，之后正打压到设定值，将活塞打掉，建立泄流通道，将管柱顺利起出。

（3）技术指标。

胶塞捕捉器技术指标见表 2-2-13。

表 2-2-13 胶塞捕捉器技术指标

连接螺纹	长度/mm	最大外径/mm	内径/mm	打开压力/MPa
3½TBG	850	135	76	20

第三节 水平井高效防砂技术

针对高含水油田层间差异加剧导致储层动用不均，微粒运移加剧、近井堵塞严重导致液量下降快等问题，建立分层防砂优化方法，创新出砂动态预测模型，提高各小层防砂方式针对性，一趟管柱可实现 3 层以上防砂；以微粒控制为核心，研发深部稳砂、近井控砂及井筒排砂技术，实现"被动防砂"向"主动控砂"的转变。

一、防砂优化设计

1. 传统出砂预测模型

目前常用的传统出砂预测模型一般为静态模型,主要包括声波时差法、出砂指数法和斯伦贝谢比法。

1)声波时差法

声波时差就是声波纵波沿井剖面传播速度 v_v 的倒数,记为 $\Delta t_v = 1/v_v$。胜利油田采用声波时差最低临界值进行出砂预测,若超过这一临界值,则生产过程中就会出砂,应采取防砂措施。Δt_v 因油田或区块的不同而有差异。胜利油田大部分油藏的声波时差临界值为 295 $\mu s/m$,当 $\Delta t_v \leqslant 295$ $\mu s/m$ 时一般不出砂,当 $\Delta t_v > 295$ $\mu s/m$ 时就应采取防砂措施。

2)出砂指数法

出砂指数法是利用测井资料中的声速、密度等有关数据计算岩石力学参数,采用组合模量法计算地层的出砂指数,进而进行出砂预测的一种方法。地层的岩石强度与岩石的剪切弹性模量 G、体积弹性模量 K 有良好的相关性,G 和 K 均为测井资料中声波、密度、井径、泥质含量等参数的函数。出砂指数与岩石组合模量的关系可以用下式表示,也可由岩石体积密度和声波时差直接计算。

$$B = K + \frac{4G}{3} = \frac{\rho_r}{\Delta t_v^2} \times 10^{-10} \tag{2-3-1}$$

式中 　B——出砂指数,MPa;

　　　　K——岩石体积弹性模量,MPa;

　　　　G——岩石剪切弹性模量,MPa;

　　　　ρ_r——岩石体积密度,kg/m^3;

　　　　Δt_v——岩石纵波时差,$\mu s/m$。

出砂指数越小,表明岩石强度越低,地层越容易出砂。其判断标准为:

(1)当 $B \geqslant 2 \times 10^4$ MPa 时,正常生产油气井不出砂;

(2)当 1.4×10^4 MPa $\leqslant B < 2 \times 10^4$ MPa 时,地层轻微出砂;

(3)当 $B < 1.4 \times 10^4$ MPa 时,地层严重出砂。

3)斯伦贝谢比法

斯伦贝谢比法是通过计算岩石斯伦贝谢比来判断地层出砂可能性的预测方法。斯伦贝谢比等于岩石剪切弹性模量 G 与体积弹性模量 K 的乘积,或直接根据测井资料计算得到。

$$R = KG = \frac{(1-2\mu)(1+\mu)}{6(1-\mu)^2} \frac{\rho_r^2}{\Delta t_v^4} \times 10^{-20} \tag{2-3-2}$$

式中 　R——斯伦贝谢比,MPa^2;

　　　　μ——岩石泊松比,无因次。

R 值越大，地层岩石强度越大，稳定性越好，越不易出砂。中国石油勘探开发研究院研究认为：当 $R < 5.9 \times 10^7$ MPa^2 时，油气层会出砂，否则不出砂。斯伦贝谢公司对墨西哥湾进行大量试验研究后提出：$R > 3.8 \times 10^7$ MPa^2 时油气井不出砂，$R < 3.3 \times 10^7$ MPa^2 时有可能出砂，R 在 $3.3 \times 10^7 \sim 3.8 \times 10^7$ MPa^2 范围内时为临界状态。

综上所述，上述模型主要基于开发初期油层静态资料开展出砂程度预测，而随着开发过程的深入，油层含水、油井生产压差等实时变化导致油井出砂程度实时变化，有必要将上述常规方法进一步发展，以适应油井出砂动态预测研究的需要。

2. 动态出砂预测模型

对于胜利油田疏松砂岩油藏，开发初期油井一般不出砂或出砂较轻微，随着开发过程的深入，油井出砂趋势逐渐加重，甚至开发中后期所钻油井投产前也必须进行防砂作业。油井出砂加剧的原因主要包括以下两方面：

（1）随着胜利油田疏松砂岩油藏勘探开发的深入，油藏含水逐渐增加，目前包括孤岛、孤东等整装疏松砂岩油藏含水率已超过 90%，油藏含水升高会使储层岩石强度大幅降低，导致储层岩石抵抗外载的能力显著下降，出砂加剧；

（2）疏松砂岩油藏进入开发中后期后，普遍采用大排量提液、强注强采等生产措施，进一步加剧了井周岩石骨架所受应力的变化，使储层岩石承受的外部载荷显著增加，加剧了储层骨架破坏出砂。

在上述内、外两方面的综合作用下，储层破坏出砂随着油藏开发过程的深入呈现动态发展的过程，即不出砂→轻微出砂→严重出砂。目前常规出砂预测主要基于原始测井资料进行出砂定性预测，已不能满足开发实际需要，因此应结合油田动态开发资料开展油井出砂动态预测。

油田开发实践表明，储层压力亏空及含水上升是油田投入开发后近井储层出砂加剧的两个主要影响因素。在前人研究成果的基础上，引入 3 个影响项，即储层压力亏空、含水率及出砂影响因子，同时综合考虑储层纵波波速的动态变化，在传统的出砂指数及斯伦贝谢比模型的基础上建立出砂动态预测模型。据矿场统计分析，该模型预测符合率提高至 90% 以上，满足了高含水开发后期对储层出砂预测和防砂参数优化的需求，为防砂工艺优选提供了科学准确的依据。

动态出砂预测模型为：

$$B = \left[1 - \alpha(w - w_0) \right] \left(1 - \alpha \frac{\Delta p}{p_0} \right) \frac{\rho_r}{\Delta t_v^2} \times 10^9 \tag{2-3-3}$$

其中：

$$\Delta t_v = \frac{\Delta t_{v0}}{1 + a_1 + a_2 x + a_3 y + a_4 x^2 + a_5 xy + a_6 y^2}$$

式中　　B——出砂指数，MPa；

α——出砂影响因子，可根据具体区块开发资料拟合得到；

w——目前区块含水率；

w_0——区块初始含水率；

Δp——区块动态生产压差，MPa；

p_0——油藏初始压力，MPa；

Δt_v——不同开发阶段纵波时差，由开发初期测井资料计算得到，$\mu s/m$；

Δt_{v0}——开发初期测井资料纵波时差，$\mu s/m$；

x——含水饱和度；

y——无因次孔隙压力变化，$y = \Delta p/p_0$；

$a_1, a_2, \cdots, a_6$——拟合系数。

3. 防砂方法选择

随着防砂技术的发展，防砂方式优选发展形成了经验分析法、物模评价法以及基于出砂程度预测法 3 种配套方法。

1）经验分析法

目前采用经验分析方法对给定井进行防砂方法的选择仍占重要地位。该方法是在先期防砂、保护油气层的基础上，主要考虑完井类型、井段长度、井身状况、油层物性、流体物性、产量损失以及成本费用等因素进行优选的。根据油田多年防砂完井现场实践经验及成功范例，针对油田开发中后期油藏条件及发展形成的防砂新技术，总结了不同防砂方法对各种具体条件的适应性，见表 2-3-1。

表 2-3-1　防砂方法筛选表

比较项目	防砂方法				
	滤砂管	化学防砂	砾石充填	挤压充填	压裂防砂
适应地层砂尺寸	中—粗	细粉—中	细—粗	细—粗	细—粗
非均质地层	适用	—	适用	适用	适用
多油层	适用	—	适用	适用	—
井段长度	>3 m	<8 m	短—长	短—长	短
高采液强度	—	—	适用	适用	适用
稠油热采井	—	—	适用	适用	适用
水层距离	小—大	较大	小—大	大	大
严重出砂井	—	适用	适用	适用	适用
地层亏空井	—	适用	—	适用	适用
定向井	适用	适用	适用	适用	难度大
套管直径	小—常规	小—常规	小—常规	常规	常规
井内留物	有	无	有	有	有
费用	低	高	中	中—高	高
成功率	高	低—中	高	高	高
有效期	短	短	长	长	长

根据表 2-3-1,在油田开发中后期,具体进行防砂方法优选时,经验分析法一般认为:

(1) 对地层亏空井、严重出砂井、多层井、稠油热采井、多次防砂作业井等,并且防砂井段距水层远的情况,大多考虑采用挤压充填防砂工艺技术;

(2) 对低产能出砂油井、稠油热采井、需要增产的油井等,并且防砂井段距水层远的情况,大多考虑采用压裂防砂工艺技术;

(3) 对粉细砂岩油藏、出泥砂井、短井段注水井等,并且防砂井段距水层相对较远时,大多考虑采用化学防砂工艺技术;

(4) 对出砂程度相对较轻、地层亏空程度低、近井污染小且防砂井段距水层较近的井,大多考虑采用砾石充填防砂工艺技术;

(5) 对出砂程度相对较轻、地层亏空程度低、近井污染小、采液强度低的井以及边缘井、海上井、分层注水防砂井,并且防砂井段距水层较近时,大多考虑采用滤砂管防砂工艺技术。

2) 物模评价法

砾石充填防砂技术包括绕丝筛管砾石充填防砂和割缝筛管砾石充填防砂等;滤砂管防砂技术可采用的滤砂管种类更多,如精密滤砂管、割缝筛管、预充填滤砂管等,多达十余种。面对种类繁多的砾石充填防砂技术和滤砂管防砂技术,对其防砂效果的综合评价成为防砂方法的选择与现场应用的前提。

基于此,近年来建立了实尺寸防砂物模评价装置(图 2-3-1),它主要由模拟实验装置、数据采集与处理系统、泵后加砂装置、分流管汇等组成。

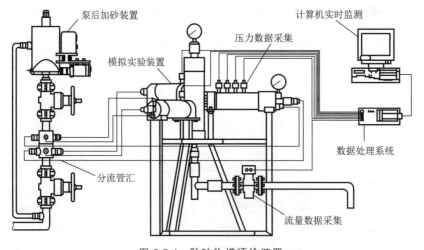

图 2-3-1 防砂物模评价装置

该装置的工作原理为:将所评价的防砂方法在模拟现场施工的条件下安置于模拟实验装置内,利用模拟的地层流体模拟防砂后的生产过程。在此过程中,对压力、流量等数据进行实时采集,通过对产出液粒度和压力损失的实验结果进行分析评价,实现对防砂方法的评价与优选。

该装置的主要功能有:① 优选防砂筛管规格;② 优化砾石充填层厚度;③ 测定防砂筛管挡砂精度;④ 测定防砂后压力损失;⑤ 测定对产量的影响幅度;⑥ 评价不同黏度流体适应性等等。

3）基于出砂程度预测法

在综合考虑含水率、生产压差、黏度等关键因素建立的出砂动态预测模型基础上，结合弹性模量，形成了防砂方法优选图版（图 2-3-2），为防砂方法优选提供理论指导。

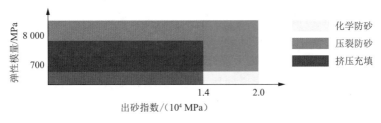

图 2-3-2　防砂方法优选图版

出砂程度是影响化学防砂效果的重要因素，在出砂轻微及中等油藏中应用效果好。结合前面介绍的出砂动态预测模型，按以下标准优选防砂方法：

（1）出砂指数 $B \geqslant 1.4 \times 10^4$ MPa，油藏轻微出砂，优选化学防砂技术；

（2）出砂指数 $B < 1.4 \times 10^4$ MPa 且弹性模量小于或等于 700 MPa，优选挤压充填防砂技术；

（3）出砂指数 $B \geqslant 1.4 \times 10^4$ MPa 且弹性模量大于 700 MPa，或出砂指数 $B < 1.4 \times 10^4$ MPa 但弹性模量大于或等于 8 000 MPa，优选压裂防砂技术；

（4）出砂指数 $B < 1.4 \times 10^4$ MPa，弹性模量为 700～8 000 MPa，结合区块防砂经验及条件，采用挤压充填或压裂防砂技术。

二、水平井分段分级充填高导流能力防砂技术

1. 分级充填高导流能力防砂技术

根据动态出砂预测结果，引入分级充填理念，将储层、充填层及筛管作为整体系统考虑，创新了"深部长效稳砂、近井分级控砂、井筒适度排砂"的分级充填高导流能力防砂技术。该防砂技术将单一维护措施转变为精细增产措施，可有效提高充填层导流能力，降低渗流阻力，延长防砂有效期，实现单井产能最大化。

1）深部长效稳砂技术

胜利油田化学固砂剂仍以多级注入为主，即先注入高黏树脂，后注入固化剂、增孔剂等。由于树脂黏度较高，当地层非均质性强时，两次注入后，树脂与固化剂在井底无法实现完全均匀混合，导致固砂剂在井底固结强度较低。为改进防砂效果，需要降低固砂剂黏度，从而避免层内非均质造成高黏固砂剂无法有效固结低渗段的问题，实现非均质厚层有效固结。

室内实验表明，固砂剂固结后，放置 2 年后固结强度仍在 4 MPa 以上，而大部分油井近井地带生产压差均为 1～3 MPa，理论上固砂剂防砂技术有效期可满足目前防砂的需要，但实际统计结果表明，固砂剂防砂技术有效期均在 1 年左右。模拟井下环境下固砂剂

受原油吸附影响实验结果表明,原油残留状态下,固砂剂的固结强度下降明显:10% 原油附着时,固结强度下降到 4 MPa(原始固结强度为 6.1 MPa)左右;20% 原油附着时,固结强度基本接近于 0。采用清洗剂进行清洗,注入 20 PV(注入孔隙体积倍数)的清洗剂能使固砂剂固结强度恢复到 2.6 MPa,注入 40 PV 的清洗剂能使固结强度恢复到 4.1 MPa。地层预处理工艺以清洗剂清洗地层为主,具有一定的效果,但仍然无法充分剥离砂粒表面的原油。因此,要想实现固砂剂在井底的有效固结,必须对固砂剂进行必要的改性,剥离掉砂粒表面的油膜,提高固砂剂在井底复杂环境下的实际固结强度。

以化学抑砂固砂为核心的储层稳砂技术实现了微粒源头的控制。GC-1 型储层近井高强高渗耐油稳砂体系是在环氧树脂主链上接枝亲油、亲水基团,合成耐油稳砂剂主剂,并添加固化剂等助剂,其配方为:细粉石英砂、活性固砂剂、γ-缩水甘油醚氧丙基三甲氧基硅烷、改性胺类固化剂、软化剂。该稳砂体系进入近井地层后,剥离砂粒表面原油,提高化学剂在井底环境的固结强度,确保储层近井微粒稳定。

疏松砂岩表面为亲水性,水使 Si—O—Si 键断裂并形成硅醇基:

$$Si—O—Si + H_2O \longrightarrow 2SiOH$$

硅醇基具有很强的极性,可利用此特性配制与石英砂表面亲和力较强的低聚物,使石英砂表面与固砂剂牢固结合。活性固砂体系是一种强亲水性高分子材料,能溶解或溶胀于水中,形成水溶液或分散体系。在亲水性大分子主链中引入强极性基团,如羟基、邻苯二酚基团等,使其与砂粒的极性基团有亲和力作用,从而通过交联、吸附和架桥等物理化学作用,使相邻的松散细砂颗粒由高分子链相互搭接。高分子链在偶联剂、固化剂作用下相互交联,把砂颗粒联结成一个整体,从而增强砂的强度和稳定性。同时,偶联剂中含有烷氧基—$(OR)_3$,其水解后可与砂表面的羟基反应,脱去 3 个分子的水,形成网状结构。

环氧树脂主链含有环氧基、仲羟基、次甲基等活性反应基团。活性固砂剂的制备利用的是自由基聚合反应,此反应主要是在自由基引发剂的引发下进行的,环氧树脂链上的 α-H 和叔 H 比较活泼,此时单体的不饱和双键相对较容易接枝到环氧树脂链上的 α-C 或叔 C 上,进而将强亲水性羧基引入环氧树脂分子骨架中,使其具有亲水亲油的两亲性质,从而具有类似表面活性剂的性能,改善其水分散性能。另外,主链上的活性基团环氧基与胺类固化剂反应,环氧树脂交联成网状结构。

(1)固结砂芯扫描电子显微镜测试。

冷场发射扫描电子显微镜(SEM)测试结果如图 2-3-3 所示。可以看出,固砂剂完全包覆于砂粒表面,在偶联剂和固化剂等的作用下,发生交联反应的活性固砂剂形成交联的网状结构,砂粒相互桥接胶结,同时砂粒之间的孔状结构在一定程度上保证了固结体的渗透率。

(2)聚合物吸附对树脂固砂剂固结强度的影响。

将地层砂(粒径为 0.093 mm)在不同质量浓度的活性固砂剂乳液中浸泡 24 h,在 60 ℃水中形成固结岩芯,然后测定其固结强度。

实验结果(图 2-3-4)表明:随着聚合物质量浓度的增加,其他类型固砂剂的固结强度迅速下降,而活性固砂剂的固结强度基本保持不变,这是因为活性固砂剂的活性基团具有洗油特性,可以去除储层岩石中吸附的聚合物,因而不受聚合物质量浓度的影响。

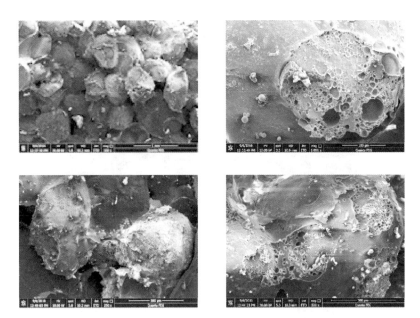

图 2-3-3　黏结断面 SEM 图片

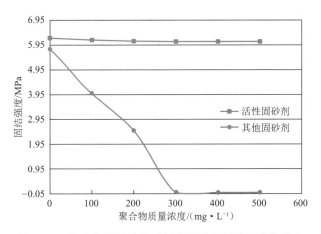

图 2-3-4　聚合物质量浓度对树脂固砂剂固结强度的影响

（3）连续冲蚀性能评价。

通过大排量水冲砂实验测试在模拟地层流体流动情况下散砂固结体的出砂情况。冲砂用固结体是按基本配方在 60 ℃下烘 24 h 并制作成 $\phi 2.5$ cm×5 cm 的规格。冲砂流量设定为 30 mL/min，冲砂时间为 7 d，冲砂过程中水压保持在 2 MPa 左右。采集固结体末端水样，用滤纸过滤，取滤纸上的湿砂干燥后称重，以出砂率作为评价标准：

$$出砂率 = \frac{出砂干重}{固结体冲砂前干重} \times 100\% \qquad (2\text{-}3\text{-}4)$$

经过 7 d 大排量、长时间的冲刷后，固结体外观保持良好，固结体样品末端产出水中含砂干重为 0.01 g，固结体冲砂前干重为 36.32 g，则固结体的出砂率仅为 0.027 5%，表明改性环氧树脂固砂体系具有良好的抗冲刷能力。

2）近井分级控砂技术

为减缓微粒侵入堵塞充填层，创新提出了分级充填工艺（图 2-3-5）。图 2-3-5 中砾石 1 粒径为 0.3～0.6 mm，砾石 2 粒径为 0.425～0.85 mm。通过微粒运移控制可将充填层最终渗透率提高 25% 以上（图 2-3-6）。

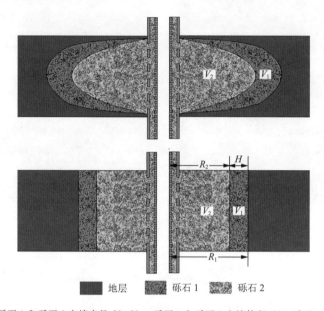

R_1，R_2—砾石 1 和砾石 2 充填半径；V_1，V_2—砾石 1 和砾石 2 充填体积；H—砾石 2 充填厚度。

图 2-3-5　分级充填厚度示意图

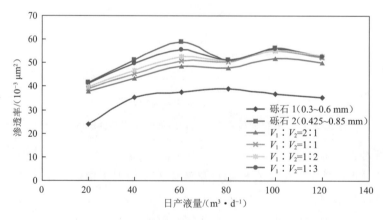

图 2-3-6　分级充填厚度对渗透率的影响（石英砂）

储层流体在近井和炮眼处流速远大于在深部的流速，因此随着砂岩油藏开发进入高含水中后期，微粒运移加剧，导致近井严重亏空，甚至出现井壁坍塌，储层严重失稳，套损现象增多。因此，单纯注入化学稳定体系无法满足砂岩油藏高含水中后期大压差生产对近井高强高渗储层的要求，由此研发了高强高渗人工井壁重构技术，防止近井储层再次坍塌，保持储层长期稳定。

　　针对严重亏空、井壁坍塌井,目前普遍采用砾石充填防砂工艺,即利用防砂车组在近井和炮眼充填石英砂、陶粒等砾石,达到防砂和支撑近井储层的目的。在常规砾石充填防砂工艺基础上,为减缓微粒运移堵塞充填层,提出了段塞式分级充填理念,即远端充填小粒径砾石以阻挡地层砂,近井充填大粒径砾石或覆膜砂,重构高强高渗人工井壁,并排出侵入砂,保证人工重构充填层的高渗性,满足高含水后期提速提效的开发要求。

　　采用填砂管、驱替仪、导流仪对石英砂、陶粒在不同采液强度、不同闭合压力下的充填层渗透率和导流能力进行了测试。

　　通过实验(图 2-3-7)得出:当闭合压力较低时,导流能力相差较大;当闭合压力较高时,由于支撑剂破碎,导流能力大幅减小且相差不大。随着大粒径砾石充填厚度的增加,充填层的渗透率和导流能力明显增大。当闭合压力为 20 MPa 时,0.3～0.6 mm 陶粒的导流能力为 510.2×10^{-3} $\mu m^2 \cdot m$,按 $V_1 : V_2 = 1 : 1$ 分级充填层的导流能力增加到 978.9×10^{-3} $\mu m^2 \cdot m$。

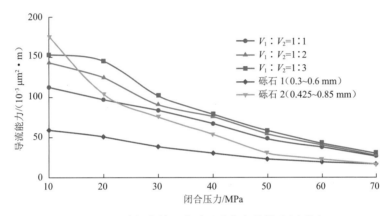

图 2-3-7　分级充填厚度对导流能力的影响(陶粒)

　　利用 Meyer 软件进行模拟,研究两级砾石充填对防砂效果的影响。

　　(1) 0.3～0.6 mm＋0.425～0.850 mm 两级砾石充填模拟。

　　两级砾石充填模拟采用粒径分别为 0.3～0.6 mm 和 0.425～0.850 mm 的两种砾石,体积比为 1:1,总量为 6 m³,携砂液为不交联胍胶,排量为 1.5 m³/min,最高砂比 20％,计算地层的导流能力情况,结果见表 2-3-2 和图 2-3-8。

表 2-3-2　两级砾石充填地层导流能力 1

方　案	粒径/mm	导流能力/(10^{-3} $\mu m^2 \cdot m$)
1	0.3～0.6	214.89
2	0.425～0.850	332.26
3	0.3～0.6＋0.425～0.850(体积比为 1:1)	302.27

　　0.3～0.6 mm＋0.425～0.850 mm 两级砾石充填相比 0.3～0.6 mm 单级砾石充填,导流能力提高了 40.7％,相比 0.425～0.850 mm 单级砾石充填,导流能力下降了 9％。

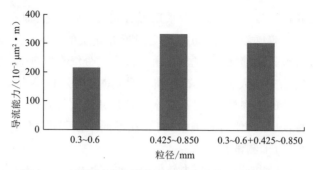

图 2-3-8　单级砾石充填与两级砾石充填导流能力对比

（2）0.425～0.850 mm＋0.60～1.18 mm 两级砾石充填模拟。

两级砾石充填模拟采用粒径分别为 0.425～0.850 mm 和 0.60～1.18 mm 的两种砾石，总量为 6 m³，携砂液为不交联胍胶，排量为 1.5 m³/min，最高砂比 20％，计算地层的导流能力情况，结果见表 2-3-3、图 2-3-9 和图 2-3-10。

表 2-3-3　两级砾石充填地层导流能力 2

方　案	粒径/mm	导流能力/(10^{-3} μm^2 · m)
1	0.425～0.850	332.26
2	0.60～1.18	828.07
3	0.3～0.6＋0.425～0.850（体积比为 1∶1）	302.27
4	0.425～0.850＋0.60～1.18（同上）	690.95

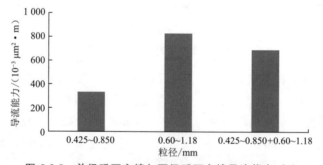

图 2-3-9　单级砾石充填与两级砾石充填导流能力对比

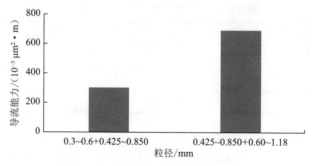

图 2-3-10　两级砾石充填导流能力对比

0.425～0.850 mm＋0.60～1.18 mm 两级砾石充填导流能力是 0.425～0.850 mm 单级砾石充填导流能力的两倍多，相比 0.60～1.18 mm 单级砾石充填导流能力降低了 16.6%，相比 0.3～0.6＋0.425～0.850 两级砾石充填导流能力提高了 1.29 倍。

3）井筒适度排砂技术

为减缓微粒堵塞筛管，研发了以氰酸酯为主料的树脂高渗透滤砂管。该滤砂管可排出粒径小于 40 μm 的泥质及粉细砂，同时可减少有机堵塞物吸附，其过流附加压降仅为绕丝筛管的 1/8。

滤砂管防砂是胜利油田的主要防砂技术之一，年均实施 500 余井次。采用的滤砂管主要有机械滤砂管、树脂滤砂管等，适用于出砂轻微、粒度中值较大、均质性好等砂岩油藏，但在细粉砂、高泥质及大液量井中存在以下两个问题：① 机械滤砂管强度高，耐冲蚀性强，但易被粉细砂、泥质和聚合物堵塞；② 化学类滤砂管流通性好，但强度低，耐冲蚀性差。因此，研发了高渗透防堵塞滤砂管，满足了井筒低附加压差的防砂要求。滤砂管防砂可单独作为防砂工艺措施，也可配合砾石形成筛套环空循环充填防砂工艺措施，实现地层深部稳砂、近井构建人工井壁支撑储层、井筒滤砂管支撑人工井壁三级防砂屏障，保持储层、人工井壁或充填层稳定，达到高含水后期提速提效的开发要求。

通过测试高渗透滤砂管、绕丝筛管的挡砂精度对二者的挡排砂性能及附加压降进行对比，初步探究高渗滤的提液机理。该实验使用筛管性能物模实验装置，实验介质为模拟注聚驱黏液，实验地层砂为 70 目和 100 目 1∶1（体积比）均匀混合石英砂。

实验时将模拟套管安装在实验井筒内，套管中分别放置底部密封好的高渗透滤砂管和绕丝筛管，井筒环空内倒入配制的实验地层砂；实验按 10 Hz，20 Hz，30 Hz，40 Hz，50 Hz 调节装置频率变化，对应流量为 400 L/h，860 L/h，1 280 L/h，1 680 L/h 和 2 120 L/h；每个流量接 1 个试样，共得到 5 个试样；试样用激光粒度分析仪进行分析粒度分布，从而确定滤砂管挡砂精度。每个实验由 5 个压力传感器进行实时压力监测，可以定性分析井筒附加压降，评价提液能力。

实验共取 10 个试样，包括 5 个高渗透滤砂管试样和 5 个绕丝筛管试样。其中，5 个高渗透滤砂管试样均有肉眼可视的细小砂粒排出，利用激光粒度分析仪测出其平均粒径为 14.709 μm；5 个绕丝筛管试样析出颗粒粒径小于 0.04 μm，激光粒度分析仪不能测出（检测粒径范围为 0.04～2 000 μm）。结合实验数据，运用公式进行分析，结果发现高渗透滤砂管试样驱替前后渗透率变化要远远小于绕丝筛管试样驱替前后渗透率变化，如图 2-3-11 所示。

由以上实验发现，在相同条件下，高渗透滤砂管有较多的地层砂砾出，绕丝筛管的地层砂析出较少（肉眼无法观测到），说明高渗透滤砂管的排砂性能强；高渗透滤砂管驱替前后渗透率变化要小于绕丝筛管渗透率变化，说明绕丝筛管比高渗透滤砂管易堵塞。

同时，通过高倍显微镜对其防砂面与地填砂（或地层砂）形成的界面孔喉进行分析发现，高渗透滤砂管形成的界面孔喉较绕丝筛管更加均匀，且结构设计时在滤砂器与管体间留有排砂通道，因此挡排性能更佳，如图 2-3-12 所示。

4）技术特点及优势

分级充填高导流能力防砂技术的特点及优势如下：

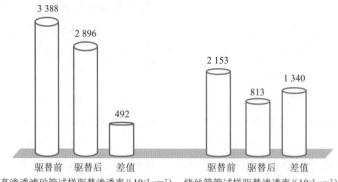

图 2-3-11 高渗透滤砂管与绕丝筛管驱替前后渗透率变化图

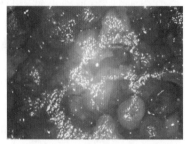

（a）高渗透滤砂管形成的界面孔喉截面　　（b）绕丝筛管形成的界面孔喉截面

图 2-3-12 高渗透滤砂管与绕丝筛管形成的界面孔喉截面

（1）形成高密实渗透带，提高近井渗透率，降低表皮系数，达到增产防砂的综合效果；

（2）弥补地层亏空，提高挡砂屏障强度，提高产液指数；

（3）有效阻挡地层砂，可有效排出粉细砂及颗粒，延缓充填带堵塞。

5）适用条件

分级充填高导流能力防砂技术适用于层内非均质性严重、分选性差的储层，特别是高含水期提液强度加大、微粒运移加剧的油井。

2. 分段差异化防砂工艺管柱

根据非均质多层井防砂需求，研制开发了投球式和拖动式两套分层充填防砂管柱，其中投球式分层充填防砂管柱可实现两层分层挤压充填防砂施工，拖动式分层充填防砂管柱可满足 3 层及以上分层挤压及循环充填需要。

1）投球式分层充填防砂工艺管柱

该管柱采用一趟管柱实现分两层充填防砂，整个分层充填防砂施工过程不动管柱且能防止充填砂返吐。

（1）管柱组成。

该管柱包括防砂外管和工艺内管两层管柱，其中防砂外管由悬挂封隔工具、反洗井装置、外充填工具、防砂筛管、层间封隔器、安全装置、热力补偿工具和底部定位装置等组成；防砂内管由悬挂丢手工具、上部内充填工具、滑套控制装置、下部内充填工具、分层坐封组合及定位内接头等组成(图 2-3-13)。在悬挂封隔器上端通过丢手工具把防砂外管和工艺内管连接在一起。内管柱在完成分层充填防砂后,在悬挂封隔器处完成丢手,内管柱全部提出井筒。

（2）工作原理。

投球式分层防砂管柱工艺原理如图 2-3-14 所示。将设计管柱下入设计位置后,从油管内打液压,坐封悬挂封隔器与层间封隔工具;向套管和油管之间的环空打液压,检验封隔器坐封情况;验封合格后,继续向油管内打压,打开下层充填口,进行下层地层充填,当压力上升时,停止下层加砂,打开套管闸门,进行循环充填,不动管柱反洗井;从井口采油树投球,加液压打开上层充填口;关闭套管闸门,进行上层地层充填,当压力上升时,停止上层充填,打开套管闸门,进行循环充填,不动管柱反洗井;从井口正转油管,完成内管柱丢手,上提防砂内管柱,带出悬挂封隔器上部及内管柱,并带动滑套关闭上层与下层的充填口,起出内管柱,完成分层充填防砂施工。

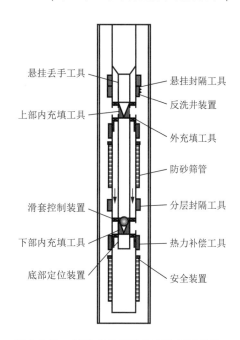

图 2-3-13　投球式分层防砂工艺管柱结构

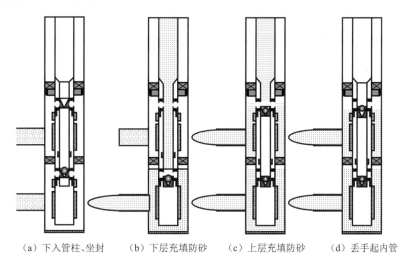

（a）下入管柱、坐封　　（b）下层充填防砂　　（c）上层充填防砂　　（d）丢手起内管

图 2-3-14　投球式分层防砂管柱工艺原理

（3）性能指标。

投球式分层防砂工艺管柱的性能指标如下:

① 适应 7 in 套管;

② 分层数为 2 层;

③ 夹层长度大于或等于 5 m;

④ 施工排量为 1.5～5.0 m³/min;

⑤ 最大砂比为 80%;

⑥ 封隔器层间工作压差为 35 MPa;

⑦ 工作温度小于或等于 350 ℃。

(4) 技术特点。

投球式分层防砂工艺管柱的技术特点为:

① 一趟管柱完成两层分层充填防砂施工,既可提高防砂效果,又能缩短施工周期,降低作业成本;

② 整套分层充填防砂工艺不需要动管柱即可完成施工,施工简单、方便,安全可靠性高;

③ 封隔器采用液压压缩式封隔器,分层效果好,承压高,各层独立施工,不受层间干扰影响;

④ 考虑到修井作业需要,防砂外管柱配备多级安全接头,以便于后期管柱失效时打捞作业。

2) 拖动式分层防砂工艺管柱

针对多层井纵向动用不均的问题,研发了由内外服务工具构成的拖动式分层防砂工艺管柱,通过拖动内管依次实现各层差异化防砂,满足一趟管柱 7 in 井 3 层以上施工要求,同时该管柱具有独立的高压封隔充填功能,管柱工作压力达 35 MPa以上,工作排量可达 5 m³/min,耐温 350 ℃,单独对某一层施工,其他层位不受压力影响,可实现无套压充填防砂施工。

(1) 管柱组成。

拖动式分层防砂工艺管柱包括防砂外管和工艺内管两层管柱。防砂外管安装在套管内的油层井段,工艺内管安装在防砂外管内,在顶部封隔器上端通过丢手工具将防砂外管和工艺内管连接在一起(图 2-3-15)。

(2) 工作原理。

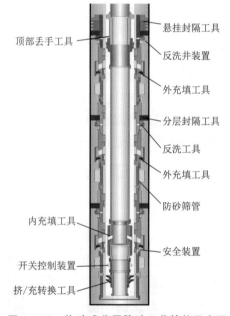

图 2-3-15　拖动式分层防砂工艺管柱示意图

图中标注:
悬挂封隔工具 / 反洗井装置 / 外充填工具 / 分层封隔工具 / 反洗工具 / 外充填工具 / 防砂筛管 / 安全装置
顶部丢手工具 / 内充填工具 / 开关控制装置 / 挤/充转换工具

拖动式分层防砂管柱工作原理如图 2-3-16 所示,以施工 2 层为例,首先将该管柱一次性下入油井设计位置,通过向油管灌水加压坐封顶部封隔器,坐封完成后进行顶部封隔器验封,确保管柱悬挂及密封性能。验封方式为向套管和油管之间的环空加液压,压力稳定在 8 MPa,3 min 不刺不漏为合格。坐封合格后采用旋转油管通过丢手工具实现丢手。丢手结束后,上提内充填管柱至分层封隔器位置继续向油管内加液压,打开内充填通道,上提内充填管柱坐封分层封隔器,完成后下放内充填工具至外充填工具定位装置处,加压 2～3 t,打开外充填口。

连接好地面管线,整体试压合格后即可进行该层的防砂充填施工。如需循环充填,则正转管柱打开挤/充转换工具的循环通道;实施过程中如果突然出现砂堵或需要反循环洗井,则在不动管柱的情况下即可实现快速反循环洗井施工,确保施工安全。完成该层施工

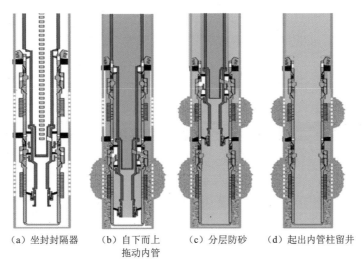

（a）坐封封隔器　（b）自下而上　　（c）分层防砂　（d）起出内管柱留井
　　　　　　　　　　　拖动内管

图 2-3-16　拖动式分层防砂工艺管柱原理

后即可上提内管柱至上层外充填工具位置,加压 2～3 t,打开外充填口,即可进行上层的循环充填防砂施工。

在上提工艺内管过程中,滑套开关关闭下部的外充填工具的充填口。所有层施工结束后,起出内充填管柱,即可进行下泵施工,无须再进行冲砂洗井施工。

（3）性能指标。

拖动式分层防砂工艺管柱的性能指标为:

① 适应 7 in 套管;

② 分层数大于或等于 3 层;

③ 夹层长度大于或等于 10 m;

④ 施工排量为 1.5～5.0 m³/min;

⑤ 最大砂比为 80%;

⑥ 封隔器层间工作压差为 35 MPa;

⑦ 工作温度小于或等于 350 ℃。

（4）技术特点。

拖动式分层防砂工艺管柱的技术特点为:

① 具有反洗井装置及充填转换装置,且在防砂施工时处于关闭状态,从而可保证防砂施工时套管不承受高压,保护套管;

② 可实现不动管柱反洗井,同时设置单向密封工具,可防止洗井时地层高压充填砂返吐,从而保证防砂效果;

③ 防砂外管柱配备多级安全接头,以便于后期打捞作业。

3. 关键配套工具

1）顶部封隔器

顶部封隔器是构成分层封隔充填管柱的主体部分,具有层间封隔、油套环空密封及防砂管柱的丢手等功能。

（1）结构组成。

顶部封隔器主要由坐封装置、密封装置、锁紧装置、悬挂装置和丢手装置组成，如图2-3-17所示。

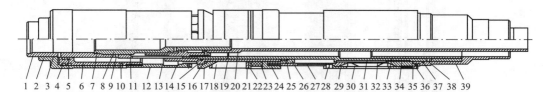

1—上接头；2—外缸套；3—密封圈Ⅰ；4—密封圈Ⅱ；5—密封圈Ⅲ；6—活塞；7—密封圈Ⅳ；8—丢手短节；
9—止退销钉；10—坐封销钉；11—倒扣内接头；12—推压短节；13—丢手滑套；14—倒扣外接头；15—衬管；
16—丢手销钉；17—胶筒上压帽；18—密封胶筒；19—外中心管；20—内中心管；21—挡环Ⅰ；22—挡环Ⅱ；23—补偿胶筒；
24—胶筒下压帽；25—锁环；26—锁套；27—上锥体；28—防旋销钉；29—卡瓦套；30—弹簧片；31—平键；32—卡瓦；
33—解封短节；34—下锥体；35—卡瓦下压帽；36—止退销钉；37—密封圈Ⅴ；38—解封销钉；39—下接头。

图 2-3-17 顶部封隔器结构示意图

（2）工作原理。

顶部封隔器的工作原理为：

① 下管柱坐封。顶部封隔器下到设计位置后，从油管加液压，液压经油管传到封隔器，当达到 8～10 MPa 时，坐封销钉被剪断，坐封活塞下移，推动衬管、胶筒、挡环、胶筒下压帽、锁环、上锥体下行，待压力达到 12 MPa 左右，稳压 5 min，卡瓦卡牢，锁环自锁，胶筒密封油套环形空间。泄压后由于锁紧装置的锁紧作用，卡瓦仍处于扩张状态，胶筒也处于密封状态。

② 验封。坐封完成后泄压，缓慢下放管柱，悬重下降 1～2 t 后将管柱上提到原坐封位置，从油套环空打压 15 MPa，15 min 后压降在 0.5 MPa 以内，说明胶筒密封完好。

③ 倒扣丢手。正转油管柱 30～50 圈实现丢手，或从井口油管加液压至 14 MPa 左右，丢手销钉被剪断，丢手短节下行，丢手束爪失去支撑而丢开。

④ 解封。下工具打捞顶部封隔器内管剪断解封销钉解封，提出封隔器及其携带的管柱。如遇封隔器下面的管柱被卡，可加力上提，剪断悬挂销钉，封隔器便可被安全地起出。

（3）技术参数。

顶部封隔器技术参数见表 2-3-4。

表 2-3-4 顶部封隔器技术参数

参数名称	数　值	参数名称	数　值
坐封压力/MPa	6～10	启动压力/MPa	6～8
封隔器总长/mm	1 180	钢体最大外径/mm	152
留井通径/mm	86	适用套管内径/mm	153.8～166.1
工作温度/℃	≤300	解封力/kN	50
倒扣丢手/圈	30～50	液压丢手/MPa	14～16
工作压差/MPa	≤35	悬挂能力/kN	≤700

2）分层封隔器

（1）结构组成。

分层封隔器主要由定位指示装置、坐封装置、密封装置、锁紧装置、解封装置等组成，如图 2-3-18 所示。

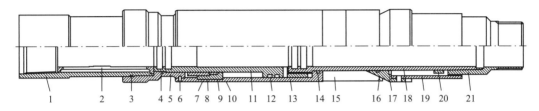

1—上接头；2—指示环；3,4,12,14—"O"形密封圈；5—坐封接头；6—坐封销钉；7—坐封套；
8—锁环帽；9—锁环；10—锁环座；11—上中心管；13—液缸；15—胶筒；
16—挡环；17—锥体；18—下中心管；19—解封头；20—挡环座；21—下接头。

图 2-3-18　分层封隔器结构示意图

（2）工作原理。

分层封隔器的工作原理为：

① 坐封。将分层管柱内外部分分开，上提内管柱，使内充填总成定位在分层封隔器坐封位置上；将内充填总成上的充填口与分层封隔器坐封进液口对准，从油管内正打压 10～20 MPa；分层封隔器上的坐封液缸下行，压缩胶筒，同时锁紧装置锁紧，胶筒处于膨胀密封工作状态。

② 解封。下工具打捞外管柱后，上提一定拉力，正转管柱 10～20 圈，解封支撑套相互脱离；上提管柱，胶筒在拉力作用下回到原状态，实现解封；起出井下打捞管柱。

（3）技术参数。

分层封隔器技术参数见表 2-3-5。

表 2-3-5　分层封隔器技术参数

参数名称	数　值	参数名称	数　值
封隔器总长/mm	1 010	最小通径/mm	86
启动压力/MPa	8～10	坐封压力/MPa	20～22
工作压差/MPa	≤35	钢体最大外径/mm	152
适用套管内径/mm	153.8～166.1	工作温度/℃	≤300

3）高压外充填防砂工具

（1）结构组成。

高压外充填防砂工具与外管柱相连接，每层一套，施工后留在井中，施工时与液流转换装置相对应，防砂与环空充填通道连通。该工具主要由定位指示装置、充填口开启/关闭装置两大部分组成，如图 2-3-19 所示。

（2）工作原理。

高压外充填防砂工具的工作原理为：当分层防砂管柱下入设计位置坐封丢手后，上提

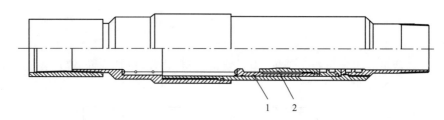

1—充填口开启/关闭装置;2—定位指示装置。

图 2-3-19　高压外充填防砂工具结构示意图

内管柱,当液流转换内充填工具到达高压外充填防砂工具定位指示装置时,再上提内管柱2～3 t,同时充填口开启/关闭装置开启,液流转换内充填工具上的充填口与高压外充填防砂工具上的充填口相对,进行地层和环空充填施工;施工完毕后,液流转换内充填工具上的充填口离开高压外充填防砂工具定位指示装置,此时开启关闭装置自行关闭并密封,油井处于生产状态。

（3）技术参数。

高压外充填防砂工具的技术参数见表 2-3-6。

表 2-3-6　高压外充填防砂工具技术参数

参数名称		数　值
工具总长/mm		1 155
钢体最大外径/mm		145
最小通径/mm		86
密封压力/MPa		≤35
定位指示	下行/kN	6～8
	上行/kN	60～80

（4）性能特点。

高压外充填防砂工具的技术特点为:

① 封隔器与定位指示装置配套使用并自成一体,可确保内外充填口的准确对应以及地面指示明确;

② 充填口开启/关闭装置在组装时施加了预应力,可确保外充填口开启的灵活性。

4）液流转换内充填工具

（1）结构组成。

液流转换内充填工具主要由充填口开启装置、夹壁转换装置两大部分组成,如图 2-3-20所示。液流转换内充填工具与内管相连接,是内管柱的一个重要组成部分,施工过程中随着管柱的调节同外管柱上的定位指示装置一起完成管柱的定位,实现层间封隔器的坐封,并与外充填防砂工具对应,实现各层的充填防砂施工。

（2）工作原理。

液流转换内充填工具的工作原理为:液流转换内充填工具中的外密封管与定位指示装置配合实现管柱定位;施工时,外来流体通过内中心管流入,经内充填口流出,循环的返出

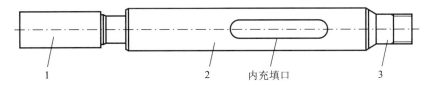

1—充填口开启装置；2—夹壁转换装置；3—下接头。

图 2-3-20　液流转换内充填工具示意图

液经内中心管与外密封管形成的夹壁腔返出，经油套环空流到地面。施工过程中，内充填口被外密封管与外管柱上的复合密封结构密封隔离，使得外来流体只能从内充填口经过高压外充填防砂工具上的外充填口流入地层或筛套环空，实现地层挤压或环空充填。

（3）技术参数。

液流转换内充填工具技术参数见表 2-3-7。

表 2-3-7　液流转换内充填工具技术参数

参数名称		数　值
工具总长/mm		500
钢体最大外径/mm		86
充填口开启压力/MPa		18～20
密封压力/MPa		≤35
定位指示	下行/kN	6～8
	上行/kN	60～80

5）旋转式挤/充转换装置

（1）结构组成。

地层挤压充填完成后，为了提高挡砂屏障的强度，可以实施环空充填。设计的旋转式挤/充转换装置由上接头、滑管、皮碗、自封座、防旋套、自锁环及挡环组成，其结构如图 2-3-21 所示。

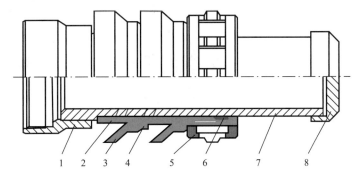

1—上接头；2—滑管；3—皮碗；4—自封座；5—防旋套；6—自锁环；7—中心管；8—挡环。

图 2-3-21　旋转式挤/充转换装置结构示意图

（2）工作原理。

挤压充填过程中，循环口处于原始关闭状态，携砂流体进入地层进行挤压充填；挤压完成后活动管柱，防旋套与外管柱由于存在摩擦保持不动；滑管、自封座在自锁环带动下后退至挡环的前端，中心管上的循环口露出，形成循环通道；环空充填时砾石过滤于筛管外，液体通过循环口进入中心管内，实现循环充填。

（3）技术参数。

旋转式挤/充转换装置技术参数见表 2-3-8。

表 2-3-8　旋转式挤/充转换装置技术参数

参数名称	指　标	参数名称	指　标
长度/mm	730	钢体内径/mm	37
钢体最大外径/mm	86	连接方式	螺纹连接
密封压力/MPa	35		

（4）性能特点。

通过结构的优化设计，旋转式挤/充转换装置采用柔性橡胶密封，并可在外管柱的任意光管处密封，大大简化了对管柱配置的要求。

6）耐冲蚀高精度滤砂管

目前所使用的防砂筛管种类繁多，现场应用较为普遍的防砂筛管在水平井中容易被堵塞、冲蚀及穿透甚至失效，从而影响水平井防砂有效期和油井的正常生产。因此，研发出一种适用于水平井防砂的新型防砂筛管——耐冲蚀高精度滤砂管。

（1）结构组成。

耐冲蚀高精度滤砂管主要由带孔中心管、精密过滤层、绕丝层及冲/压转向外保护套 4 部分组成，如图 2-3-22 所示。

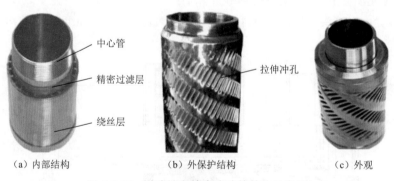

（a）内部结构　　　　　　　　（b）外保护结构　　　　　　　　（c）外观

图 2-3-22　耐冲蚀高精度滤砂管结构示意图

（2）工作原理。

耐冲蚀高精度滤砂管的工作原理为：防砂生产过程中，运移微粒被阻挡沉积在筛管外，油水等流体依次通过外保护套、绕丝层及精密过滤层的孔隙进入中心管，实现流体有效采出的同时避免地层出砂导致的井下管柱冲蚀、地面设备砂堵、环境污染及运输处理等问题。

（3）基管孔径、孔密设计、孔眼排列。

根据对油井流体及各项储层介质性质的综合分析，复合筛管的过滤材料采用不锈钢，基管采用标准油套管；同时在满足筛管强度的要求下，将筛管孔径设计为 5～10 mm，孔密为 100～120 孔/m，且孔眼呈螺旋式排列；复合筛管的中心管采用标准油套管，采用螺旋打孔方式进行打孔，以减小管体横截面的开孔面积，在保证管体整体过流面积的基础上，使中心管强度得到最大限度的保留。

（4）过滤层结构排列方式。

基于疏松砂岩地层砂粒度分布不均，单一滤层容易发生堵塞或防砂失效的情况，结合国内外防砂专家提出的"适度防砂理念"，设计开发了独特的双精度挡砂屏障，采用两道挡砂屏障进行防砂，在保证防砂效果的基础上有效释放桥堵粒子。其过滤层结构采用高精度不锈钢金属网并按照不同的顺序排列，根据区块的地层砂粒度制成不同的挡砂精度，再用不锈钢绕丝按照要求缠绕出不同缝隙的挡砂屏障。内层不锈钢金属网强度高，结构稳定，变形后仍能保持金属网的三维网状多孔结构，渗透率高，比表面积大，孔径分布均匀，具有优异的过滤性能，可焊接，其缠绕层数由具体的粒度中值确定。外层采用不锈钢压制、金属丝缠绕而成，其具备了不锈钢绕丝筛管的特征，过流面积、渗透率具有明显的优势。

（5）外保护管成孔及排列方式。

针对水平井防砂过程中管柱较难下到位及生产过程中由于生产强度高而易刺穿筛管的情况，优化研发了复合筛管外保护套，即通过采用精密冲孔技术，改变液流的流向，降低地层砂对复合筛管的直接冲蚀作用，从而增强筛管的强度。外保护套冲缝间隙加工范围在 0.20～0.70 mm 之间，缝长 25 mm，缝宽 8 mm，要求加工均匀度在 ±0.015 mm 的加工误差范围内，且孔呈螺旋上升式排列。在保证其过滤精度的前提下，同时考虑强度设计的因素，在产品运输及入井过程中能很好地保护分级控砂过滤层，避免下井时防砂过滤层被刺破、挂坏而导致防砂施工失效。同时在油气井生产过程中，可以有效避免流体对过滤层的直接冲蚀破坏，延长筛管使用寿命。

（6）技术指标。

耐冲蚀高精度滤砂管的技术指标为：

① 挡砂精度大于或等于 0.07 mm；

② 耐温为 480 ℃；

③ 耐酸碱 pH＝3～13。

（7）性能特点。

耐冲蚀高精度滤砂管的性能特点为：

① 增加了拉伸冲孔外保护结构，可改变液流直刺滤砂层的方向，提高防砂管柱在长井段充填过程中抵抗携砂流体冲蚀的能力，避免生产过程中生产流体对过滤层的直接冲蚀，同时避免绕丝错乱，有利于防砂管柱后期处理。

② 绕丝层的设计可缓解泥质、稠油、粉细砂对滤砂管造成的堵塞。

③ 可防止热采注汽过程中将砾石冲进地层，筛套环空裸露导致防砂失效；精密过滤层的设计可提高防砂施工成功率，延长防砂有效期。

第三章
高含水油田精细分层注水技术

我国大部分油田在投入开发时就确定了早期注水、保持油层能量的开发原则,坚持注够水、注好水,以实现长期稳产。胜利油田的注水工艺技术已有 50 多年的历史。该油田结合自身实际,对注水工艺技术进行了卓有成效的研究,逐步形成了由科研、设计、施工、生产管理等各个环节互相支持、互相依托的,能够适应油田开发需要的完整的注水工艺体系,为油田较长期稳产和高产奠定了良好的基础。经过长期注水开发,胜利油田进入了高含水开发后期阶段,层间矛盾严重,原油产量呈明显的递减趋势,开发效果逐年变差。其主要原因是层系内各小层储层物性差异加大,导致它们的吸水能力各不相同,笼统注水时注入油层的水绝大部分被高渗透层所吸收,注水、吸水剖面很不均匀,注水利用率低,无效水循环严重。而高含水油藏层系细分程度较高,细分层系的潜力较小,保持产量稳定、提高采收率的难度越来越大,因此最有效的方法就是进行细分注水。细分注水可以提高纵向动用程度,完善注采对应关系,提高采收率。根据对胜利矿场 908 个井组的研究分析发现,分注率每提高 1 个百分点,采收率提高 0.2%。针对薄互层、深层非均质性进一步加剧,需要细分来挖掘薄油层和深层的潜力,提高纵向水驱动用程度等的需求,创新了薄互层和深层高效测调细分注水技术及关键工具,具体包括:发明了双介质坐封炮眼封堵封隔器、分级节流配水器、精确定位器等 9 种关键工具,突破了薄互层大压差分注的技术瓶颈,卡封厚度达 0.5 m,定位误差小于或等于 0.12 m,最大配水压差由 5 MPa 提高到 12 MPa;研发了锚定补偿耦合防蠕动管柱和超饱和橡胶高温密封材料,在高温 150 ℃、高压 35 MPa 条件下 4 000 m 深管柱寿命达 3 年以上;发明了自动定位易对接同心可调配水器,解决了大斜度井高效测调的难题,最大井斜可达 60°,对接成功率达 99%,可实现边测边调,测调效率提高了 2 倍。在创新关键技术的基础上,针对整装、断块、低渗透、滩浅海不同类型油藏的需求,优化集成了 7 套标准化细分注水管柱与技术,并创立了基于动静态双重非均质的精准注水优化方法和分层注采联动耦合工艺方法,编制了分层注水优化决策软件,实现了"分几段、在哪分、配多少"的精细分注快速定量决策,建立了 9 项技术标准,形成了高含水油藏细分注水技术体系,满足了不同类型水驱油藏的精细分层注水。

第一节 水驱油藏分层注水层段划分及配注量优化技术

分层注水就是利用封隔器将储层物性和开发状况相近的小层组合在一个层段内注水,通过配水器控制开发效果好的层段的注水量,提高低渗透、开发效果差的层段的注水量,调整注采结构,改善注入水在纵向上分布不均的状况,从而起到控制含水上升、提高注水利用率和减缓产量递减的作用,是高含水油田改善注水效果的有效措施。如何划分注水层段和优化配注量成为该技术的关键。

一、分层注水层段划分优化技术

分层注水可以减轻层间干扰,提高物性差的小层的动用程度。合理的层段划分是分层注水的基础,也是影响分层注水效果的主要因素。

利用最优分割法找到使各个层段的组内离差平方和(层段直径)最小、所有注水层段的组间离差平方和最大的分割点,从而获得最优的层段组合;也可以综合考虑渗透率、吸水强度、动用程度、隔层分布等因素对分层注水中层段划分的影响,快速优选出最优层段组合方案。

最优分割法是一种有序地层的聚类方法,不改变地层顺序,将物性相近的小层组合在一起。对于分层注水的层段最优分割法,必须首先明确对分层注水层段划分有影响的油藏静态和开发动态的因素,然后确定层段组合的所有方案,并计算层段组合方案总的直径值,最终确定最优划分层段组合。具体步骤如下:

(一) 确定层段划分组合评价指标集

对分层注水效果影响较大的油藏静态因素和开发动态因素主要有以下参数:

(1) 渗透率。不同小层的渗透率差异越大,层段非均质越强,注入水越易沿高渗透层突进。

(2) 黏度。不同小层的黏度差异越大,流动能力差别越大,层间干扰越严重,分注效果越差。

(3) 隔层条件。隔层发育越稳定,层间窜流越不明显,分层注水效果越好。

(4) 小层厚度。主力层厚度越大,吸水能力越强,注入水在层内受重力的作用越大,越容易沿小层底部突进。

(5) 地层压力。地层压力相差越大,各小层的吸水量差别越大,分层注水效果越差。

(6) 采出程度。采出程度反映小层开发效果的差异。采出程度差异越大,组合在一个层段进行注水的层间干扰越严重,分层注水效果越差。

(7) 剩余可采储量。小层的剩余可采储量不同,开发潜力也不同,所需配注量亦各不相同。

上述参数分类就是层段划分评价指标集，可以用图 3-1-1 表示。

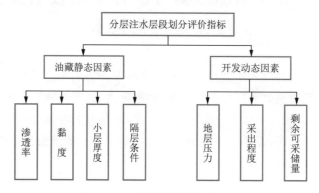

图 3-1-1　层段划分评价指标集

最优分割法将分层注水层段划分需考虑的评价指标定义为属性矩阵 $\boldsymbol{X}$：

$$\boldsymbol{X} = \begin{bmatrix} x_{jl} \end{bmatrix}_{n \times p} = \begin{bmatrix} x_{11} & x_{12} & \cdots & x_{1p} \\ x_{21} & x_{22} & \cdots & x_{2p} \\ \vdots & \vdots & & \vdots \\ x_{n1} & x_{n2} & \cdots & x_{np} \end{bmatrix} \tag{3-1-1}$$

式中　x_{jl}——第 j 个地层的 l 属性（l 属性可以为渗透率、采出程度、厚度、隔层分布等）。

（二）确定层段划分组合方案

对一个具有 n 个小层的油藏进行层段划分，层段划分组合方案个数为：
$$C_{n-1}^1 + C_{n-2}^2 + \cdots + C_{n-1}^{n-1} = 2^{n-1} - 1 \tag{3-1-2}$$
式中　C_n^m——从 n 个不同层中任取 m 个层的组合个数。

将所有的方案定义为对策集：$B = \{b_1, b_2, b_3, \cdots, b_m\}$，其中 $b_i (i = 1, 2, \cdots, m)$ 为按不同渗透率级差、油层数目、水淹程度、隔层条件等进行层段组合的方式，可以是两段或多段组合，具体根据井筒分层工艺和经济效益确定。

（三）计算划分层段的直径

考虑油藏储层条件和各层开发效果的差异以及各层段组合方案侧重点的不同，引入层段直径的概念，充分考虑层间地质因素和开发因素（如渗透率级差、吸水强度级差、剩余地质储量、层段厚度以及层段数目等指标）对分层注水的影响，计算每个层段的直径，根据层段直径评价层段组合方案的优劣。

假设分层注水时需要将 n 个油层划分为 κ 个层段，每个层段有 n_k 个油层。用 $\{x_{p,l}, x_{p+1,l}, \cdots, x_{q,l}\}$ 表示从第 p 小层到第 q 小层的注水层段（$1 \leqslant p \leqslant q \leqslant n$），则该层段直径为：

$$d_l(p, q) = \sum_{\alpha = p}^{q} \left[x_{al} - x_l(p, q) \right]^2 \quad (1 \leqslant p \leqslant q \leqslant n) \tag{3-1-3}$$

其中：

$$x_l(p,q) = \frac{1}{p-q+1} \sum_{a=p}^{q} x_{al} \qquad (3\text{-}1\text{-}4)$$

式中　$d_l(p,q)$——第 p 小层到第 q 小层 l 属性的层段直径，体现 l 属性在第 p 小层到第 q 小层间的差异情况，$d_l(p,q)$ 越小，表示段内小层之间 l 属性的差异越小；

　　x_{al}——第 a 个小层 l 属性的数值。

计算出各层段每个属性的层段直径，等同考虑每个因素对分层注水的影响，即各个因素对层段直径的影响程度是相同的。综合方案中所有属性的层段直径和，最终得到层段组合方案的总的直径 W_i：

$$W_i(\kappa : a_1, a_2, \cdots, a_{\kappa-2}, a_{\kappa-1}) = \sum_{k=1}^{\kappa} \sum_{l=1}^{p} d_{kl} \quad (i = 1, 2, \cdots, m) \qquad (3\text{-}1\text{-}5)$$

式中　d_{kl}——第 k 段第 l 属性的层段直径，m。

由于分层注水层段划分的目的是将物性相近的油层组合在一起，也就是希望层段直径越小越好，所以层段直径最小的层段划分组合方案为最佳方案。

（四）方法实例验证

最优分割法就是尽量考虑所有因素的影响，把物性相近的油层组合在一个层段进行注水，减轻层间矛盾。为了验证最优分割法在分层注水中优选层段划分组合的可行性，运用数值模拟方法对各层段组合方案的分层注水开发效果进行评价。

1. 建立地质模型

试算区块储层岩性以细砂岩为主，平均孔隙度为 27%，平均渗透率为 $2\,100 \times 10^{-3}\ \mu m^2$，储层渗透率变化范围比较大，层间非均质性严重，井网为不规则井网。

该区块纵向上有 13 个含油小层，其主力油层主要有 $7^1, 7^2, 7^3, 7^4, 7^5, 7^6, 8^3, 8^4, 8^5, 8^7$ 和 9^1，统计 7～9 层系小层渗透率、厚度、剩余可采储量、采出程度等参数，计算平均值，作为各小层的属性参数。各小层的基本属性参数见表 3-1-1。

表 3-1-1　各小层基本属性参数表

层　号	渗透率/($10^{-3}\ \mu m^2$)	厚度/m	地层系数/($10^{-3}\ \mu m^2 \cdot m$)	采出程度/%	剩余可采储量/($10^4\ t$)
1	728	1.02	742.56	23.53	2.91
2	1 141	2.64	3 012.24	28.99	5.09
3	950	1.20	1 140.00	24.88	2.07
4	423	1.15	486.45	14.09	2.17
5	385	1.48	569.80	12.74	2.93
6	141	1.44	203.04	4.87	3.48
7	596	1.59	947.64	19.03	3.87

层　号	渗透率/($10^{-3}\ \mu m^2$)	厚度/m	地层系数/($10^{-3}\ \mu m^2 \cdot m$)	采出程度/%	剩余可采储量/($10^4\ t$)
8	221	1.06	234.26	9.67	2.81
9	773	1.09	842.57	32.68	3.03
10	2 171	2.78	6 035.38	37.84	4.19
11	2 075	2.04	4 233.00	37.44	2.72
12	2 083	2.20	4 582.60	37.73	2.53
13	2 108	1.21	2 550.68	37.98	0.89

2. 计算渗透率、油层厚度和采出程度的层段直径

层段内的渗透率、油层厚度和采出程度等因素的差异越小,层段直径就越小,说明层段组合越合理;差异越大,说明方案的合理性越差。下面以渗透率层段直径的计算步骤为例加以说明。

首先对每个小层的渗透率进行正规化处理,将各小层渗透率的数值转换成 $0 \sim 1$ 之间的数值,避免数据过大或过小对层段划分结果产生影响。

$$Z_j = \frac{K_j - \min\limits_{1 \leqslant j \leqslant n}\{K_j\}}{\max\limits_{1 \leqslant j \leqslant n}\{K_j\} - \min\limits_{1 \leqslant j \leqslant n}\{K_j\}} \tag{3-1-6}$$

式中　Z_j——第 j 层正规化渗透率,$10^{-3}\ \mu m^2$;

　　　K_j——第 j 层渗透率,$10^{-3}\ \mu m^2$。

然后计算每个层段内的平均正规化渗透率 $\overline{Z}_k$:

$$\overline{Z}_k = \frac{\sum\limits_{j=1}^{n_k} Z_j}{n_k} \tag{3-1-7}$$

再计算层段内各小层渗透率的离差平方和 d_k,得到每个层段的渗透率层段直径:

$$d_k = \sum\limits_{j=1}^{n_k} (Z_j - \overline{Z}_k)^2 \tag{3-1-8}$$

最后叠加所有层段的渗透率直径,得到该层段组合方案渗透率的总直径。

同理,可以分别计算得到其他所有影响因素的总直径。综合该方案中所有因素的层段直径值,得到该层段组合方案的综合直径值,利用方案的综合直径值即可以评价该方案与其他层段组合方案的合理性。

3. 计算隔层分布条件的层段直径

分层注水各层段之间的隔层分布条件必须使封隔器能较好卡封,保证分层注水层段合格率。因此,隔层分布条件好坏是决定层段组合方案优劣的一个重要因素,对于层段隔层分布条件不利于封隔器卡封的层段直径设一个很大的数值,在实际方案优选操作中直接剔除此方案。

4. 最优分割方法优选层段组合

为了验证最优分割法的可行性,分别基于地层系数和采出程度人为设计 2 种对比方

案,并与最优分割法优选方案的数值模拟结果进行对比,具体见表3-1-2。

表 3-1-2　3 种层段划分组合方案

方案号	层段数	层段划分组合方式
1	3	基于地层系数划分层段为(1,2)(3,4,5,6,7,8,9)(10,11,12,13)
2	3	基于剩余可采储量划分层段为(1,2,3,4,5)(6,7,8)(9,10,11,12,13)
3	3	基于最优分割法划分层段为(1,2,3)(4,5,6,7,8)(9,10,11,12,13)

运用数值模拟方法预测 3 种方案的 15 年开发指标,其中各层段的配注量基于剩余油劈分。通过对比不同方案的开发效果(表3-1-3、图3-1-2),验证最优分割法的适应性。

表 3-1-3　3 种方案的综合直径与采出程度

方案号	1	2	3
综合直径	1.866 4	1.616 9	1.178 6
采出程度/%	39.34	39.66	40.45

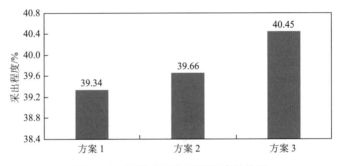

图 3-1-2　不同方案的采出程度柱状图

通过对比 3 种方案数值模拟结果可以看出,运用最优分割方法优选的层段组合方案对应的采出程度是最高的,其主要原因是最优分割法划分分层注水层段时考虑的因素比较全面,方案的层段直径最小,说明层段内各物性比较接近,层间干扰小。综合来说,运用最优分割方法优选分层注水层段组合方案是可行的,可以定量、直观、快速地进行分层注水层段组合方案决策,避免人为因素的影响。

二、分层注水层段配注优化技术

分层注水层段划分后,各层段如何配注对分层注水的开发效果至关重要。分层注水各层段配注量主要是根据各小层的储层物性和动用状况确定的。目前,分层注水井层段配注量主要根据层间静态参数或者管理人员的生产经验进行计算,未将层间动用状况与实现层间的均衡动用相结合,使得层间动用差异大的状况难以大幅度改善。同时,随着分层注水实时监测与控制技术的发展,避免了传统起下管柱更换水嘴的复杂作业程序,可以实现分层注水井各层段配注量的动态调控。因此,结合动态控制思想,以层间均衡驱替为目标,将分层注水生产看作一个复杂的动态系统,基于油藏数值模拟技术建立分层注水层段配注优化数学模型,并进行求解,动态优化分层注水井各层段的配注量,制订最优的分层注水配注方案。

根据对各类优化算法收敛性能与约束条件处理的认识,提出一种油藏工程＋模式搜索(pattern search,PS)的无梯度优化算法。该算法是一种直接搜索算法,不需要对目标函数进行求导,易于和任意油藏数值模拟器结合,局部搜索能力较强,但是其搜索性能完全依赖于初始解的好坏。该算法首先基于油藏工程方法求得初始分层配注方案,然后以此方案作为初始解运用 PS 方法进行优化求解。下面具体介绍如何利用无梯度优化算法进行分层注水层段配注优化,并与遗传算法进行实例分析对比。

(一) 分层注水层段配注优化数学模型的建立

分层注水作为减轻层间矛盾、改善注水开发效果的重要手段,已经在油田现场得到了广泛的应用。然而对一口实际的分层注水井来说,影响分层注水开发效果的因素有很多,如分层层段数目、层段组合方式、配注策略等。分层配注优化问题就是在层段数目、层段组合方式确定的情况下,寻找最优的分层注水层段配注方案,加强低渗透层的注水强度,限制高渗透层的注水量,减轻多层油藏层间干扰,增大注入水的波及体积,从而通过合理分配注水量,增加原油采出量,提高油藏采收率。

1. 选取目标函数

对于油藏生产优化问题,一般选取净现值(net present value,NPV)、累积产油量、采收率、累积产水量、含水率等作为优化目标函数。不同的目标函数侧重点不一样,通常会得到不同的最优控制方案。当以净现值、累积产油量和采收率为目标函数时,优化时以目标函数最大为目标,而当以累积产水量、含水率为目标函数时,优化时则以目标函数最小为目标。分层注水层段配注优化的目标是在不改变总注水量的条件下,通过合理分配各层段注水量提高注水利用率和增加原油采出量,在总注水量一定的情况下,累积产油量越大,累积产水量就越小,对应的经济效益也就越好,因此选取累积产油量作为优化目标。

2. 处理约束条件

分层注水层段配注设计过程是在干线压力范围内和单井注水量一定的条件下进行的,因此必须满足各个层段的配注量对应的注入压力不超过最大干线压力以及所有层段配注量总和为常数两个约束条件。注水井存在一个完整的压力系统,主要包括井筒垂直管流、水嘴节流和地层渗流。

1) 井筒垂直管流

注入水在井筒中的压力降主要消耗在 3 个方面,即位差、摩擦损失和加速度,其中加速度压力损失较小,可忽略不计,因此井筒压力可以表示如下:

$$p_d = p_t + p_H - p_{fr} \tag{3-1-9}$$

其中:

$$p_H = \rho g H \tag{3-1-10}$$

$$p_{fr} = \lambda \frac{v^2}{2D} \rho H \tag{3-1-11}$$

式中　p_d——配水器前井底流压,MPa;

p_t——注水井井口压力,MPa;

p_H——静水柱压力,MPa;

p_{fr}——注入水在油管内沿程压力损失,MPa;

ρ——注入水密度,kg/m³;

H——井口到注水小层的深度,m;

λ——流动阻力系数,与流动状态有关;

D——油管内径,m;

v——注入水的速度,m/s。

2）水嘴节流

注入水通过水嘴的节流压力损失可以用下式表示:

$$\sqrt{p_{cf}} = 0.079 d^{-1.889} Q \tag{3-1-12}$$

式中　p_{cf}——水嘴前后压差,MPa;

Q——层段配注量,m³/d;

d——水嘴直径(或当量直径),mm。

3）地层渗流

注入水在油层中的渗流规律可以用达西定律来表示:

$$Q = \frac{5.428\ 7 \times 100 K_w h \Delta p}{\mu_w B_w [\ln(r_e/r_w) - 0.75 + S]} \tag{3-1-13}$$

式中　Q——层段配注水量,m³/d;

K_w——水相渗透率,μm²;

h——油层有效厚度,m;

Δp——注水压差,MPa;

μ_w——水相黏度,mPa·s;

B_w——水的体积系数;

r_e——注入水的波及半径,m;

r_w——注水井井筒半径,m;

S——表皮系数。

根据伯努利方程,以各层水嘴中心轴线为基准面,则井口和水嘴断面后两点的势能 Z_1 和 Z_2 可以写成:

$$Z_1 + \frac{p_1}{\gamma} + \frac{u_1^2}{2g} = Z_2 + \frac{p_2}{\gamma} + \frac{u_2^2}{2g} \tag{3-1-14}$$

式中　p_1, p_2——井口和水嘴断面后两点的压力,MPa;

γ——液体重度，N/m³;

u_1，u_2——井口和水嘴断面后两点的速度，m/s。

通过对注水压力系统的分析可以看出，最大井口压力对应分层注水井各层段最大配注量，因此分层注水配注设计时各层段配注量必须小于最大配注量。

3. 优化数学模型

分层注水层段配注优化是在保持总注水量不变，且满足各层段配注量对应的注入压力必须低于干线压力条件下，如何分配各层段注水量，使累积产油量最大的问题。因此，以累积产油量最大为优化目标函数，考虑压力和配注量总和两个约束条件，建立分层注水配注优化数学模型如下：

$$\max J(\boldsymbol{\mu}, \boldsymbol{x}) = \sum_{n=1}^{N_t} \sum_{i=0}^{N_p} q_{o,i}^n \tag{3-1-15}$$

约束条件为：

$$\begin{cases} \boldsymbol{A\mu}^n \leqslant \boldsymbol{b} \\ \boldsymbol{LB} \leqslant \boldsymbol{\mu}^n \leqslant \boldsymbol{LU} \end{cases} \tag{3-1-16}$$

式中 J——待优化的目标函数，表示分层注水后的累积产油量，m³;

$\boldsymbol{\mu}$——控制变量，即各分层注水层段配注量;

$\boldsymbol{x}$——状态变量;

N_t——分层注水生产时间控制步;

N_p——分层注水井对应的生产井数，口;

$q_{o,i}^n$——第 n 时间步第 i 口油井的产油量，m³/d;

$\boldsymbol{A}$——非线性约束的系数矩阵;

$\boldsymbol{b}$——非线性约束的目标向量;

$\boldsymbol{LB}$——边界约束条件下限;

$\boldsymbol{LU}$——边界约束条件上限。

式(3-1-16)中，$\boldsymbol{A\mu}^n \leqslant \boldsymbol{b}$ 为非线性约束条件，表示各分层注水层段配注量需满足注水井整体配注要求; $\boldsymbol{LB} \leqslant \boldsymbol{\mu}^n \leqslant \boldsymbol{LU}$ 为控制变量的边界约束条件，表示各层段配注量对应配注压力应在干线压力范围内。

因此，对于分层注水动态调控问题可以描述为：由初始条件 $x = x_0$ 出发，在满足非线性约束条件和边界约束条件下，寻找目标函数 J 的最大值和相应的最优控制变量 $\boldsymbol{\mu}$。

（二）油藏工程配注法确定初始解

油藏工程配注法是一种考虑影响分层注水的某些控制因素而确定的直观、快速的数学方法，包含了油藏工程师们长期的生产经验，它能大体确定配注方案，为优化算法提供搜索方向，缩减优化算法的搜索范围。目前常用的油藏工程分层注水配注方法主要有厚度法、剩余油法、存水率法等。

1. 厚度法

厚度法就是根据各层段有效厚度比例劈分各层段的配注量。该方法原理简单,易于操作,但没有考虑各小层开发动态的影响。

$$q_i = \frac{H_i}{\sum\limits_{i=1}^{\kappa} H_i} Q_w \qquad (3\text{-}1\text{-}17)$$

式中　q_i——第 i 层段的配注量,m^3/d;

　　　H_i——第 i 层段的有效厚度,m;

　　　κ——分层注水层段数;

　　　Q_w——注水井总的注水量,m^3/d。

在各分注层段含油面积大致相同的情况下,按厚度劈分注水量实质上是按各层段地质储量劈分注水量,因此这种方法适用于尚未开发的新油田分层注水井的层段配注。对于高含水油田,由于各层段的动用不均衡,按厚度劈分各层段的配注量不能充分发挥分层注水的作用。

2. 剩余油法

剩余油法就是根据水驱油田中采出程度与注水量存在某种内在的联系,按照各小层剩余可采储量的分布规律确定各层段配注量,以增大剩余油富集小层的注水强度,限制剩余可采储量较低小层的配注量,从而提高注水量利用率,扩大注入水波及体积。

$$q_i = \frac{N_i(1 - R_i)}{\sum\limits_{i=1}^{\kappa} N_i(1 - R_i)} Q_w \qquad (3\text{-}1\text{-}18)$$

式中　q_i——第 i 层段的配注量,m^3/d;

　　　N_i——第 i 层段的可采储量,$10^4\ m^3$;

　　　R_i——第 i 层段的采出程度,%;

　　　Q_w——注水井总的注水量,m^3/d。

剩余油法根据各注水层段的剩余油可采储量比例确定层段配注量,综合考虑各小层的储层物性和开发动态情况,是建立在剩余油定量准确描述基础之上的。定量描述剩余油是一项复杂的系统工程。

3. 存水率法

存水率是指到某一时刻为止,累积注水量和累积产水量之差与累积注水量的比值,是评价油田注水开发效果的常用指标。利用存水率进行分层配注就是以实现层间均衡动用为目标,根据各分注层段的理论存水率确定该层段总的累积注水量,最终按各层段需要的累积注水量比例劈分各层段配注量,具体流程如图 3-1-3 所示。

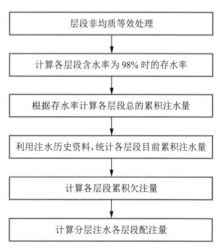

图 3-1-3　存水率配注方法流程图

1）层段非均质等效处理

多油层油藏层间非均质性是影响油田开发效果的主要因素之一。考虑渗透率的层间非均质性，分层注水各层段平均渗透率 $\overline{K}$ 的计算公式为：

$$\overline{K} = \frac{\sum\limits_{i=1}^{n_k} K_i h_i}{\sum\limits_{i=1}^{n_k} h_i} \qquad (3\text{-}1\text{-}19)$$

式中　$\overline{K}, K_i$——各层段平均渗透率和第 i 层段渗透率，$10^{-3}~\mu m^2$；

　　　h_i——第 i 层段油层厚度，m。

同理，对于孔隙度等物性参数也可用此方式进行等效处理，有：

$$\overline{\phi} = \frac{\sum\limits_{i=1}^{n_k} V_i \phi_i}{\sum\limits_{i=1}^{n_k} V_i} \qquad (3\text{-}1\text{-}20)$$

式中　$\overline{\phi}, \phi_i$——各层段平均孔隙度和第 i 层段孔隙度，%；

　　　V_i——第 i 层段体积，m^3。

2）各层段存水率计算

根据物质平衡原理，当含水率为 f_w 时，采出程度变化为 dR，对应的累积产油量变化为 NdR，累积产液量的变化为 dL_p，则有：

$$NdR = (1 - f_w)dL_p \qquad (3\text{-}1\text{-}21)$$

另外，假设采出程度为 R 时的累积产水量为 W_p，则有：

$$dW_p = \frac{f_w}{1 - f_w} NdR \qquad (3\text{-}1\text{-}22)$$

联合求解上面两个式子，在注采比为 1 时，采出程度为 R 时的存水率为：

$$CI = \frac{W_i - W_p}{W_i} = \frac{B_o}{\rho_o} R \left\{ \frac{49}{10^{7.5E_R} - 1} \left[\frac{\exp(17.272\,5R) - 1}{17.272\,5} - R \right] + \frac{B_o}{\rho_o} R \right\}^{-1} \qquad (3\text{-}1\text{-}23)$$

式中　CI——存水率，%；

　　　W_i——累积注水量，$10^4~m^3$；

　　　E_R——采收率；

　　　B_o——原油体积系数，m^3/m^3；

　　　ρ_o——原油密度，kg/m^3。

3）各层段累积欠注量计算

存水率和累积注采比的定义式为：

$$CI = \frac{W_i - W_p}{W_i} \qquad (3\text{-}1\text{-}24)$$

$$Z = \frac{W_i}{W_p + N_p B_o} \qquad (3\text{-}1\text{-}25)$$

式中　Z——累积注采比；

　　　N_p——累积产油量，10^4 m^3。

将式(3-1-25)代入式(3-1-24)，可得累积注水量为：

$$CI = \frac{W_i - (W_i/Z - N_p B_o)}{W_i} \tag{3-1-26}$$

$$W_i = \frac{N_p B_o}{CI + 1/Z - 1} \tag{3-1-27}$$

累积欠注量定义为各层段含水率达到 98% 时的累积注水量减去当前时刻的累积注水量，即

$$W_q = W_i - W_z \tag{3-1-28}$$

式中　W_q——累积欠注量，10^4 m^3；

　　　W_z——当前时刻累积注水量，10^4 m^3。

4）各层段配注量计算

存水率方法根据各注水层段的累积欠注量比例劈分配注量[式(3-1-29)]，增大欠注量较多的小层的注水强度，限制欠注量较少的小层的配注量，以减轻层间矛盾，达到均衡动用的目的。

$$q_i = \frac{W_{qi}}{\sum\limits_{i=1}^{n} W_{qi}} Q_w \tag{3-1-29}$$

式中　q_i——第 i 层段配注量，m^3/d；

　　　W_{qi}——第 i 层段累积欠注量，10^4 m^3；

　　　Q_w——注水井总的注水量，m^3/d。

存水率方法主要利用各层段的累积注水量，综合考虑各小层的储层物性和开发动态，以层间均衡动用为目标，劈分各层段配注量，但是该方法的准确度依赖于各层段累积注水量的统计，需要丰富的注水历史数据支撑。

不同的油藏工程配注方法各有优缺点，应根据实际现场数据选择合适的方法确定初始配注方法。

（三）分层注水层段配注优化数学模型的求解

目前，求解大型多维优化模型的方法以包括有限差分、伴随梯度法在内的梯度类算法及包括遗传算法和粒子群算法在内的搜索类算法为主。由于分层注水动态调控问题属于大规模非线性问题，采用伴随梯度法和离散极大值原理来求取梯度需要嵌入修改油藏数值模拟器，变量梯度的获取很困难，求解过程非常复杂，费时费力，因此目前梯度类算法仍无法较好地用于实际油藏生产优化问题的求解。

搜索类算法是一类无梯度优化算法，在优化时不需要计算目标函数的梯度，所以在求解不可导的函数或者梯度获取异常麻烦的函数的优化问题时非常有优势，目前在油气田生产领域运用比较广泛。常见的搜索类算法主要有遗传算法（GA）、粒子群算法（PSO）、模拟

退火算法(SA)以及模式搜索算法(PS)等。下面主要介绍遗传算法和模式搜索算法。

1. 遗传算法

遗传算法是由 Holland 教授于 1975 年提出的一种基于生物进化论的启发式随机搜索算法,它通过评价目标函数的适应度值代替使用梯度信息来寻找全局最优解,算法流程如图 3-1-4 所示。

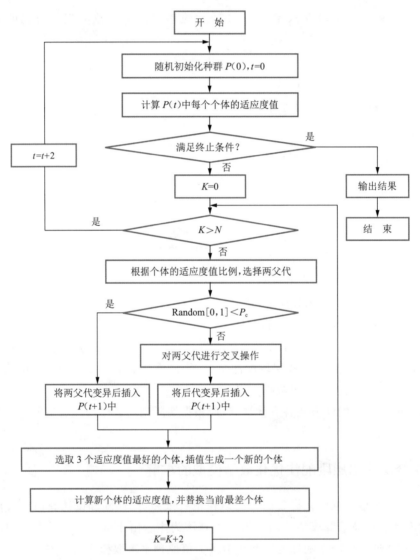

K—当前个体数量;N—个体总数;P_c—交叉操作发生的概率。

图 3-1-4　遗传算法原理流程图

与其他优化算法相比,遗传算法的优势在于:① 对函数形态没有要求,搜索过程既不受优化函数连续性约束,也不要求优化函数必须存在导数;② 从种群参数成员开始搜索,适合于并行计算,具有显著的搜索效率;③ 易于和其他优化算法结合,提高搜索速度。

遗传算法是一种全局搜索算法,虽然全局寻优能力强,能很快找到近似最优解,但是遗传算法的局部搜索能力较差,收敛速度慢,且容易出现早熟收敛,因此从近似最优解到精确最优解的寻优能力差。

2. 模式搜索算法

模式搜索算法是一种通过在当前搜索点分别进行轴向和模式两种搜索,以寻求目标函数减小方向(非最速下降方向)的直接搜索算法。算法优化过程中只要找到比当前目标函数值更小的点,就增大搜索步长,并进入下一次迭代搜索;否则减小搜索步长,在当前点继续搜索。模式搜索算法示意图如图 3-1-5 所示。

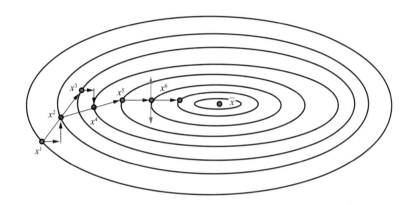

$\bar{x}$ —某个数学问题的最优解。

图 3-1-5　模式搜索算法示意图

模式搜索算法的基本思想是:从选定的初始迭代点开始,交替进行轴向搜索和模式搜索。当进行轴向搜索时,同时沿 n 个坐标轴的方向进行,以确定目标函数减小的方向和下一迭代步的基点。模式搜索则是在轴向搜索确定的下降方向上进行移动,试图使函数值下降更快。因此,模式搜索算法对初始解的依赖性较强,如果运用专家经验给定一个相对合理的初始解,那么模式搜索算法将表现出优秀的搜索能力。

令 $e_j=(0,\cdots,0,1,0,\cdots,0)^{\mathrm{T}}(j=1,2,\cdots,n)$ 表示 j 个坐标轴方向。给定初始步长 δ,加速因子 α,任取初始点 x^1 作为第一个基点。以下用 x^j 表示第 j 个基点。在每一次的轴向搜索中,用 y^i 表示沿第 i 个坐标轴 e_i 方向搜索时的出发点。

模式搜索算法的具体优化迭代过程如下:

(1) 从初始数据中选择初始点 x_0,给定初始步长 $\delta_0>0$ 及收缩因子,精度 $\varepsilon>0$,令 $k=0$。

(2) 确定参考点,令 $y=x_k,j=1$。

(3) 进行正轴向搜索:从点 y 出发,沿 e_j 正轴向搜索,如果 $f(y+\delta_k e_j)<f(y)$,则令 $y=y+\delta_k e_j$,转步骤(5);否则,转步骤(4)。

(4) 进行负轴向搜索:从点 y 出发,沿 e_j 负轴向搜索,如果 $f(y-\delta_k e_j)<f(y)$,则令 $y=y-\delta_k e_j$,转步骤(5);否则,令 $y=y$。

(5) 检验搜索次数：若 $j<n$，则令 $j=j+1$，转步骤(3)；否则，令 $x_{k+1}=y$，转步骤(6)。

(6) 进行模式搜索：若 $f(x_{k+1})<f(x_k)$，则从点 x_{k+1} 出发沿加速方向，$x_{k+1}-x_k$ 做模式移动，令 $y=2x_{k+1}-x_k$，$\delta_{k+1}=\delta_k$，$k=k+1$，$j=1$，转步骤(3)；否则，转步骤(7)。

(7) 检查是否满足终止准则：如果 $\delta_k\leqslant\varepsilon$，则迭代停止，得到点 $x^{(k)}$；否则，令 $\delta_{k+1}=\alpha\delta_k$，$x_{k+1}=x_k$，$\delta_{k+1}=\delta_k$。令 $k=k+1$，$j=1$，转步骤(2)。

为了精确地模拟不同复杂条件下分层注水油藏的开发指标，在进行分层注水配注优化时，分别将各优化算法与商业数值模拟器 Eclipse 相结合，具体优化求解流程如图 3-1-6 所示。

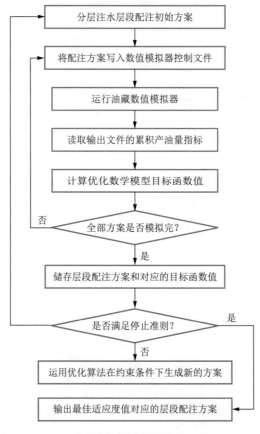

图 3-1-6　优化数学模型求解流程图

（四）计算实例

为了对比各个优化算法的寻优能力和收敛性能，分别运用 GA 和 PS 算法，调用 Eclipse 数值模拟器进行分层注水配注优化，优化过程中以油藏工程方法计算所得的分层注水配注方案作为迭代初始解。

1.油藏模型

目标区块储层为典型的曲流河沉积,以正韵律沉积为主,纵向上有 $5^{21},5^{22},5^{31},5^{32}$ 等含油小层,夹层在主河道区内发育较稳定。储层平均孔隙度为 34%,纵向渗透率级差较大,小层层间非均质性严重。

该区块单元从投入开发以来共经历 4 个阶段:产能建设阶段、注水开发及层系井网调整稳产阶段、控水稳油综合调整阶段、精细挖潜产量递减阶段。到目前为止,严重的层间非均质性导致笼统注水的注采井组各小层的开发效果差异较大,整体开发效果较差。

针对区块单元的地质构造、流体性质、储层物性和现场生产历史数据等各方面的资料,建立了符合该油藏地质情况的地质模型,其中油藏流体及岩石物性参数见表 3-1-4。

表 3-1-4 油藏流体及岩石物性参数

参数名称	数 值	参数名称	数 值
原始地层压力/MPa	12.71	饱和压力/MPa	10.62
原油体积系数	1.088	水的体积系数	1
地下原油黏度/(mPa·s)	38.4	地层水的黏度/(mPa·s)	0.45
地面原油密度/(kg·m^{-3})	950	水的地面密度/(kg·m^{-3})	1 000
油的压缩系数/MPa^{-1}	9.8	水的压缩系数/MPa^{-1}	4.4×10^{-4}
地层岩石压缩系数/MPa^{-1}	4.0×10^{-3}		

实际油藏的油水相渗曲线如图 3-1-7 所示。

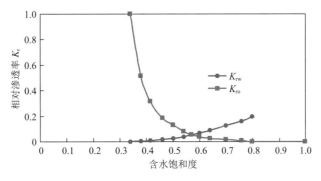

图 3-1-7 油水相渗曲线

截取该区块一个笼统注水层间矛盾严重的注采井组进行分层注水配注优化,模型共有 4 口生产井和 1 口分层注水井,模型的初始状态为油藏当前开发状况。综合考虑该油藏各小层之间的渗透率、采出程度、剩余可采储量以及现场分层工艺要求,将注水井分为 3 个注水层段进行注水,利用层段划分优化方法得到最佳层段组合方案:5^{21} 和 5^{22} 为层段 1,渗透率分别为 189×10^{-3} μm^2 和 333×10^{-3} μm^2;5^{31} 为层段 2,渗透率为 $2 176 \times 10^{-3}$ μm^2;5^{32} 为层段 3,渗透率为 $4 032 \times 10^{-3}$ μm^2。为了对比分层注水配注的效果,下面所有的分层注水方案均基于此层段组合方案进行。

2. 结果对比

为了对比不同分层注水配注方案的效果,所有的分层注水方案均保持总的注水量与笼统注水时相同,即油藏总的注水量和产液量为 120 m^3/d,保持地面注采比为 1:1。为了满足注水井干线压力限制要求,经过压力折算,优化过程中要求各个井段的流量小于最大流量限制。进行分层注水动态优化配注时,以油藏工程方法计算的分层注水配注方案作为优化算法迭代求解的初始解,模拟生产时间为 5 400 d,每个注水层段每 360 d 进行一次调控,总的控制步数为 15,因此优化变量个数为 45。

对比 GA 和 PS 两种优化算法有无油藏工程配注方案作为初始解的优化结果(图 3-1-8)可以看出,GA+油藏工程方法比单纯的 GA 算法初始迭代解更接近最优解,收敛速度更快,且获得的最终累积产油量更高;PS+油藏工程与单纯的 PS 算法对比也能看出该结果。这说明采用油藏工程配注方案作为迭代初始解,可以提高收敛速度,减少优化算法寻优次数和模拟器运算次数。

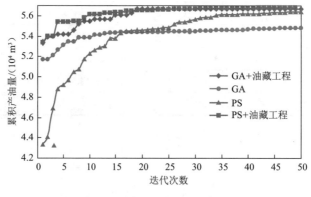

图 3-1-8　各算法的优化结果

为了更加清楚地对比 GA+油藏工程方法与 PS+油藏工程方法二者之间的收敛特性,分别对比了两种算法的迭代次数和模拟器运算次数与累积产油量的关系,结果如图 3-1-9 和图 3-1-10 所示。

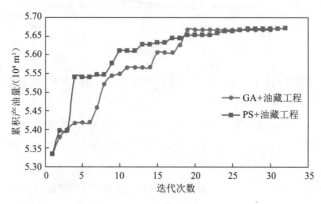

图 3-1-9　两种算法的迭代次数与累积产油量的关系

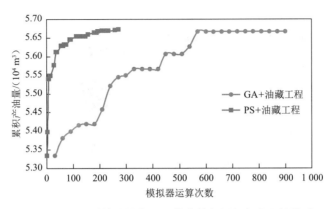

图 3-1-10　两种算法模拟器运算次数与累积产油量的关系

GA＋油藏工程算法和 PS＋油藏工程算法均是基于油藏工程配注方案进行优化迭代计算的,两种算法的最大允许油藏模拟器运算次数为 1 000,收敛停止条件为:相同优化结果的迭代次数超过 20 步即终止迭代,数据见表 3-1-5。从图 3-1-9 和图 3-1-10 两种优化算法的优化结果和收敛情况可以看出:GA＋油藏工程方法经过 30 步迭代计算,模拟运算 900 次获得的最终累积产油量为 5.666×10⁴ m³,PS＋油藏工程方法的优化结果为 5.672×10⁴ m³,二者的结果相差不大,但是 PS＋油藏工程方法仅模拟了 273 次,大大节约了优化时间,优化效率远远优于 GA＋油藏工程方法。

表 3-1-5　两种算法寻优性能对比

优化算法	算法迭代次数	模拟器运算次数	累积产油量/(10⁴ m³)
GA＋油藏工程	30	900	5.666
PS＋油藏工程	32	273	5.672

虽然 GA 算法是全局搜索算法,全局寻优能力强,能很快找到近似最优解,但它的局部搜索能力比较差,从近似最优解到精确最优解的寻优比较费时。PS 算法是局部搜索算法,其搜索精确最优解的能力强,但性能好坏依赖于初值的选取。因此,如果用油藏工程方法给一个相对合理的分层配注初始解,那么 PS 算法的搜索性能会比 GA 算法表现得更好。

各优化算法所得的动态配注方案如图 3-1-11 和图 3-1-12 所示,给出了不同控制时间步的各小层的配注量,其中横坐标为控制时间步,纵坐标为分注层段号。由于笼统注水时大部分注入水被高渗透层所吸收,高渗透层开发效果较好,而低渗透层欠注严重,驱替不均衡,因此为了提高注水利用率,改善注水效果,应当限制高渗透层(层段 3)的吸水量,加强低渗透层(层段 2)和保持中渗透层(层段 1)的吸水量。

由两种优化算法的最终优化配注方案可以看出,高渗透层段(层段 3)的注水量较小且呈逐渐减小的趋势,注入水无效循环现象得到有效的控制,剩余油富集的低渗透层段(层段 2)和中渗透层段(层段 1)调配的注水量较大,开采速度得到提高,各层段配注量分配方案整体符合高含水期控水稳油做法。

通过对比可以看出,无梯度优化算法计算效率高、寻优能力强,优化得到的动态配注方案能有效地缓解层间矛盾,起到稳油控水的作用。

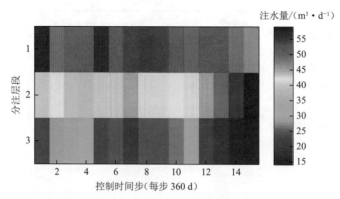

图 3-1-11　GA 算法所得分层注水层段动态配注方案

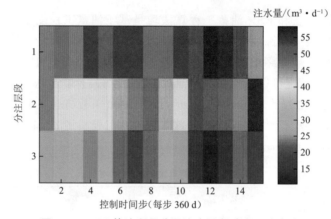

图 3-1-12　PS 算法所得分层注水层段动态配注方案

第二节　高含水油藏分层注水技术

一、整装油藏韵律层精细分层注水工艺技术

(一) 整装油田注水细分需求分析

高含水油田整装韵律层开发主要潜力由层间转为层内，主力油层转为非主力薄差油层。韵律层细分注水开发存在的主要问题有以下三类：

(1) 未避射主力油层注水突进，常规封堵技术有效期短；

(2) 1 m 以下薄隔层精细卡封难，影响施工成功率；

(3) 常规注水工艺分注 5 层以上时测调效率低且后期管柱起出困难。

上述问题制约了整装油藏细分率的提高，严重影响了特高含水后期老油田的控水稳油、效益开发。本节以胜坨油田某区块为例进行介绍。该区块以韵律层沉积为主，地质储量为 1.2×10^8 t，采出程度为 42.18%，纵向共有 10 个开发单元，单元内小层数最多 11 个，目前分两个层系开发,水井以一级两段为主,开发需细分为 4～7 层,并解决层内卡封、薄层卡封、多级细分等问题,如图 3-2-1 和图 3-2-2 所示。

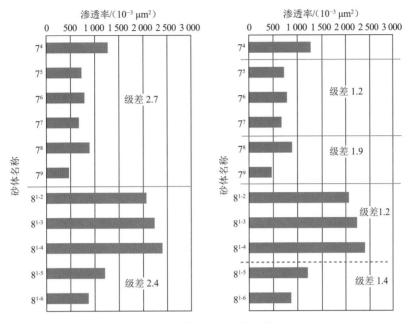

图 3-2-1　单元韵律层细分需求

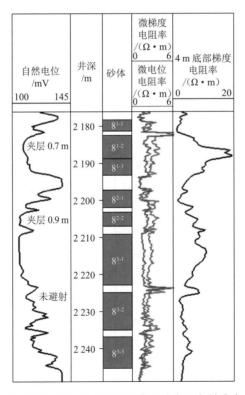

图 3-2-2　ST3-11-168 井韵律层分布及卡封难点

为此,以韵律层细分注水需求和难点为目标,研究形成了韵律层细分管柱结构,形成了韵律层未避射大厚层层内卡封注水技术、小卡距韵律层细分注水技术及多级精细分层注水技术三类整装油藏细分技术,实现了老油田的精细水驱,对控制产量递减、减少无效水循环起到重要的技术支撑作用。

(二) 未避射大厚层层内卡封注水技术

整装油藏开发早期,层系未精细划分,大多采用一次射开全部层位的完井方式,大厚层层内、层间渗透率差异较大,注入水大部分通过层内高渗、低含油饱和度通道低效循环,而无法有效驱替低渗、高含油饱和度层位,水驱效率低。常规未避射层采用化学法进行封堵,存在封堵强度低、精度低、有效期短、污染高价值层等不足。为此,在分析不同工况受力与变形的基础上,通过研究高强度机械卡封工艺,形成了配套工具和管柱,实现了炮眼长效封堵细分注水。

1. 层内卡封注水管柱

1)管柱结构

未避射大厚层层内卡封注水管柱结构如图 3-2-3 所示。小于 2 m 的卡封段采用长胶筒封隔器进行卡封,大于 2 m 的卡封段采用双胶筒封隔器组合,两个双胶筒封隔器分别卡封在目的层的上界和下界上。长胶筒封隔器、双胶筒封隔器、配水器、洗井阀都采用防返吐密闭设计,停注不解封,防止窜层造成出砂埋管柱,有效延长管柱有效期。

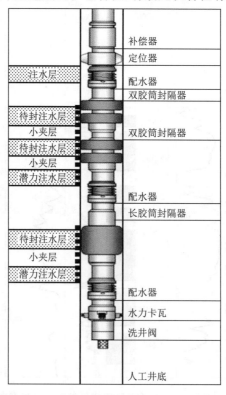

图 3-2-3　未避射大厚层层内卡封注水管柱

长胶筒封隔器和双胶筒封隔器坐封段比常规封隔器长,胶筒具有很强的软锚定作用,可以防止管柱在注水、洗井、停注过程中蠕动。

2)工作原理

未避射大厚层层内卡封注水管柱工作原理为:

(1)坐封。从油管内打压,水力卡瓦锚定管柱,封隔器坐封,坐封完毕后油管卸压,此时长胶筒封隔器和双胶筒封隔器仍保持密闭状态。

(2)注水。从油管直接通过各级配水器向各注水层注水,实现分层注水。

(3)测调。管柱可采用普通配水器和测调一体化配水器进行测调,其中普通配水器利用钢丝绳投捞测调,测调一体化配水器利用钢丝电缆下智能测调仪器测调,推荐使用后者。

(4)反洗井。从油套环空注入洗井液,在液压作用下,长胶筒封隔器和双胶筒封隔器的胶筒解封,反洗通道被打开,注入水沿此通道,经底部的筛管和底球从油管中返出,达到洗井的目的。

(5)停注。停注时,长胶筒封隔器和双胶筒封隔器的胶筒处于坐封状态,分层依然有效;配水器和洗井阀也处于关闭状态,可有效防止因层间压力、物性差异大而造成窜层出砂。

(6)起管柱。通过反洗井和旋转管柱解封封隔器,上提管柱使锚定工具解除锚定状态。

3)技术特点

未避射大厚层层内卡封注水技术特点为:

(1)可卡封任意厚度;

(2)适用层间压差小于或等于 25 MPa;

(3)坐封压力为 0.6~0.9 MPa;

(4)分注层数小于或等于 4 层。

2. 关键工具

1)长胶筒封隔器

由于长胶筒封隔器的胶筒(≥500 mm)较常规封隔器的长,坐封时可能会存在局部应力集中,并且卡封时长胶筒需要坐封在有炮眼的套管上,长胶筒封隔器的耐压能力可能发生变化,因此需要对长胶筒封隔器进行坐封和注水工况下的仿真模拟。在胶筒基质与骨架预设计的基础上开展数值模拟分析。封隔器胶筒、挡套、挡碗、套管以及胶筒所受载荷均为轴对称分布,取过轴线的剖面建立套管与胶筒三维计算模型,如图 3-2-4 所示。

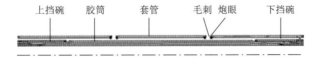

图 3-2-4 射孔条件下长胶筒封隔器有限元模型

根据封隔器结构设计,封隔器下挡套可沿下接头上行,以保证坐封时胶筒端部有足够的补偿,因此设定封隔器下挡套位移约束,封隔器上挡套固定,胶筒上下两端分别与挡套连接,套管上下两端及外侧固定,在胶筒内侧施加坐封载荷。胶筒基质与骨架结构如图 3-2-5 所示。

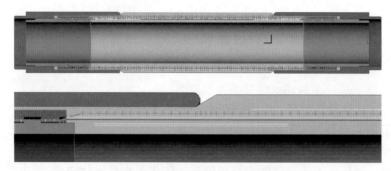

图 3-2-5　带基质与骨架的胶筒三维模型剖面图

在 ANSYS 数模软件中建立长胶筒封隔器在炮眼处卡封的长胶筒、套管模型,选用 Mooney-Rivlin 模型作为橡胶材料的本构方程进行受力分析。封隔器计算模型由胶筒、挡套、挡碗、套管组成,胶筒采用氢化丁腈橡胶进行模拟计算,邵氏硬度为 86,许用抗撕强度为 25 MPa。封隔器胶筒结构设计参数及其他力学参数见表 3-2-1。

表 3-2-1　有限元模拟计算参数

结　　构	几何参数		力学参数		
	内径/mm	外径/mm	弹性模量/MPa	泊松比	材料常数
长胶筒	75	110	14.33	0.49	C10＝1.91 C01＝0.477 7
套　管	124.26	139.7	2.01×10^5	0.25	—

射孔段有限元模型是依据现场使用的射孔工艺建立的。目标层段采用 127 射孔枪,射孔密度为 16 孔/m,射孔相位角为 90°,射孔后炮眼直径约为 12 mm,毛刺高度普遍集中于 2.5 mm 左右,毛刺角度约为 90°。因此,在有限元模拟分析中设定毛刺高度为 2.5 mm,炮眼直径 12 mm,毛刺角度为 90°,由于封隔器过轴对称剖面建模,故两炮眼的间距为 250 mm。

(1) 数值模拟初始参数设置。

封隔器深度:封隔器坐封深度 2 700 m,该处液柱压力为 26.46 MPa。

坐封:设定坐封压力分别为 0.6 MPa,0.7 MPa,0.8 MPa,0.9 MPa,分析坐封过程中胶筒各部分的变形情况。

注水:注水过程中压力设定见表 3-2-2。

表 3-2-2　压力设定参数

井口注水压力/MPa	压力载荷参数		
	坐封压力 p_l/MPa	上层注水压力 p_u/MPa	下层注水压力 p_d/MPa
8	35	18	33
12	39	22	37
16	43	26	41
20	47	30	45

（2）数值模拟结果分析。

① 坐封过程胶筒变形分析。

图 3-2-6 所示坐封压力分别为 0.6 MPa，0.7 MPa，0.8 MPa 和 0.9 MPa 时胶筒的位移云图。从图中可以看出，封隔器胶筒在 0.6 MPa 坐封压力下启封，在 0.9 MPa 坐封压力下完全胀开，胶筒与套管接触。

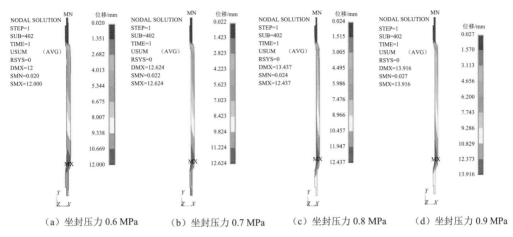

　（a）坐封压力 0.6 MPa　　（b）坐封压力 0.7 MPa　　（c）坐封压力 0.8 MPa　　（d）坐封压力 0.9 MPa

图 3-2-6　750 mm 长度胶筒不同坐封压力下位移云图

图 3-2-7 为不同胶筒长度条件下胶筒位移随坐封压力变化曲线。随着坐封压力的增加，胶筒变形逐渐增大；坐封压力每增加 0.1 MPa，胶筒变形量平均增加 0.5 mm；750 mm和 950 mm 胶筒均在起胀时变形较快，当坐封压力为 0.7 MPa 时，胶筒变形趋势逐渐变缓，直至坐封压力为 0.9 MPa 时胶筒全部胀开；1 200 mm 和 2 200 mm 胶筒随着坐封压力的增加，变形趋势逐渐加快。通过对比不同长度胶筒的变形情况可以得出，胶筒长度越长，在封隔器坐封过程中其变形就越明显，胀开就越快。

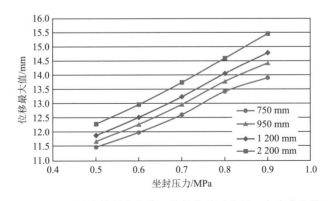

图 3-2-7　不同胶筒长度条件下胶筒位移随坐封压力变化曲线

② 长胶筒抗剪切有限元分析。

胶筒接触应力随注水压力的增加而增大。在接触面积一定的情况下，接触应力越大，胶筒所受的摩擦力越大。坐封效果计算公式如下：

$$\begin{cases} F = p_s A_s \\ f = \mu F \\ \Delta p = f/A_c \\ A_s = \pi D(L - 2h_0) \\ A_c = \pi(D^2 - d^2)/4 \end{cases} \quad (3-2-1)$$

式中　F——接触压力，N；

　　　p_s——接触应力，MPa；

　　　A_s——接触面积，m²；

　　　f——摩擦力，kN；

　　　μ——摩擦系数；

　　　Δp——胶筒可密封压差，MPa；

　　　A_c——环空面积，m²；

　　　D——套管内径，m；

　　　d——油管外径，m；

　　　L——胶筒长度，m；

　　　h_0——挡碗长度，m。

由前期测试和仿真可知：在 8 MPa 坐封压力下胶筒与套管接触应力 $p_s = 7.56$ MPa。

套管内径为 124.26 mm，则 700 mm 长的胶筒与套管接触面积为：

$$A_s = \pi D(L - 2h_0) = 3.14 \times 124.26 \text{ mm} \times 700 \text{ mm} = 273\ 123.48 \text{ mm}^2$$

封隔器外径为 112 mm，则封隔器与套管之间的环空面积为：

$$A_c = \pi(D^2 - d^2)/4 = 3.14 \times \left(\frac{124.26^2}{4} - \frac{112^2}{4}\right) \text{ mm}^2 = 2\ 273.79 \text{ mm}^2$$

根据胶筒与套管的接触应力，得到套管所受压力为：

$$F = p_s A_s = 7.56 \text{ MPa} \times 273\ 123.48 \text{ mm}^2 = 2\ 064\ 813.51 \text{ N}$$

考虑到环空中有水的作用，胶筒与套管的摩擦系数 $\mu = 0.1$，则摩擦力为：

$$f = \mu F = 2\ 064\ 813.51 \text{ N} \times 0.1 = 206\ 481.35 \text{ N} = 206.48 \text{ kN}$$

在层间压差 15 MPa 下，流体对胶筒的作用力为：

$$F = \Delta p A_c = 15 \text{ MPa} \times 2\ 273.79 \text{ mm}^2 = 34\ 106.85 \text{ N} = 34.11 \text{ kN}$$

$$34.11 \text{ kN} \ll 206.48 \text{ kN}$$

因此，胶筒在 8 MPa 坐封压力下可以满足层间压差 15 MPa 的抗剪切防蠕动需要。

对以上不同设计的封隔器的最小接触应力进行对比，选用接触应力 $P_s = 7.56$ MPa 进行坐封效果计算。将参数代入式（3-2-1）中，得出 $\Delta p = 90.81$ MPa > 15 MPa，因此胶筒坐封效果良好，符合胶筒设计要求。

胶筒等效应力集中区域为轴肩部位，出现在设有补偿的一端。当注水压力为 20 MPa 时，胶筒等效应力值最大，为 13.908 MPa。胶筒的许用抗撕应力为 25 MPa，根据等效应力原理，胶筒许用抗撕应力>等效应力最大值，因此胶筒在注水过程中不会被破坏。

③ 胶筒结构优化。

在有限元分析中,有专门针对结构参数优化的模块。这里使用 APDL 语言进行优化设计并使用设计变量、目标函数及其约束条件来描述结构参数。

设计变量是独立变量,可表示为:

$$\boldsymbol{x} = (x_1, x_2, \cdots, x_n)^{\mathrm{T}} \tag{3-2-2}$$

设计变量受上限和下限的约束,即 $\underline{x_i} \leqslant x_i \leqslant \overline{x_i} (i=1,2,\cdots,n)$,其中 n 表示设计变量的数量。目标函数为:

$$g = g(x) \tag{3-2-3}$$

对于任意一个结构,定义目标函数后就可以进行结构的最优设计,直至得到满足误差要求的结果。在计算过程中,采用函数逼近法,用曲线拟合来建立目标函数和设计变量之间的关系,即用几个设计变量序列计算目标函数,然后求得各数据点间的最小平方。该结果曲线(或平面)称为逼近。每次优化循环生成一个新的数据点,目标函数完成一次更新,最终求得在约束条件下的目标函数值。

根据胶筒受力状况分析结果可知,封隔器补偿结构对胶筒应力集中有很大的影响,而胶筒尺寸参数由胶筒总长、内径、外径、肩部倾角所决定,由于胶筒总长已经确定,因此将胶筒内径(R_1)、外径(R_2)、肩部倾角(α)、封隔器补偿距离(DT)设定为结构优化的设计变量,将胶筒所受的最大等效应力($S_{\max}$)设定为目标函数。在优化分析中,通过函数逼近法求出目标函数最小值。胶筒设计尺寸及约束条件见表 3-2-3。

表 3-2-3　胶筒优化条件

设计参数	初始数值	约束条件
胶筒内径 R_1/mm	75	$73 \leqslant R_1 \leqslant 77$
胶筒外径 R_2/mm	110	$108 \leqslant R_2 \leqslant 112$
肩部倾角 α/(°)	30	$15 \leqslant \alpha \leqslant 45$
补偿距离 DT/mm	10	$0 \leqslant DT \leqslant 15$

针对胶筒优化条件与迭代优化要求,进行有限元模拟,对长胶筒进行优化迭代,得出优化迭代数据(表 3-2-4)、优化设计中等效应力趋势(图 3-2-8)和最优解计算结果(表 3-2-5)。

表 3-2-4　优化迭代数据

迭代次数	α/(°)	R_1/mm	R_2/mm	DT/mm	$S_{\max}$/MPa
1	30.000	75	110	10	13.922
2	40.415	74.829	109.55	10.3900	12.956
3	31.127	75.472	111.39	3.0649	8.837
4	29.073	74.281	111.17	8.7382	9.378
5	35.854	73.280	109.39	1.7000	9.217
6	30.892	76.958	110.53	2.2762	9.032
7	19.514	73.637	108.85	5.0702	9.107

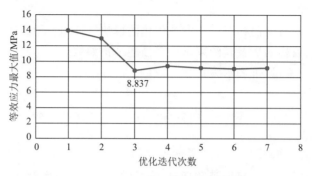

图 3-2-8 优化设计中等效应力趋势图

表 3-2-5 最优解计算结果

项 目	肩部倾角 α /(°)	胶筒内径 R_1 /mm	胶筒外径 R_2 /mm	肩部补偿距离 DT /mm	最大等效应力 S_{max} /MPa
结 果	31.1	75.5	110.9	10.8	8.837

建立胶筒与带炮眼套管模型,模拟胶筒的坐封与不同注水压力条件下的受力状况,结果表明胶筒肩部和炮眼倒刺区是应力集中区;根据应力集中情况对胶筒尺寸肩部倾角、肩部补偿距离等参数进行优化,优化后胶筒的坐封压力为 0.9 MPa,20 MPa 注水压力条件下最大等效应力由原来的 13.92 MPa 降至 8.84 MPa,注水时最大等效应力得到有效改善。对数模优化结果进行圆整,设计长胶筒封隔器,其尺寸与性能参数见表 3-2-6。

表 3-2-6 长胶筒封隔器尺寸与性能参数

参数名称	取 值	参数名称	取 值
长度/mm	916,116,614,162,416	内通径/mm	62
钢体外径/m	112	肩部补偿距离/mm	10
胶筒外径/mm	110	肩部倾角/(°)	30
耐层间压差/MPa	≤25	坐封压力/MPa	0.6~0.9
胶筒卡封距/mm	500,750,1 000,2 000		

2）多胶筒封隔器

长胶筒封隔器在现场应用中存在一些问题,主要包括:撕裂堆积导致解封解卡困难;层内卡封炮眼毛刺损坏胶筒;长胶筒加工难度大、价格高。为此,开展多胶筒封隔器结构研究。此类封隔器的胶筒数量可以定制,胶筒的长度也可以定制,并可根据不同位置的受力状况进行胶筒强度调节。根据前期分析,胶筒肩部为应力集中区,中间部位受力较小,因此设计高强度、高硬度胶筒进行肩部保护,中间部位采用硬度较低、尺寸较长的胶筒,整体提高胶筒的性能,延长其使用寿命。

多胶筒封隔器具有如下优势：① 不同长度胶筒组合可满足卡封多样性需求；② 不同长度组合方式可降低胶筒制备难度；③ 各级胶筒相互独立，保证管柱整体有效。

（1）结构组成。

多胶筒封隔器主要由上接头、挡套、上挡碗、胶筒、中心管、下挡碗、连接套、活塞、外套、下接头等组成，如图 3-2-9 所示。

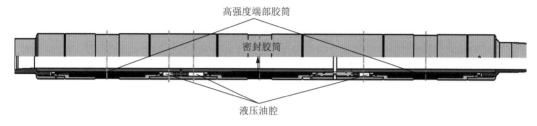

图 3-2-9　多胶筒封隔器结构图

（2）工作原理。

多胶筒封隔器的工作原理为：

① 坐封。从油管内正打压，液体经中心管传压孔进入胶筒内腔，使胶筒径向鼓胀，压力达到 0.7～1.0 MPa 时封隔器坐封。

② 胶筒独立保护。每级胶筒都由单独的液压腔及传压活塞控制坐封，胶筒内部与管柱内部不直接相连。如果单级胶筒破损，破损的胶筒不会导致管柱内外连通，整体管柱依然有效。

③ 肩部保护。封隔器下部挡套可沿下接头上行，以保证坐封时胶筒端部有足够的补偿。

④ 解封。停注后胶筒回收，封隔器解封。

（3）技术参数。

多胶筒封隔器技术参数见表 3-2-7。

表 3-2-7　多胶筒封隔器技术参数

技术参数	Ⅰ 型	Ⅱ 型
封隔器长度/mm	1 820	3 924
卡封厚度/mm	760	2 100
内径/mm	62	
外径/mm	112	
承受内压/MPa	25	
耐层间压差/MPa	20	
耐温/℃	120	

(三) 小卡距韵律层细分注水技术

1. 管柱介绍

1) 管柱组成

小卡距韵律层细分注水技术设计了两种管柱:一是小卡距韵律层细分管柱(图 3-2-10),主要由补偿器、定位器、密闭水力锚、配水器、集成配水封隔器、封配一体调节器及洗井阀等组成;二是小夹层韵律层细分管柱(图 3-2-11),主要由补偿器、长胶筒封隔器、测调一体化配水器及洗井阀等组成,利用卡封长度 2.0 m 的长胶筒卡封夹层小于 1 m 的小夹层,无须精确定位即可一次卡封成功。

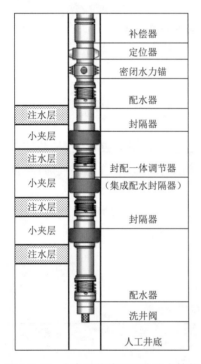

图 3-2-10　小卡距韵律层细分注水管柱

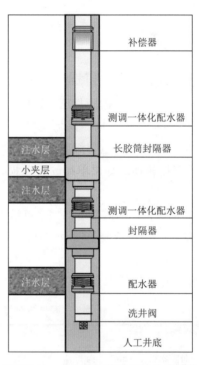

图 3-2-11　小夹层韵律层细分注水管柱

2) 工作原理

小卡距韵律层细分注水管柱工作原理为:

(1) 坐封。从油管内打压,使密闭水力锚锚定、封隔器坐封,坐封完毕后,油管卸压,此时管柱锚定。

(2) 注水。从油管注水并通过各级配水机构注入各注水层,层间注水量和层间注水压差通过配水器本体水嘴控制。注水过程中,管柱锚定,封隔器始终处于密封分层状态,可顺利实现分层注水。

(3) 反洗井。从油套环空注入洗井液,经底部筛管和底球从油管中返出,达到洗井的目的。

（4）起管柱。通过直接反洗井和旋转管柱解封封隔器，上提管柱可使锚定工具解除锚定状态。

3）技术特点

小卡距韵律层细分注水技术特点为：

（1）小夹层（0.5～1.0 m），采用机械定位器进行管柱精确定位；

（2）小夹层间采用集成配水封隔器或封配一体调节器进行分层与配水；

（3）长胶筒对 1 m 以下夹层无须定位即可成功卡封。

4）应用条件

小卡距韵律层细分注水应用条件为：

（1）最小卡封厚度为 0.5 m；

（2）定位误差小于或等于 0.12 m；

（3）适用层间压差小于或等于 25 MPa；

（4）坐封压力为 0.6～0.9 MPa；

（5）适用井温小于或等于 120 ℃。

2. 关键技术

1）封隔器机械定位技术

为实现井下小卡距细分封隔器精细卡封，必须精确定位工具下入深度。目前常规采用磁定位技术，需下入定位设备，并进行室内数据解读，成本高、效率低。为此设计了下入过程中自动定位的井下机械式精确定位系统（图 3-2-12）。

（1）工作原理。

机械式精确定位系统包括井下机械定位器、井口测试装置（激光测距仪、拉力测试仪）及数据接收处理装置。其工作原理为：由于每口井完井后都有特殊套管，所以可通过专用定位工具找到该特殊套管，确定封隔器当前位置，然后根据封隔器当前位置与坐封位置的相对距离，计算封隔器下到设计位置时需要的管柱长度，从而实现准确定位。井口设计测试系统，检测管柱拉力变化及拉力突变处的距离，确定得到的套管长度是否符合钻井数据。

在小卡距细分注水管柱中，采用井下定位器实现封隔器的精确卡位。管柱按工艺设计下井，井下定位器的扶正块受板簧作用而紧贴在套管壁上，当油管下放时，由于定位器的扶正块上有 30° 的斜面，所以可以沿着套管壁顺利下放；而在油管上提过程中，当定位器经过套管接箍时，扶正块 67° 的斜面就会卡入套管接箍之间的间隙，产生 30～40 kN 的摩擦阻力（地面仪器会进行准确测试分析）。在完井管柱作业后期，可以通过打压及时剪断安全剪钉，释放摩擦块，防止管柱遇卡。

（2）井下机械定位器结构组成。

井下机械定位器是核心工具，主要由控制活塞、扶正块和限制装置组成，如图 3-2-13 所示。

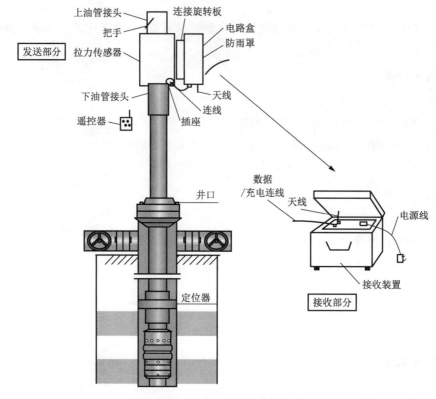

图 3-2-12 井下机械式精确定位系统

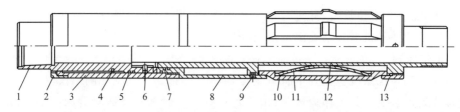

1—上接头;2—压帽;3—锁套;4—卡环;5,7—"O"形圈;6—紧定螺钉;
8—控制活塞;9—剪钉;10—扶正块;11—板簧;12—中心管;13—压环。

图 3-2-13 井下机械定位器结构图

（3）技术特点。

井下机械定位器的技术特点为：

① 定位精度高,可达 0.012 m/km;

② 安全性高,下入后通过液压控制可回收板簧,后期起出无阻力;

③ 下入过程中阻力设计合理,既能发现特殊套管接箍,又不至于使拉力过大;

④ 管柱下入过程中直接定位,无须其他工序,成本低、效率高。

（4）技术参数。

井下机械定位器的主要技术参数见表 3-2-8。

表 3-2-8　井下机械定位器技术参数

钢体最大外径/mm	钢体最小内径/mm	总长度/mm	阻力/kN	测试精度/(m·km⁻¹)	适用压力/MPa	工作温度/℃	两端连接螺纹
130	48	640	30～40	0.012	35	≤150	2⅞TBG

2）测调定位技术

（1）一体化测调仪。

测调系统利用一体化测调仪进行流量测量与调配。一体化测调仪主要由工具定位短节、三参数测试仪、电动定位装置和调配机械手等组成，如图 3-2-14 所示。

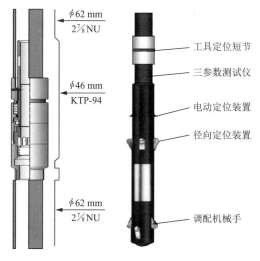

图 3-2-14　一体化测调仪

一体化测调仪采用电磁方式感应管柱内径变化，从而推断配水器的位置。在一体化测调仪上设置电磁定位短节，利用仪器在油管内移动，经过不同工具、油管时磁信号发生变化的特点，精确判断配水器的位置。软件启动时需要在控制箱上进行测调、定位功能切换。根据电磁定位短节匹配要求，设计对应地面深度测试软件。精确定位时，利用深度测试软件实现实时判别不同变径、接箍位置，从而推断配水器位置。限位装置采用电动定位方式，定位准确、可靠，仪器可反复上提下放。三参数测试仪设计有防干扰装置，测试数据准确，性能稳定。调配机械手采用特殊丝杠传导机构，增大了旋转扭矩，同时转速均匀，有利于提高调配精度。一体化测调仪技术指标见表 3-2-9。

表 3-2-9　一体化测调仪技术指标

最大外径/mm	压力测试范围/MPa	压力测试精度/‰	耐温/℃	流量测试范围/(m³·d⁻¹)	流量测试精度/‰	工作电压直流/V	最大许用电流/mA	最大输出扭矩/(N·m)
42	0～60	2～5	125	0～500	1.5%	70	450	150

（2）封配一体调节器。

封配一体调节器测调时，通过地面仪器监视流量-压力变化曲线，根据实时监测到的流量-压力曲线调整注水阀水嘴大小直至达到预设流量。该层调配完成后，上提到上一层段进行调配，直至所有层段测调完毕。最后根据需要进行复测并对个别层段注入量进行微调，完成全井各层段的测调。

（3）技术特点。

封配一体调节器具有如下特点：

① 采用同心同尺寸可调节配水装置，分层级数不受限制；

② 测调、验封均采用一体化技术，边测边调，工作量更小，费用更低；

③ 测试数据地面直读，无级调配，调配精度高。

（4）技术指标。

封配一体调节器测调技术指标如下：

① 流量范围为 0～500 m³/d；

② 调配精度为 10%；

③ 测调成功率大于或等于 80%；

④ 适用井斜小于或等于 60°；

⑤ 适用温度范围为 -20～120 ℃。

3）封配一体化技术

为满足薄油层的卡封需要，研制了偏心式和同心式两类封配一体调节器。该工具集成了封隔器与测调一体化配水器的功能，通过优化结构使该工具的长度比测调一体化配水器和封隔器相连的长度短，并且安装使用更加方便。

（1）结构组成。

封配一体调节器主要由上接头、挡环、滑套、上挡碗、胶筒、外中心管、内中心管、下挡碗、弹簧、活塞、盘根调节环、旋转芯子、固定芯子、垫环、压簧、下接头等组成，如图 3-2-15 所示。

图 3-2-15　同心式封配一体调节器

（2）工作原理。

封配一体调节器的工作原理为：

① 坐封。从油管打压，油管来水使扩张封隔器坐封。

② 注水。油管内压力使封隔器胶筒坐封，油管来水经封配一体调节器的旋转芯子通道克服弹簧压紧力而推开活塞，并注入地层。

③ 解封。停注后直接解封。

④ 反洗井。停注后封隔器胶筒收回，弹簧力使配水器出水通道关闭，洗井液进入套管，经过底球，从井口油管返出，实现反洗井。

（3）技术特点。

该工具集分层、配水于一体，减小了封隔器的卡封距，配水间距为 1.2 m，满足 4 m 以内小配水间距的配水需求；出水通道采用防刺结构设计，可以有效延长配水器使用寿命；配水机构采用测调一体化设计，可实现实时测调，将多个封配一体调节器和常规测调一体化配水器组合使用；配水机构具有防返吐机构设计，可提高工作性能。

（4）技术参数。

同心式封配一体调节器技术参数见表 3-2-10。

表 3-2-10　同心式封配一体调节器技术参数

长度/mm	内通径/mm	钢体外径/m	胶筒外径/mm	胶筒卡封距/mm	坐封压力/MPa	耐层间压差/MPa	测调范围/(m³·d⁻¹)
1 268	46	112	110	240	0.6～0.9	≤25	0～500

（四）多级精细分层注水技术

1. 管柱介绍

1）管柱组成

多级精细分层注水管柱主要由定位器、测调一体化配水器、逐级解封封隔器及洗井阀等组成，如图 3-2-16 所示。

2）工作原理

多级精细分层注水管柱工作原理为：

（1）坐封。从油管内打入高压液，使封隔器坐封；坐封完毕后，油管卸压，封隔器仍然保持密封状态。

（2）注水。下仪器打开配水器后，从油管注水，通过各级配水器注入各注水层。层间注水量和层间注水压差通过配水器本体水嘴控制。注水过程中，封隔器始终处于密封分层状态，可顺利实现分层注水。

（3）反洗井。从油套环空注入洗井液，在液压的作用下，逐级解封封隔器的反洗通道打开，注入水将沿此通道，经底部的筛管和底球从油管中返出，达到洗井的目的。

（4）起管。上提管柱，使封隔器逐级解封，然后起出井下管柱。

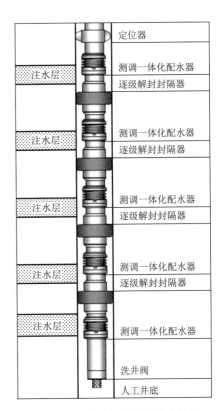

图 3-2-16　多级精细分层注水管柱

3）技术特点

多级精细分层注水技术特点为：

（1）逐级解封封隔器采用液压坐封，设计反洗井通道；

（2）上提管柱，封隔器逐级解封，无解封卡管柱隐患；

（3）空心测调一体化配水器不受分层级数限制，可实现多级分层配水；

（4）井下机械定位器在下井过程中实现封隔器卡封深度精确定位，无须单独下入磁定位工具。

4）应用条件

多级精细分层注水技术应用条件为：

（1）适用注水压力小于或等于 35 MPa；

（2）管柱解封力为 8～10 t；

（3）适用井温小于或等于 120 ℃；

（4）分注层数小于或等于 7 层。

2. 关键工具

该技术的关键工具为逐级解封封隔器。

1）结构组成

逐级解封封隔器主要由逐级解封机构、坐封机构、锁紧机构、密封总成、洗井机构等组成，如图 3-2-17 所示。该封隔器采用液压坐封，当多级使用时，各级封隔器可同时坐封，操作简单方便；采用上提管柱解封，当封隔器坐封锁紧后，在井下任何受力状态下都不会解封，封隔器密封性能好。

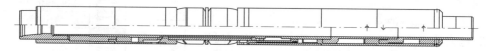

图 3-2-17　Y341 可洗井逐级解封封隔器结构示意图

2）工作原理

逐级解封封隔器的工作原理为：

（1）坐封。封隔器坐封时，高压液体首先推动洗井活塞下行，密封内外中心管的洗井通道；当压力升到坐封启动压力时，剪断坐封剪钉，推动坐封活塞上行，活塞带动锁套和胶筒座上行，压缩胶筒，使之发生径向变形。与此同时，卡环进入锁套的锯齿扣内，防止锁套退回，锁紧径向变形的胶筒，使封隔器始终密封油套环形空间。

（2）承压。注水状态下，高压水作用于平衡活塞上的力和作用于洗井活塞上的力平衡，当下压高时，作用于密封胶筒上的力通过外中心管和洗井套作用于上接头上，解封机构不受力；当上压高时，作用于密封胶筒上的力通过锁紧机构作用于外中心管上，与坐封活塞上的力保持平衡，使解封机构不受力，从而使封隔器保持密封状态。

（3）反洗井。反洗井时,井口高压水通过密封段以上的进水孔作用于洗井活塞上,推动洗井活塞压缩弹簧上行,打开洗井通道,高压水由内外中心管间的通道进入密封胶筒以下的油套环形空间,经底部球阀从油管返出地面。

（4）解封。上提管柱,上接头带动内中心管上移,外中心管因密封胶筒和套管的摩擦保持不动,解封锁块被释放,锁紧机构失去作用,密封件回弹,封隔器解封。检换时,上提管柱,多个封隔器自上而下依次完成解封动作,利用较小的上提力即可完成所有封隔器的解封,大大提高了多级封隔器解封的可靠性。

3）技术特点

逐级解封封隔器的技术特点为:

（1）封隔器胶筒采用氢化丁腈橡胶制成,提高了承压能力;

（2）中心管采用分体式设计,解封力小;

（3）多个封隔器自上而下依次完成解封动作,利用较小的上提力即可完成所有封隔器的解封。

4）技术参数

逐级解封封隔器的技术参数见表 3-2-11。

表 3-2-11　逐级解封封隔器技术参数

封隔器型号	钢体最大外径/mm	钢体最小内径/mm	适用套管内径/mm	坐封压力/MPa	工作压差/MPa	工作温度/℃	解封方式	解封力/t
ZJY341-113	113	59	117.7～127.7	16～20	≤15	≤150	上　提	≤9

二、断块油藏大压差精细分层注水工艺技术

（一）断块油藏大压差分注井分注需求分析

1. 大压差分注井的层间压差、流量主体频段调研分析

随着开发年限的增长,断块油田层间非均质程度越来越大,层间大压差井越来越多。通过对 162 口大压差井的管柱结构、高低压层相对位置、层间注水压差、高渗层（低压层）配注水量进行跟踪,并经过调研分析发现:大压差调配困难井中分注压差为 3～10 MPa 的分注井数占 80.3%,为高压节流的压差主体频段;低压层配水量为 20～80 m³/d 的分注井数占 86%,为高压节流的流量主体频段;大压差井以卡封及 2～3 层分注为主（占 96%）,其中 2～3 层分注井低压层在上部的占 45%,2～3 层分注井低压层在下部的占 39%,2～3 层分注井低压层在中间的占 16%。大压差井层间压差、高渗层（低压层）配注水量分布情况见表 3-2-12。

表 3-2-12 大压差井层间压差、高渗层(低压层)配注水量分布情况

大压差井形式/%			层间压力高低分布/%			层间注水压差分布/%			高渗层(低压层)配注水量分布/%			
卡封井	吸水差异较大2~3层分注井	其他类型	低压层在上	低压层在下	低压层在中间	5~10 MPa	10~15 MPa	>15 MPa	0~40 m³/d	40~80 m³/d	80~100 m³/d	>100 m³/d
41	55	4	45	39	16	80.3	12.7	7(卡封井占93%)	51	35	8	6

2. 大压差分注井工艺存在的问题

影响大压差井层段注水合格率的因素较多,工艺上主要存在以下问题:

1) 配水器易损坏、配水精度低

配水嘴刺坏、堵塞现象明显。目前现有的配水工艺,无论哪种方式,在大压差井中要实现大的节流压差,必须靠小水嘴(小孔眼)节流。当节流压差较大时,小水嘴内流速骤然升高,极易刺坏水嘴,导致配水精度降低,测调工作量显著增加。对空心配水中不同水嘴的嘴损曲线进行分析,当低压层配注量为 30 m³/d,高压层采取放大注水时,层间注水压差大于 2.9 MPa,只能采用 2.0 mm 及以下水嘴,而小于 2.0 mm 的水嘴在现场调配中虽然能够达到配注要求,但大节流压差下流速较高(配注水量 40 m³/d,水嘴直径 2.2 mm,节流压差 4.98 MPa,流速为 60.9 m/s),很容易刺坏水嘴。以鲁明曲 9-斜 606 井为例,402 配水器采用 2.0 mm 水嘴控制注水,合理调配后 15 d 左右被刺坏(连续多次),测调工作量显著增加,配水精度降低。当水嘴较小、水量较小时,小水嘴容易被机杂堵塞,甚至导致注不进。据统计,1 个月、2 个月、3 个月内水嘴堵塞与刺坏的概率分别为 50%,78% 和 92%。现场空心调配实践中一般也不采用 2.0 mm 以下的水嘴。

同时,注入水的腐蚀、结垢大大降低了配水器的防返吐性能,使其不能有效防止停注时地层水的层间窜通。伴随着水嘴刺大,配水器出水口刺坏的现象也较为严重,且刺坏后容易腐蚀结垢,使活塞不能有效复位,防返吐功能大打折扣,不仅影响了层段合格率,而且对管柱在井有效期也有较大的影响。

根据对水嘴节流及大压差井的配水器损坏形式的分析,确定增加高渗层的长效控制节流,考虑配水器防刺结构优化。

大压差井分层注水量对压力波动具有较强的敏感性,目前大压差井所用配水工艺缺少井下实时调节机构来修正调节压力波动对注水量的影响。

2) 分层密封有效期短

动态调配、单层动停等开发需求使分层封隔器同时处于"大压差＋压差交变"的状态,

分层密封可靠性明显降低。通过对大压差井的注水动态、现场管柱进行跟踪,并结合封隔器耐压差性能试验发现:大压差井中压缩封隔器一次坐封的可靠性、长期高压差与状态发生变化时管柱蠕动引起的中途意外解封、压缩胶筒的耐压差性能等是影响大压差井压缩分层密封可靠性的主要因素。

大压差井采用常规扩张封隔器进行分层密封,具有井下多次重新坐封的优势,但其在井下反复坐封、解封及状态发生变化时,胶筒在肩部的蠕变、撕裂破坏较为明显,破坏集中在胶筒肩部 5～6 cm 处,打压有漏失,这是影响大压差井扩张分层密封可靠性的主要因素。

通过分析,要增加大压差井的分层密封可靠性,必须分别对压缩封隔器和扩张封隔器进行研究。针对压缩封隔器分层密封,需要进行防中途解封及管柱结构优化,以增强其耐压差性能;针对扩张封隔器分层密封,需要加强扩张封隔器的结构优化设计、防止频繁解封、增加防蠕动性能等,以增强其井下分层密封可靠性。

3)大压差井防蠕动管柱后期脱卡可靠性差

受老注水井井下套管状况、水质不达标、地层水矿化度高等因素影响,分注管柱在作业过程中遇卡比例有所增加,限制了防蠕动管柱在大压差分注井中的应用。据统计,胜利油田分注管柱遇卡井中,防蠕动管柱所占比例达 80% 左右;在河口、临盘等采油厂,由于担心管柱遇卡交大修,在工艺选择时尽量避免采用防蠕动管柱,使得卡封及大压差分注井的密封可靠性明显较低。大压差分注井的防蠕动有效防卡问题亟待解决。

因此,在深化油藏、井况认识的前提下,加强高渗层节流控制配水,提高大压差及压差交变条件下的管柱防蠕动、防卡长效密封技术水平,能够更好地提高大压差分注井的注水层段合格率,减少投捞调配作业,从而延长管柱有效期。

(二) 高效预节流大压差配水技术

根据水力学原理,提高低压层(高渗层)有效节流的技术方案主要有两种:增加局部压差和沿程压差。受井筒内工具的空间限制,设计了两种结构的局部压损+沿程压损的多级节流配水机构,首先进行了流场仿真优化。

计算流体动力学(CFD)可以对流体力学的各类问题进行数值试验、计算机模拟和分析研究,在生动、形象地解决各种实际问题的同时,有助于减少计算工作量和试制加工成本。通过综合对比分析,最终选择 Fluent 作为配水器建模的 CFD 分析软件。

1. 流场假设和方程

对配水器的内部流场做如下假定:① 模拟的流场暂不考虑配水器工作中的额外运动;② 配水器入口处来流均匀;③ 配水器出口截面处的流动过程已充分发展。在此基础上,可认为配水器的内外部流场为稳定的不可压缩湍流流场。此时,流动控制方程为:

连续性方程

$$\frac{\partial u}{\partial x}+\frac{\partial v}{\partial y}+\frac{\partial w}{\partial z}=0 \tag{3-2-4}$$

式中 u,v,w ——3 个坐标方向的湍流时均速度。

动量方程

$$\frac{\partial}{\partial x_j}(\rho u_i u_j) = -\frac{\partial p}{\partial x_i} + \frac{\partial\left(\frac{\mu \partial u_i}{\partial x_j} - \rho \overline{u_i' u_j'}\right)}{\partial x_j} \tag{3-2-5}$$

式中 ρ ——流体密度，kg/m³；

  p ——流体压力，MPa；

  μ ——流体动力黏度，mPa·s；

  $-\rho \overline{u_i' u_j'}$ ——雷诺应力或湍流应力，MPa。

根据 Boussinesq 假设有：

$$-\rho \overline{u_i' u_j'} = \mu_t\left(\frac{\partial u_i}{\partial x_j} + \frac{\partial u_j}{\partial x_i}\right) - \frac{2}{3}\left(\rho k + \mu_t \frac{\partial u_i}{\partial x_i}\right)\delta_{ij} \tag{3-2-6}$$

式中 k ——湍流动能，m²/s²；

  μ_t ——湍流黏性系数；

  δ_{ij} ——算子，$i = j$ 时 $\delta_{ij} = 1$，$i \neq j$ 时 $\delta_{ij} = 0$。

湍流动能（k）方程及湍流动能扩散率（ε）方程采用下面的两个 k-ε 方程来封闭动量方程。

$$\rho u_j \frac{\partial k}{\partial x_j} = \frac{\partial}{\partial x_j}\left[\left(\eta + \frac{\mu_t}{\sigma_k}\right)\frac{\partial k}{\partial x_j}\right] + \eta_t \frac{\partial u_i}{\partial x_j}\left(\frac{\partial u_i}{\partial x_j} + \frac{\partial u_j}{\partial x_i}\right) - \rho\varepsilon \tag{3-2-7}$$

$$\rho u_j \frac{\partial \varepsilon}{\partial x_j} = \frac{\partial}{\partial x_j}\left[\left(\eta + \frac{\mu_t}{\sigma_\varepsilon}\right)\frac{\partial \varepsilon}{\partial x_j}\right] + \frac{C_1\varepsilon}{k}\eta_t \frac{\partial u_i}{\partial x_k}\left(\frac{\partial u_i}{\partial x_k} + \frac{\partial u_k}{\partial x_i}\right) - \frac{C_2\rho\varepsilon^2}{k} \tag{3-2-8}$$

其中：

$$\mu_t = \rho C_u \frac{k^2}{\varepsilon}$$

式中，η 为液体的运动黏度，m²/s；模型常量 $C_1 = 1.44$，$C_2 = 1.92$，$C_u = 0.09$，$\sigma_k = 1.0$，$\sigma_\varepsilon = 1.3$。

流体流动模拟计算的流程为：首先利用软件进行流动区域几何形状的构建、边界类型以及网格的生成，并输出设计软件求解器所需计算格式；然后利用设计软件求解器对流动区域进行求解计算，并进行计算结果的后处理。

2. 压差分级节流技术仿真

1）压差分级节流技术原理及数学模型

压差分级节流技术主要依靠局部压损节流，是在空心配水器可调配芯子和中心管之间的有限空间里，利用流道内多处截面变化，控制流体速度、流态变化的叠加，增加局部、沿程压损，从而增加流道整体的出、入口压力差，有效降低配水器的出口压力，根据固定节流机构的 p-Q 关系达到层间节流压差需求，从而实现对高渗层注入量的控制。

为了实现较大的节流压差，将分级节流机构设计成固定和可调两部分，共包括 3 级节流水嘴：一级节流水嘴、二级节流水嘴集成在可调配芯子中，三级节流水嘴集成在中心管内。此外,设计中还充分考虑了水嘴节流中高流速对水嘴造成冲击损坏的因素,将前两级水嘴的速度骤变区后设计成湍流区,不仅有利于降低水嘴的高流速,而且有利于降低水嘴处的堵塞与结垢。

设计中,多级水嘴流道及环形节流腔串联组合。

降压节流机构由结构优化形成,根据降压的主要形式(局部、沿程)将整个流道分成 7 部分(图 3-2-18)。根据水力学原理,推导得出以下公式:

$$\frac{p_1}{\rho g}+\frac{v_1^2}{2g}=\frac{p_2}{\rho g}+\frac{v_7^2}{2g}+\sum_{i=1}^{4}\lambda_i\frac{l_i}{d_i}\frac{v_i^2}{2g}+\sum_{i=1}^{7}\xi_i\frac{v_i^2}{2g} \tag{3-2-9}$$

式中　p_1——一级水嘴入口压力,MPa;

　　　p_2——二级水嘴出口压力,MPa;

　　　λ_i——第 i 段沿程水力摩阻系数;

　　　l_i——第 i 段节流水嘴或节流腔长度,m;

　　　d_i——第 i 段节流水嘴或节流腔当量直径,m;

　　　ξ_i——第 i 段局部阻力系数;

　　　v_i——第 i 段流速,m/s。

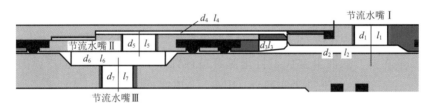

图 3-2-18　压差分级节流机构

由式(3-2-9)可得节流机构的节流压差 Δp 的表达式:

$$\Delta p=p_1-p_2=\frac{\rho}{2}\Big[(v_7^2-v_1^2)+\sum_{i=1}^{4}\lambda_i\frac{l_i}{d_i}v_i^2+\sum_{i=1}^{7}\xi_i v_i^2\Big] \tag{3-2-10}$$

上式表明,在来水压力一定的情况下,要提高多级节流机构的节流压差,从原理上可以从以下几个方面实现:① 增加节流级数;② 减小节流水嘴或节流腔的当量直径;③ 通过增加节流腔的长度来增加沿程压力损失;④ 尽可能改变流态,通过增大沿程摩阻系数来增加沿程压力损失;⑤ 增加截面骤然变化,通过增加前后截面变化比值及速度变化值来增加局部压力损失。

2)压差分级节流配水结构优化

为了获得尽可能大的分级节流配水的节流压差和较好的抗刺耐用性能,运用优化设计软件,建立了由可调配芯子、水嘴与中心管所组成流道的三维几何模型及 k-ε 湍流模型,对较复杂流道下不同位置截面变化(水嘴大小)、节流级数、不同流道排布时在不同流量注入情况下产生的节流压差及速度分布进行数值模拟。

(1)相邻水嘴在不同分布位置的压力场、速度场数值模拟。

第一、二级节流水嘴分别位于同一平面与垂直平面两个不同相对位置时,对其对节流机构压差的影响进行仿真模拟。结果表明,相邻两级水嘴分布在垂直平面上时,出入口节流压差大于其分布在一个平面上出入口的节流压差,节流效果较优。

（2）不同节流级数的压力场、速度场数值模拟。

以节流级数分别为一级、二级、三级,节流水嘴直径均为 3 mm,流量为 50 m³/d 情况为例进行数值仿真模拟发现:节流压差以水嘴节流为主,三级水嘴（同种）及流道的节流压差贡献率依次为 33%,27%,18%,22%。此外,流场内存在局部高速绕流区（一级水嘴与环形挡帽间）,三级节流（水嘴直径相同时）中一级水嘴出口速度比其他两级的高,一级水嘴出口正对中心管管壁处流速较高（注意防刺）。

（3）前后水嘴的大小组配方式优化分析。

研究中分别以节流水嘴组配方式为一级 $\phi 2.4$ mm-二级 $\phi 3.0$ mm-三级 $\phi 3.6$ mm 和一级 $\phi 3.0$ mm-二级 $\phi 2.4$ mm-三级 $\phi 3.6$ mm 为例,进行三级节流不同直径水嘴组配时的压力场、速度场数值模拟对比分析。通过模拟看出,多级节流采取不同尺寸水嘴组配时,"逐级减小"与"逐级增大"相比,不但可获得较大的节流压差,而且各级水嘴速度分布更合理,有助于均衡利用各级水嘴,获得较长的合格配水周期。

3）预节流防刺配水技术仿真

（1）节流原理与数学模型。

采用节流管预节流方式,通过增加沿程摩阻来增加节流压差。图 3-2-19 所示为预节流配水器结构图。预节流配水器采用螺旋管进行降压配水,而对于节流管的降压能力,需要进行仿真,通过合理的圈数和管径提供足够的压降。下面介绍研究中对节流管部分进行的流场仿真。图 3-2-20 所示为节流管仿真结构图。

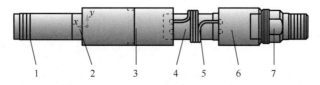

1—上中心管;2—控制活塞;3—上连接件;4—节流管;5—中心管;6—下连接件;7—下接头。

图 3-2-19　预节流配水器结构图

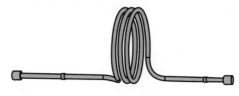

图 3-2-20　节流管仿真结构图

入口边界条件使用 k-e 方法:

$$\begin{cases} k = 0.05 v^2 \\ e = 0.09 k^2 \end{cases}$$

(3-2-11)

式中　v——实际入流速度,m/s。

对于圆管,水力直径就是圆管的管径,而对于非圆管,水力直径为其4倍截面积除以湿周。仿真中的节流管模型进出口为圆管,因此水力直径即其管径(10 mm);强度往往根据经验确定,对于低雷诺数($Re \approx 4\,000$)建议使用1%,对于高雷诺数($Re \approx 50\,000$)建议使用4%~5%等。

$$Re = \frac{vd}{\eta} \tag{3-2-12}$$

式中　v——液体流动速度,m/s;

　　　d——圆管直径,m;

　　　η——液体的运动黏度,m^2/s。

(2)预节流机构流场仿真。

将流量从10 m^3/d增大到100 m^3/d(间隔流量为10 m^3/d),对预节流机构流场进行仿真,折合到入口速度分别为1.474 m/s,2.948 m/s,4.422 m/s,5.896 m/s,7.370 m/s,8.844 m/s,10.318 m/s,11.792 m/s,13.266 m/s和14.474 m/s。

通过仿真可以发现:不同直径的节流管可达到不同压降,不同圈数的节流管也可达到不同压降,不同流量情况下亦可达到不同压降,因此本着压降足够、管内最高速度较小的原则,选择合适的节流管进行配水。不同压降需求条件下的节流管选择见表3-2-13。

表 3-2-13　不同压降需求条件下的节流管选择

需要节流压降 /MPa	满足的节流管		管内最高速度 /(m·s⁻¹)	仿真压力 /MPa	评　价
	流量/(m³·d⁻¹)	直径(圈数)/mm			
0.5	20	4(1)	22.3	0.608	速度较高
	30	5(1)	21.4	0.643	速度较高
	30	6(2)	16.5	0.571	较佳选择
	30	6(3)	16.5	0.632	
2	30	4(3)	33.0	2.226	较佳选择
	40	4(1)	44.5	2.200	速度较高
	50	5(2)	34.9	2.090	速度较高
	60	5(1)	41.8	2.352	速度较高
	60	6(2)	32.9	2.070	较佳选择
	60	6(3)	32.9	2.370	
4	50	4(2)	55.1	4.490	速度较高
	60	4(1)	66.6	4.722	速度较高
	70	5(3)	48.7	4.630	较佳选择
	80	5(1)	55.7	4.270	速度较高
	90	6(1)	48.6	4.060	较佳选择
	90	6(2)	48.7	4.538	较佳选择

需要节流压降 /MPa	满足的节流管		管内最高速度 /(m·s⁻¹)	仿真压力 /MPa	评 价
	流量/(m³·d⁻¹)	直径(圈数)/mm			
6	60	4(2)	66.2	6.290	速度较高
	70	4(1)	77.7	6.230	速度较高
	90	5(2)	62.8	6.280	速度较高
	100	5(1)	69.7	6.349	速度较高
	100	6(3)	53.3	6.560	较佳选择
8	60	4(3)	66.5	7.950	较佳选择
	70	4(2)	77.1	8.375	速度较高
	80	4(1)	88.7	8.090	速度较高
10	70	4(3)	77.6	10.420	较佳选择
	80	4(2)	88.1	10.620	速度较高
12	100	4(2)	92.1	12.010	可 选
16	90	4(3)	99.7	16.530	速度较高
	100	4(2)	110.0	16.300	速度较高

4）高效预节流大压差配水工具设计

（1）压差分级节流配水器。

① 结构组成。

压差分级节流配水器主要由上接头、压环、活塞、配水芯子、活塞缸、转环、轨道销钉、压帽、弹簧、中心管、挡环组成，结构如图 3-2-21 所示。

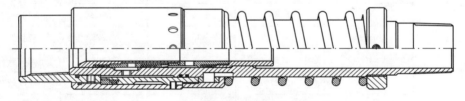

图 3-2-21 压差分级节流配水器结构图

② 工作原理。

坐封时，从油管打压，剪断配水器剪钉，轨道销钉进入下死点，坐封完毕后，油管泄压，轨道销钉转入长轨道，最终实现长短轨道的换向。

注水时，油管来水通过配水芯子上的两级水嘴和中心管上的水嘴实现三级节流，从而实现大压差节流，然后进入活塞腔，推动活塞上行并压缩弹簧，打开注水通道，流体进入地层，完成配水工作。

停注时，配水器活塞在弹簧力的作用下向上移动，关闭注水通道，可以有效防止地层出砂进入油管。

反洗井时,配水器出水通道关闭,洗井来水进入套管,经底球,从油管返出。

测调时,测试调配方法和常规方式相同,即用钢丝下入存储式流量计进行测试,然后根据测试结果投捞芯子,实现水嘴更换,完成测调。

③ 性能特点。

通过设计三级串联降压节流机构及防刺控制机构,可实现高效节流,有效减缓高渗层配水器水嘴刺大,提高配水准确度。采用晶化特殊工艺处理,可增大配水器出水流道的强度,增强其抗刺性,可以有效延长配水器使用寿命。采用轨道换向结构,可与压缩封隔器配套使用,能减少投捞死芯子的作业工序。

压差分级节流配水器可以实现 3 层配水,耐压 30 MPa,耐温 150 ℃,开启压差 0.8～1.2 MPa。

(2) 投捞式预节流防刺配水器。

① 结构组成。

投捞式预节流防刺配水器主要由上接头、上调节环、挡环、上中心管、弹簧、控制活塞、密封环、密封活塞、盘根调节环、上连接件、密封件、压帽、节流管、下中心管、下连接件、下接头和下调节环组成,如图 3-2-22 所示。

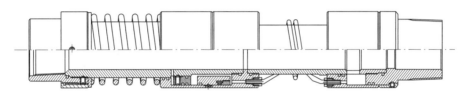

图 3-2-22　投捞式预节流防刺配水器结构图

② 工作原理。

坐封时,从油管打压,若与扩张封隔器配合,则直接打压使封隔器坐封;若与压缩封隔器配合,则可投入死芯子配合封隔器坐封。

注水时,油管来水通过配水芯子上的水嘴和上中心管上的进水孔,流经节流管,实现大节流,进入活塞腔,然后推动控制活塞和密封活塞上行,压缩弹簧,打开注水通道,流体进入地层。

停注时,配水器控制活塞与密封活塞在弹簧力的作用下下行,关闭控制活塞和导流套之间的注水通道,防止井筒内污物或地层砂返吐到配水器中而造成水嘴堵塞。

反洗井时,配水器注水通道关闭,洗井来水进入套管,经底球,从油管返出。

测调时,测试调配方法和常规方式相同,即用钢丝下入存储式流量计进行测试,然后根据测试结果投捞芯子,实现水嘴更换。

③ 性能特点。

配水器中设计有组合活塞防刺结构和节流管预节流结构。注水时,组合活塞在较小的注水压力下即可打开注水通道,避免高压注入水直击出水阀而打开通道,防止出水阀被刺坏。同时,节流管与配水器中心管注入水流道连接,并缠绕在中心管上,注入水通过节流管进行部分节流,以减小常规配水芯子上承担的高节流压差,这可有效解决采用常规芯子调配不开、水嘴刺大的问题,有助于提高大压差分注井的层段合格率,提高注水开发效果。

该配水器能满足层间注水压差大于 5 MPa 井的高渗层节流控制配水;能有效防止配水器出水部位及水嘴刺大刺坏;能防止停注时井内污物经配水器返吐至油管中,造成配水器堵塞或油管内污物沉积。该配水器可以实现 3 层配水,耐压 30 MPa,耐温 160 ℃,开启压差 1.2~2.0 MPa。

(3)预节流测调一体化配水器。

为提高测调效率和配水精度,实现多级细分,需对常规预节流防刺配水器的结构进行改进优化。与目前主导分注技术——测调一体化技术结合,研制了预节流测调一体化配水器,实现了高压节流、高效测调。

① 结构组成。

预节流测调一体化配水器主要由上接头、中心管、防返吐弹簧、防刺组合机构、密封环、节流管预节流机构、一体化调节机构及下接头等组成,如图 3-2-23 所示。

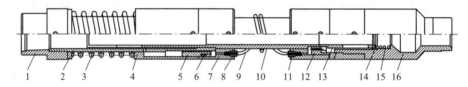

1—上接头;2—上中心管;3—防返吐弹簧;4—控制活塞;5—密封活塞;6—密封件;7—上连接器;8—密封压帽;
9—节流管;10—下中心管;11—下连接器;12—固定芯子;13—可调配芯子;14—垫环;15—压簧;16—下接头。

图 3-2-23 预节流测调一体化配水器结构图

② 工作原理。

预节流测调一体化配水器具备防返吐、防刺、节流降压和一体化测调功能。管柱设计中需根据节流压差选择合适的配水器类型(节流管的直径和圈数)。当配水器下井时,只需将配水器连接至油层附近管柱位置。坐封时,从油管打压,若与扩张封隔器配合,则下井前开启配水器水嘴,配水器节流压差保证封隔器坐封后配水器才开启;若与压缩封隔器配合,则下井前关闭配水器水嘴,直接打高压使封隔器坐封,然后打开配水器水嘴。

开始注水时,注入水通过上中心管的出水孔传压,控制活塞两端产生压差,在这一较小的油套压差作用下,控制活塞带动密封活塞一起压缩防返吐弹簧上行,使密封件过密封面,预先打开控制活塞和上连接器之间的注水通道,避免高速注入水直接冲击密封件和控制活塞,从而防止出水口刺坏,而且随着内压的升高,注水通道打开也越大,越有利于防刺。

该配水器的节流降压主要分三级完成。其中,一级为注水通道预先开启的节流压差,二级是可调配芯子上的水嘴产生的局部节流压差,三级是缠绕节流管产生的沿程节流压差。注水通道预先打开后,注入水通过可调配芯子上的水嘴进行局部节流降压,然后通过下连接器的导流通道,再经过节流管进行沿程节流降压,经上连接件的导流通道从预先打开的出水通道注入地层。这样在采用较大水嘴开度和节流管增加调控压差的同时,还有效避免了小水嘴开度时由悬浮物堆积或结垢产生的堵塞。预节流配水器的节流效果主要取决于水嘴开度的大小及节流管的直径和圈数。

当注水井由于各种原因停注时,作用在控制活塞两端的油套压差瞬间消失,控制活塞与密封活塞一起在防返吐弹簧的恢复力作用下下行,关闭注水通道,从而有效防止油套环空内污物、地层砂或聚合物等返吐到配水器中而造成出水口堵塞。

采用边测边调的方式进行流量测试和调配。井下测调仪通过电缆下至需要调配的层段,测调仪调节臂与配水器可调配芯子对接;同时在地面监视同步流量曲线,根据实时检测到的流量与预设配注量的偏差调整水嘴大小,直至达到预设流量。该层调配完成后,收起调节臂,下放或上提至另一需要调配的层段并进行调配测试,直至所有层段调配完毕,然后根据层间矛盾的大小适当调整井口压力并对个别层段注入量进行微调,完成全井各层段的调配。最后采用上提或下放方式对全井调配结果进行统一检测。

③ 性能特点。

预节流测调一体化配水器具有以下技术特点:

a.设计了防返吐机构,可实现注水时打开、停注时关闭,防止地层返吐物进入管柱而造成堵塞;

b.预节流与测调一体化结合,可大幅提高配注节流压差和测调效率;

c.采用密封活塞和控制活塞组合结构,实现较低压力下控制活塞预先开启,避免高速水流直接冲蚀出水阀;

d.同一内径(46 mm),分层级数不限;

e.配水器通径尺寸、防转槽和旋转槽距离、定位结构与现有测调一体化配水器相同,与现有一体化测调仪器完全配套,确保配水器的一体化测试性能;

f.适用于配注量大的注水井,且流经配水器的排量越大,配水器的节流效果越好,但对低配注的井,节流压差小。

④ 技术参数。

预节流测调一体化配水器技术参数见表 3-2-14。

表 3-2-14　预节流测调一体化配水器技术参数

参数名称	取　值
预节流测调一体化配水器型号	YJLKTP-110(Ⅰ,Ⅱ,Ⅲ,Ⅳ,Ⅴ)
钢体最大外径/mm	110
钢体最小内径/mm	46
节流管内径/mm	6
开启压差/MPa	0.8～1.2
30～100 m³/d 段内最大节流压差/MPa	2～12
初始旋转扭矩/(N·m)	≤50
工作温度/℃	≤150
工作压差/MPa	35
两端连接螺纹	2⅞TBG

（4）低配注大压差测调一体化配水器。

油田进入特高含水开发期后，老区开发的主要潜力由层间转为层内、由主力油层转为非主力薄差油层。薄差油层剩余油分布趋于零散，纵向上多集中于厚油层的上部及薄差储层。薄差储层受相对低渗、高压以及韵律层非均质性的影响，经常出现单层注水量较小的情况，当配注量较小时，节流管产生的节流压差较小，难以满足低配注下大节流压差的需求，为此设计了节流压差不随注入量变化而变化的低配注大压差测调一体化配水器。

① 设计原理。

小流量下节流管提供的节流压差小，因此改变配水器的节流机构，通过提高配水器本体的节流压差来实现配水器节流压差的提高。配水器节流压差等于配水器本体节流压差和配水器水嘴节流结构产生的压差之和。其设计原理是：依靠弹簧控制机构和减力活塞机构来实现配水器本体大压差节流，如图 3-2-24 所示。

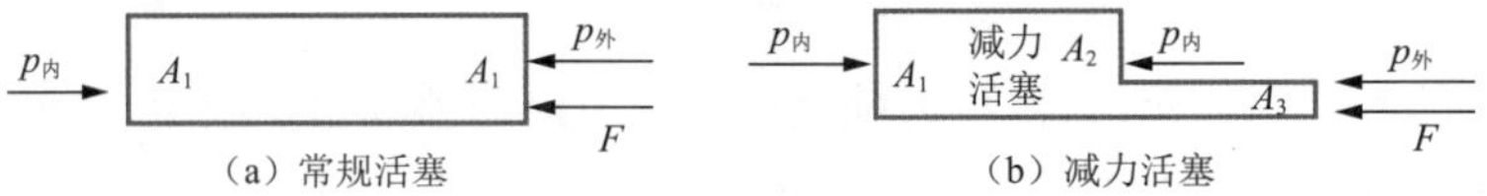

F—弹簧力；$p_内$—配水器内部压力；$p_外$—配水器外部压力；A_1，A_2，A_3—活塞不同受力位置的截面积。

图 3-2-24　常规活塞和减力活塞结构示意图

下面对控制活塞进行优化设计和计算。

对于常规活塞：

$$F = p_内 A_1 - p_外 A_1$$
$$\Delta p = p_内 - p_外$$

由此可得：

$$\Delta p = F/A_1 \qquad (3\text{-}2\text{-}13)$$

对于减力活塞：

$$F = p_内(A_1 - A_2) - p_外 A_3$$
$$A_1 = A_2 + A_3$$
$$\Delta p = p_内 - p_外$$

由此可得：

$$\Delta p = F/A_3 \qquad (3\text{-}2\text{-}14)$$

通过对比两种活塞结构的节流压差可知，优化 A_3 大小可以设计调整节流压差大小，使节流压差达到 3～12 MPa。

② 结构组成。

低配注大压差测调一体化配水器主要由上接头、外中心管、防返吐弹簧、内中心管、减力活塞、固定芯子、可调配芯子、压簧及下接头等组成，如图 3-2-25 所示。

③ 工作原理。

低配注大压差测调一体化配水器具备防返吐、节流降压和一体化测调功能。管柱设计中需根据节流压差选择合适的配水器类型。当配水器下井时，只需将配水器连接至油层附近管柱位置。坐封时，从油管打压，若与扩张封隔器配合，则下井前开启配水器水嘴，配水

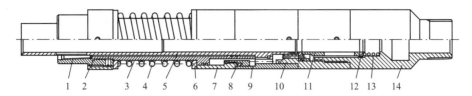

1—上接头；2—密封圈；3—外中心管；4—防返吐弹簧；5—内中心管；6,12—垫环；7—减力活塞；
8—密封件；9—连接件；10—固定芯子；11—可调配芯子；13—压簧；14—下接头。

图 3-2-25　低配注大压差测调一体化配水器结构示意图

器节流压差保证封隔器坐封后配水器才开启；若与压缩封隔器配合，则下井前关闭配水器水嘴，直接打高压使封隔器坐封，然后打开配水器水嘴。

　　该配水器的节流降压主要分两级完成。其中，一级是可调配芯子上的水嘴产生的局部节流压差，二级是注水通道开启的节流压差。注水时，注入水通过可调配芯子上的水嘴进行局部节流降压，然后通过连接件的导流通道，推动减力活塞压缩弹簧，开启出水通道。减力活塞的截面面积差设计缩小了承受注水压力的面积，从而提高了配水器的开启压差。低配注大压差测调一体化配水器的节流效果主要取决于减力活塞受到注水压力的截面积及弹簧的刚度。

　　当注水井由于各种原因停注时，作用在减力活塞两端的油套压差瞬间消失，减力活塞在防返吐弹簧的恢复力作用下下行，关闭注水通道，从而有效防止油套环空内污物、地层砂或聚合物等返吐到配水器中而造成出水口堵塞。

　　采用边测边调的方式进行流量测试和调配，方法同前。

　　④ 性能特点。

　　低配注大压差测调一体化配水器的性能特点如下：

　　a. 采用减力活塞机构大幅提高配水器本体节流压差，且节流压差不随注入量变化而变化；

　　b. 水嘴采用 916L 镶嵌或硬质合金材料防刺，出水阀采用 916L 不锈钢材料，大大提高了配水器的耐用性；

　　c. 配水器设计了防返吐机构，可实现注水时打开、停注时关闭，防止地层返吐物进入管柱而造成堵塞；

　　d. 适用于低配注井的大压差节流。

　　低配注大压差测调一体化配水器技术参数见表 3-2-15。

表 3-2-15　低配注大压差测调一体化配水器技术参数

参数名称	取　值
低配注大压差测调一体化配水器型号	DYKTP-110（Ⅰ，Ⅱ，Ⅲ，Ⅳ）
最大外径/mm	110
工作筒通径/mm	46
本体节流压差/MPa	3，4，5，6

续表 3-2-15

参数名称	取　值
工作温度/℃	≤150
耐压/MPa	35
两端连接螺纹	2⅞TBG

(三) 大压差防蠕动扩张式封隔器

由于受大压差的影响,常规悬挂管柱在大压差井中应用时非常容易失效,其主要原因有:① 分注管柱整体受力不平衡,在注水过程中,管柱整体受一个轴向力,并且注水压差越大,该轴向力越大,严重影响分层注水有效期;② 分注管柱若缺少防蠕动结构,再加上注水、洗井、动停的转换过程中井下管柱发生伸缩,造成封隔器蠕动,封隔器局部蠕变、膨大,胶筒端部撕裂破坏,在较短时间内造成封隔器密封失效;③ 出砂、腐蚀、套损、结垢等原因限制了水力锚、水力卡瓦等常规锚定工具的使用。为此,研制了软锚定防蠕动封隔器。

1. 软锚定防蠕动封隔器胶筒结构优化

1) 胶筒内部结构优化

根据常规封隔器胶筒在不同工况下的仿真模拟结果,找出应力集中区域。为了使应力科学分布,对封隔器胶筒内部帘布的排布进行优化,优化方案为:外层橡胶采用耐磨胶,厚度2.3 mm;第5层帘布向外延长12 mm,与肩部棱角对齐;修改第1层帘布纤维方向为15°;第2层帘布向内延长25 mm。优化方案胶筒结构如图3-2-26所示。

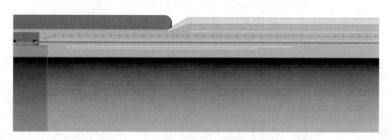

图 3-2-26　优化方案胶筒结构示意图

对比优化前后封隔器胶筒最大应力,结果见表3-2-16。从表中可以看出,最大应力可以降低6.92 MPa。

表 3-2-16　优化前后封隔器胶筒最大应力对比

压差/MPa		0.8	2	5	10	15	20
橡胶应力(不含压环区域)/MPa	原始模型	2.16	5.93	9.50	8.23	4.90	2.66
	优化后	2.22	4.33	2.58	1.38	2.34	3.27
应力降低值/MPa		−0.06	1.60	6.92	6.85	2.56	−0.61

2）软锚定防蠕动封隔器胶筒表面结构优化

为了提高软锚定防蠕动封隔器的软锚定力,在胶筒表面增加不同尺寸的花纹(图 3-2-27~图 3-2-31),以增加封隔器坐封后与套筒表面的摩擦力。

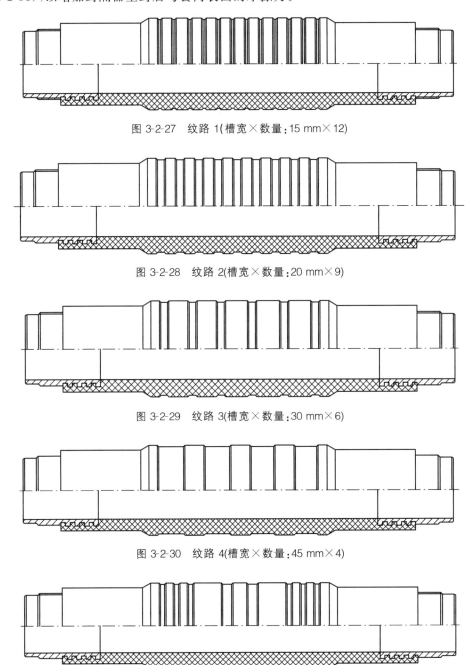

图 3-2-27　纹路 1(槽宽×数量:15 mm×12)

图 3-2-28　纹路 2(槽宽×数量:20 mm×9)

图 3-2-29　纹路 3(槽宽×数量:30 mm×6)

图 3-2-30　纹路 4(槽宽×数量:45 mm×4)

图 3-2-31　纹路 5(槽宽×数量:20 mm×6+40 mm×2)

建立防蠕动胶筒的仿真模型,进行不同坐封压力下的仿真模拟,结果发现:胶筒表面开槽后,应力集中位置的橡胶最大应力没有发生明显变化,但在表面沟槽处有新的应力集中现象,整体模型最大应力没有超过常规橡胶的最大应力值;直径为 90 mm 的胶筒,在内压超过 10 MPa 以后,沟槽内橡胶开始接触套管,接触面积逐渐增大;直径为 110 mm 的胶筒,在内压超过 5 MPa 以后,沟槽内橡胶开始接触套管,接触面积逐渐增大。

2. 大压差双浮动防蠕动封隔器

1)结构组成

大压差双浮动防蠕动封隔器主要由上接头、挡环、上浮动滑套、上挡碗、锚定胶筒、中心管、连接件、密封胶筒、下挡碗、下浮动滑套、下挡环、下接头等组成,如图 3-2-32 所示。

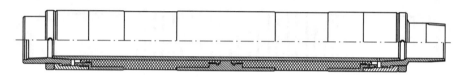

图 3-2-32 大压差双浮动防蠕动封隔器

2)工作原理

注水时,水通过封隔器中心管下部的进水孔传压,首先使密封胶筒在较小注入压力下胀封在套管壁上;然后小幅升压,使锚定胶筒扩张坐封。锚定胶筒表面的花纹有助于增加其与套管的摩擦力,从而将封隔器锚定,在较低的压力下完成双胶筒坐封,不需要配备泵车进行高压坐封。在此过程中,锚定胶筒、密封胶筒在内部鼓胀力的作用下均有缩短趋势,加上两个胶筒均有浮动结构,锚定胶筒的上端部和密封胶筒的下端部会带动上、下浮动滑套向中间移动,可有效减小普通扩张坐封中因无浮动滑套结构时胶筒端部承受的轴向力,降低由鼓胀力的叠加引起封隔器端部受损的风险,从而增大封隔器的井下密封可靠性。

在动态调注(或调配)、停注及正常洗井维护等过程变化时,胶筒径向和轴向变形不断发生周期性变化,胶筒端部的浮动结构可以有效地减少胶筒径向、轴向频繁变形造成的胶筒疲劳破坏,延长封隔器井下工作有效寿命。同时,在以上过程中,双胶筒结构增加了胶筒的防蠕动摩擦力,可以有效地防止管柱蠕动造成的封隔器失效。

停注、洗井时,锚定胶筒和密封胶筒均收回。

3)技术特点

该工具的技术特点为:

(1)能满足层间大注水压差、动态调注及单层卡封井的分层注水密封;

(2)两端双浮动结构可以有效减少压力波动对扩张封隔器胶筒造成的疲劳破坏和端部损坏,从而延长封隔器在层间大注水压差或压差交变状态下的工作寿命;

(3)锚定胶筒+密封胶筒的双胶筒设计,可大大提高大压差下分注管柱的防蠕动力,增大双浮动防蠕动封隔器的井下密封可靠性。

4）技术指标

该工具的技术指标为：耐压 30 MPa，耐温 120 ℃，最大下深 3 000 m。

3. FMBK344 大压差防蠕动封隔器

1）结构组成

FMBK344 大压差防蠕动封隔器主要由安全控制机构、复合解封机构、液缸锚定胶筒机构、密闭机构、密封胶筒机构和肩部保护机构等部分组成，如图 3-2-33 所示。安全控制机构由安全剪钉、控制环和控制活塞组成。

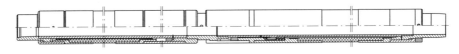

图 3-2-33　防蠕动密闭扩张封隔器结构示意图

2）工作原理

下井：封隔器在下井过程中，在安全控制机构的作用下（密闭机构不起作用），胶筒扩张腔室与管柱内腔始终相通，防止在下井过程中因密闭机构的密封作用而使胶筒扩张并与套管壁摩擦，造成封隔器中途坐封坐卡，甚至损坏胶筒，导致完井失败。安全控制机构能保证封隔器安全顺利下井到位。

锚定胶筒坐封、锚定：封隔器下井到位后，从油管内憋压或大排量试注。注水压力经中心管上传压孔传递至液缸活塞，活塞上行压缩液压油，促使锚定胶筒扩张，起到锚定管柱的作用。此时锚定胶筒的坐封压力虽受控于注入水，但胶筒不与注入水直接接触，在减少对套管损害的同时，可降低由腐蚀引起的卡管柱、上大修的风险。当锚定胶筒意外发生破坏，导致液压油漏失时，虽然胶筒内外压力发生变化，但活塞在液缸内始终处于密封状态，会阻止注入水进入胶筒内腔并从胶筒破损处漏失，导致建立不起坐封压差而使整个管柱的密封失效。锚定胶筒机构采用氢化丁腈沟回状胶筒结构，在降低坐封压力的同时，可有效增加接触面积和摩擦系数。

密闭胶筒坐封：封隔器下井到位后，从油管内憋压或大排量试注。一方面，剪断安全控制机构的控制剪钉，安全控制机构任务完成，密闭机构开始起作用；另一方面，注入水推开密闭机构，进入封隔器胶筒扩张腔，封隔器胶筒在压力的作用下扩张至套管壁，同时肩部保护机构上行，减少胶筒扩张量，改善其肩部受力状况，延长封隔器胶筒使用寿命，并封隔油层。

停注：停注时，密闭机构在压缩弹簧的作用下关闭，封隔器扩张腔室内不泄压，封隔器仍起封隔油层的作用，可以实现停注不解封，防止层间串通。

洗井：洗井时，洗井液从油套环空进入，反洗压力推动控制活塞打开密闭机构，封隔器扩张腔与油管柱内腔相连通，可实现内泄压，胶筒回收，封隔器解封，整个油套环空完全连通，实现大排量洗井。

解封：采用复合解封方式，包括反洗解封和旋转解封两种。反洗解封通过反洗井推动控制活塞打开密闭机构，使胶筒回收，实现解封。旋转解封通过正转管柱打开密闭机构，使胶筒回收,实现解封。采用复合解封方式可提高封隔器解封可靠性。

3) 技术参数

FMBK344 大压差防蠕动封隔器技术参数见表 3-2-17。

表 3-2-17 FMBK344 大压差防蠕动封隔器技术参数

参数名称	指　标
钢体最大外径/mm	92,102,112,148
钢体最小内径/mm	46,50,60,62
坐封压差/MPa	0.6~0.8
解封方式	反洗、旋转
解封压差/MPa	≤5(密闭压力小于 20 MPa)
工作压差/MPa	≤20
工作温度/℃	≤120
两端连接螺纹	2⅞TBG

4) 性能特点

FMBK344 大压差防蠕动封隔器的性能特点为:

(1) 安全控制机构可保证封隔器下井过程中安全顺利到位;

(2) 密闭机构可实现封隔器停注不解封,防止层间窜通;

(3) 端部浮动机构可改善封隔器胶筒肩部受力状况,防止压差突变或交变引起肩部破坏,延长其使用寿命;

(4) 复合解封机构可确保封隔器解封的可靠性;

(5) 液压油机构可降低腐蚀结垢的影响,使两个封隔器胶筒独立工作,保证在锚定胶筒意外破坏后整个管柱仍密封;

(6) 锚定胶筒＋密封胶筒的双胶筒结构可增加防蠕动摩擦力与密封可靠性,且坐封后两胶筒间存在密闭空间,防止密封胶筒上端部突出流变。

(四) 大压差分注工艺管柱

为了提高大压差井分层配水管柱的工作效率,在保证分层密封可靠性的基础上,必须克服水嘴节流压差较小、容易堵塞或刺大的问题,而且为了更大限度地与目前常用在井配水器投捞调配相适应,结合测试调配及分段注水工艺要求,根据高低压层的相对位置、井深、井温等情况确定高效节流配水器的位置、内通径要求,在配套工具改进完善、关键技术取得突破的基础上,以提高"三率"(即分注率、层段合格率、注采对应率)、改善水驱油藏开发效果为总体要求,强化分层注水标准化管理,确保分层注水实施效果。

针对油藏状况以及各油层的渗透率和实际注水压力、不同深度、管柱受力状况,优化技术集成和配套,形成适合不同井况、不同工况的大压差分级节流注水工艺管柱,为提高分注率和层段合格率奠定基础。

1. 常温浅井防蠕动扩张式大压差分级节流配水管柱

1）管柱组成

常温浅井防蠕动扩张式大压差分级节流配水管柱主要由防蠕动扩张封隔器、预节流测调一体化配水器（分级节流配水器）、洗井阀组成，如图 3-2-34 所示。

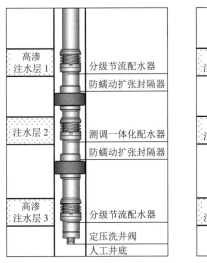
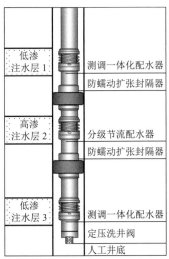

（a）上下低压中间高压　　　　　（b）上下高压中间低压

图 3-2-34　常温浅井防蠕动扩张式大压差分级节流配水管柱

2）工作原理

常温浅井防蠕动扩张式大压差分级节流配水管柱工作原理为：

（1）下井。管柱按设计下井。

（2）坐封。从油管内打压，当压力达到扩张封隔器启动压差时，封隔器坐封。

（3）注入。坐封完毕后，当压力达到配水器开启压差时，注入水经各级配水器进入对应的注水层段，注水量由可调水嘴控制。

（4）洗井。洗井液从油套环空进入，作用于封隔器的洗井活塞上；当达到一定压力时，洗井活塞克服弹簧力和摩擦力上行，打开洗井通道，洗井液经过洗井通道进入封隔器以下层位，至定压洗井阀下面；当压力达到定压洗井阀开启压力时，阀球上行并挤压弹簧，打开洗井阀，形成循环；洗井液沿油管向上进行洗井，达到清洗油层和管柱的目的。洗井完成后，定压洗井阀自动关闭，转入正常注水后洗井通道关闭，实现注入过程中有效分隔油层。

（5）测试调配。配水器调配时使用测调一体化工具，通过电缆下入测调仪，使之与测调一体化配水器可调水嘴对接，通过旋转机械臂来增大或减小可调水嘴开度，改变水嘴的过流面积。

（6）解封。解封方式有 2 种：① 反洗井解封；② 上提油管调整悬重，使井下管柱的中和点位于封隔器，右旋油管 5～8 圈，即可使封隔器解封。解封后上提起出管柱。

3）技术特点

常温浅井防蠕动扩张式大压差分级节流配水管柱的技术特点为：

（1）防蠕动扩张封隔器能有效防止管柱蠕动，提高封隔器密封效果；

（2）高渗层采用预节流配水器，可实现高效节流配水；

（3）施工简单，无须开启配水器水嘴，无须泵车坐封。

4）技术参数

常温浅井防蠕动扩张式大压差分级节流配水管柱的技术参数为：

（1）适用井深小于或等于 2 200 m；

（2）封隔器坐封压差小于或等于 1 MPa；

（3）工作压力小于或等于 20 MPa；

（4）工作温度小于或等于 120 ℃；

（5）层间压差小于或等于 12 MPa；

（6）分注层数为 2～7 层。

2. 大压差分级节流多级细分配水管柱

1）管柱组成

大压差分级节流多级细分配水管柱主要由扩张封隔器（或逐级解封压缩封隔器）、预节流测调一体化配水器、测调一体化配水器、洗井阀等组成，如图 3-2-35 所示。

2）工作原理

大压差分级节流多级细分配水管柱工作原理为：

（1）下井。管柱按设计下井。

（2）坐封。从油管内打压，当压力达到扩张封隔器（或逐级解封压缩封隔器）坐封压差时，封隔器坐封。

（3）注入。坐封完毕后，当压力达到配水器开启压差时，注入水经各级配水器进入对应的注水层段，注水量由可调水嘴控制。

（4）洗井。若封隔器为逐级解封压缩封隔器，洗井液从油套环空进入，当达到一定压力时，打开逐级解封压缩封隔器上的洗井通道，洗

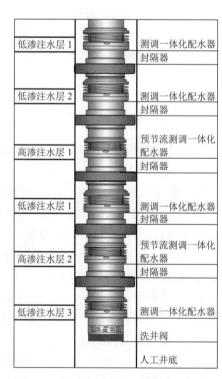

图 3-2-35 大压差分级节流多级细分配水管柱

井液经过洗井通道进入封隔器以下层位，至定压洗井阀下面，当压力达到定压洗井阀开启压力时，洗井液推动阀球向上挤压弹簧，打开洗井阀，形成循环。洗井液沿油管向上进行洗

井,达到清洗油层和管柱的目的。洗井完成后,定压洗井阀自动关闭,转入正常注水后洗井通道关闭,实现注入过程中有效分隔油层。

若封隔器为扩张封隔器,洗井液从油套环空进入,使扩张封隔器解封,洗井液进入封隔器以下层位,至定压洗井阀下面,当压力达到定洗井压阀开启压力时,洗井液推动阀球向上挤压弹簧,打开洗井阀,形成循环。洗井液沿油管向上进行洗井,达到清洗油层和管柱的目的。洗井完成后,定压洗井阀自动关闭,转入正常注水后扩张封隔器重新坐封,实现注入过程中有效分隔油层。

(5)测试调配。配水器调配时使用测调一体化工具,通过电缆下入测调仪,使之与测调一体化配水器可调水嘴对接,旋转机械臂来增大或减小可调水嘴开度,改变水嘴的过流面积。

(6)解封。扩张封隔器采用反洗井解封,逐级解封封隔器采用上提解封。封隔器解封后,上提起出管柱。

3)技术特点

大压差分级节流多级细分配水管柱技术特点为:

(1)多级细分管柱封隔器较多,能有效防止管柱蠕动,提高封隔器密封效果;

(2)高渗层采用预节流配水器,实现高效节流配水;

(3)采用扩张封隔器,施工简单,无须开启配水器水嘴,无须泵车坐封;

(4)采用逐级解封封隔器,能降低后期起管柱负荷,提高管柱安全可靠性。

4)技术参数

大压差分级节流多级细分配水管柱技术参数为:

(1)采用扩张封隔器时,坐封压差小于或等于 1 MPa,工作压力小于或等于 25 MPa,工作温度小于或等于 120 ℃;

(2)采用逐级解封封隔器时,坐封压差为 16～20 MPa,工作压力小于或等于 35 MPa,工作温度小于或等于 150 ℃;

(3)层间压差小于或等于 12 MPa;

(4)分注层数为 2～7 层。

3.绝对大压差(动停、方停、卡封)井预节流分层注水管柱

1)管柱组成

该管柱主要由压缩封隔器、补偿器、水力卡瓦、大压差分级节流配水器、测调一体化配水器、洗井阀等组成。根据高压层位置的不同,选择不同管柱结构,如图 3-2-36 所示。

2)工作原理

(1)下井。管柱按设计下井。

(2)坐封。从油管内打压,当压力达到封隔器坐封压差时,压缩封隔器坐封。

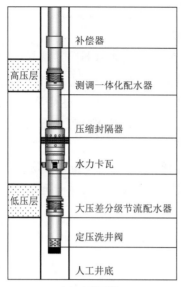
（a）上高下低

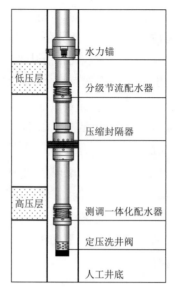
（b）下高上低

图 3-2-36　绝对大压差（动停、方停、卡封）井预节流分层注水管柱

（3）注入。坐封完毕后，下入测调一体化仪器，打开配水器，打开油管闸门，注入水经各级配水器进入对应的注水层段，通过配水器上的可调水嘴控制注水量。当正常注水时，由于弹簧和注水压力的共同作用，洗井阀处于密封状态，内外不通。

（4）洗井。洗井液从油套环空进入，当达到一定压力时，打开压缩封隔器上的洗井通道，洗井液经过洗井通道进入封隔器以下层位，至定压洗井阀下面，当压力达到定压洗井阀开启压力时，洗井液推动阀球向上挤压弹簧，打开洗井阀，形成循环。洗井液沿油管向上进行洗井，达到清洗油层和管柱的目的。

（5）测试调配。配水器调配时使用测调一体化工具，通过电缆下入测调仪，使之与测调一体化配水器的可调水嘴对接，通过旋转机械臂来增大或减小可调水嘴开度，改变水嘴的过流面积。

（6）解封。上提管柱解封封隔器，起出管柱。

3）技术特点

绝对大压差（动停、方停、卡封）井预节流分层注水管柱技术特点为：

（1）补偿温度压力引起管柱伸缩；

（2）防止管柱蠕动，提高封隔器密封可靠性；

（3）改性氢化丁腈橡胶胶筒封隔器提高耐温性能；

（4）高渗层采用预节流配水器，实现高效节流配水。

4）技术参数

绝对大压差（动停、方停、卡封）井预节流分层注水管柱技术参数为：

（1）封隔器坐封压差 16～20 MPa；

（2）工作压力小于或等于 35 MPa；

（3）工作温度小于或等于 150 ℃；

（4）层间压差小于或等于 12 MPa；

（5）分注层数为 2～7 层。

三、低渗透油藏高温高压长效精细分层注水工艺技术

（一）低渗透油藏分注需求分析

低渗透油藏一般埋藏深、注水压力高、井温高，注水工艺所用封隔器必须克服高温、高压、耐油等技术难题，实现长寿命。首先需要制备出具有优异力学性能和耐老化性的橡胶材料，满足注水工艺中封隔器能够在苛刻环境中保持长效工作效果的要求，通过开展高温高压分层密封技术研究，提高封隔器密封效果，延长管柱寿命；其次是通过开展高压深井管柱蠕动规律分析、设计易解卡锚定结构，形成易解卡锚定技术，提高管柱的锚定性能和防卡性能，降低大修风险，延长管柱寿命；再次通过开展恒流量可调配水技术研究和小量程高精度测调技术研究，结合一体化配水技术，形成定量精细调配技术，减少无效注水，提高层段合格率；最终形成低渗透油藏长效精细分注技术，为低渗透油藏的注水开发提供技术支撑。

（二）高温高压橡胶密封材料

1. 反应型增强剂在超饱和 HNBR 基体中的化学增强行为

1）不饱和羧酸盐在橡胶基体内的反应机理

（1）单甲基丙烯酸锌盐的分子结构。

目前国内外关于锌盐增强的文献资料中多采用单官能团二甲基丙烯酸锌盐对氢化丁腈橡胶（HNBR）进行增强研究，而关于含羟基的单甲基丙烯酸盐对 HNBR 的增强机制的研究较少，因此采用原位变温红外对其化学增强行为进行研究。

单甲基丙烯酸锌（HZMMA）为有机金属化合物晶状粒子，它不同于传统增强用的二甲基丙烯酸锌（ZDMA）的分子结构（图 3-2-37），HZMMA 的分子内含有两种可反应的活性官能团，即一个不饱和双键和一个与锌原子连接的羟基，而 ZDMA 只含有一个双键反应官能团。

(a) HZMMA（$M=167$） (b) ZDMA（$M=235.55$）

图 3-2-37　氢氧化甲基丙烯酸锌和二甲基丙烯酸锌的结构简式对比

HZMMA 分子中的两个反应官能团在橡胶的硫化温度下将发生化学反应。

利用原位红外光谱法(In-situ FTIR)研究了 HZMMA 热历程中官能团的反应行为:采用变温红外光谱对 HZMMA 在变温场中的结构变化进行了研究。由于 HZMMA 变温红外数据庞大,为了研究方便,将谱图按氢氧化甲基丙烯酸锌主要官能团吸收波数进行了分类整理,现分别叙述如下:

① 羟基官能团的吸收变化及指纹区变化特征。

图 3-2-38 所示红外谱图中,3 610 cm^{-1}的谱带归属为 Zn—OH 中游离羟基振动吸收峰;935 cm^{-1}的谱带归属于 Zn—OH 面外弯曲振动。随着温度的升高,Zn—OH 振动吸收强度逐渐减弱,这说明游离 Zn—OH 的数目减少;温度达到 120 ℃以上时,羟基的振动强度明显下降,这是因为 Zn—OH 发生明显的脱水作用;温度达到 200 ℃时,Zn—OH 几乎全部脱水。反应方程式如下:

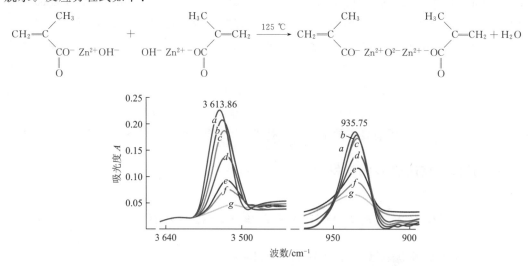

a—30 ℃;b—80 ℃;c—120 ℃;d—150 ℃;e—170 ℃;f—180 ℃;g—200 ℃。

图 3-2-38 900~3 650 cm^{-1}区间的 HZMMA 的变温红外谱图

从红外谱图中还可以看出,Zn—OH 振动吸收谱带还向低波数移动,这是因为 HZMMA 的结构发生的变化对 Zn—OH 的作用减弱。随着温度的升高,Zn—OH 振动吸收强度逐渐减弱,并有向低波数移动的趋势,这与 3 610 cm^{-1}的伸缩振动表现出的变化趋势相同。

② HZMMA 中双键的反应行为。

图 3-2-39 所示红外谱图中,1 643 cm^{-1}处是 CH$_2$=C—的不饱和 C=C 振动吸收峰,在 30~120 ℃温度范围内,峰的强度变化不明显;当温度达到 150 ℃时,峰强度开始明显下降;当温度高于 200 ℃后,峰的强度又没有什么变化;150 ℃时,在自由基引发剂 DCP(过氧化二异丙苯)的作用下,C=C 不饱和双键发生热引发交联反应,200 ℃时聚合结束,此时 C=C 键吸收峰的存在表明 HZMMA 并没有被 100%地引发聚合,仍存在少量游离的 HZMMA。可能发生的聚合反应推测如下:

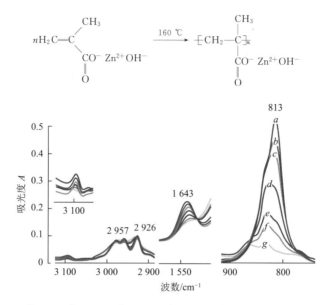

a—30 ℃；b—80 ℃；c—120 ℃；d—150 ℃；e—170 ℃；f—180 ℃；g—200 ℃。

图 3-2-39　800~3 100 cm⁻¹ 区间的 HZMMA 的变温红外谱图

2 926 cm⁻¹ 处归属于—CH₂—的振动吸收峰,随着温度的升高,—CH₂—的振动吸收峰强度越来越大,且峰位向高波数移动。这说明 HZMMA 体系中—CH₂—浓度越来越大,这充分验证了 CH₂=C 双键打开生成—CH₂—C—。

3 100 cm⁻¹ 处归属于烯烃末端 C—H 的伸缩振动,813 cm⁻¹ 处归属于烯烃末端 C—H 的面外变形振动。其变化趋势与双键的变化趋势是一样的,即随着温度的升高,其吸收峰向高波数移动,且吸收峰强度也有所下降,到 200 ℃时停止变化,这再次说明 CH₂=C 双键打开了。

（2）差示扫描量热（DSC）法研究 HZMMA 的晶型结构变化及形态转变。

图 3-2-40 所示为对 HZMMA 及 HZMMA 和自由基引发剂 DCP 混合物的差示扫描量热分析结果。在 DSC 曲线上,40 ℃位置处的吸热峰为引发剂 DCP 的熔点,HZMMA 在 120~160 ℃区间发生熔化吸热,在 DCP 的存在下,HZMMA 边熔化边发生自由基均聚反应,因此没有观察到吸热峰出现,在 DSC 曲线上直接出现放热峰。

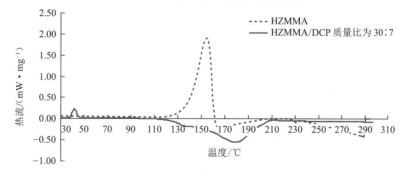

图 3-2-40　HZMMA 及 HZMMA 与自由基引发剂 DCP 的混合物的 DSC 曲线

HZMMA 在引发剂的引发下可以发生自由基均聚反应并生成互穿型离子聚合物,同时大分子自由基链可与 HNBR 发生接枝反应,在 HNBR 的大分子链间引入较强的离子聚合物交联键,使材料内部总的化学交联键数目增大,离子聚合物较强的分子间作用力可增大对橡胶复合材料力学性能的贡献,提高橡胶复合材料的力学性能。

HZMMA 在引发剂的引发下可能发生如下自由基聚合反应:

$$n\text{CH}_2=\underset{\underset{\text{OH}}{\overset{\text{C}=\text{O}}{\underset{\text{Zn}}{|}}}{\overset{\text{CH}_3}{\underset{|}{\overset{|}{C}}}} \xrightarrow{\text{引发剂}} \left[\text{CH}_2-\underset{\underset{\text{OH}}{\overset{\text{C}=\text{O}}{\underset{\text{Zn}}{|}}}{\overset{\text{CH}_3}{\underset{|}{\overset{|}{C}}}}\right]_n \quad \text{均聚反应}$$

$$n\text{CH}_2=\overset{\text{CH}_3}{\underset{\text{Zn}-\text{OH}}{\underset{|}{C}=\text{O}}{C}} + \text{（HNBR链）} \xrightarrow[\text{接枝}]{\text{引发剂}} \quad \text{接枝共聚}$$

与传统的 ZDMA 不同,随着温度的升高,HZMMA 的羟基伸缩振动吸收峰逐渐减小,这种变化归属为 HZMMA 发生脱除结构羟基反应而形成"Zn—O—Zn"桥键交联结构,使橡胶复合材料表现出优异的高温力学性能。

$$\text{CH}_2=\underset{\text{O}}{\overset{\text{CH}_3}{\underset{\text{CO}^--\text{Zn}^{2+}\text{OH}^-}{C}}} + \text{OH}^--\text{Zn}^{2+}-\text{O}\underset{\text{O}}{\overset{\text{CH}_3}{\underset{\text{OC}}{C}=\text{CH}_2}} \xrightarrow{125\ ℃} \text{CH}_2=\underset{\text{O}}{\overset{\text{CH}_3}{\underset{\text{CO}^--\text{Zn}^{2+}\text{O}^{2-}\text{Zn}^{2+}-\text{OC}}{C}}}\overset{\text{CH}_3}{\underset{\text{O}}{C}=\text{CH}_2}$$

(3) X 射线衍射(XRD)分析。

由图 3-2-41 可以看出,HZMMA 在 2θ 为 $3°\sim10°$ 内有 3 个衍射峰,其中 $7°\sim8°$ 有 1 个极强的衍射峰,所以 HZMMA 是一种晶体,与扫描电镜(SEM)中看到的针状是一致的;而经 DCP 引发的 HZMMA 在 $3°\sim10°$ 内无任何衍射峰,说明 HZMMA 发生了变化,原来的晶体不复存在。

HZMMA 是一种白色丝状晶体,长度为 $5\sim10\ \mu m$,如图 3-2-42(a)所示。图 3-2-42(b)所示为经 DCP 引发后得到的聚 HZMMA(P-HZMMA),从形状上看,针状晶体已经完全消失,HZMMA 自聚成无定型的聚 HZMMA 粒子,粒子的大小由聚合程度决定。HZMMA 的扫描电镜分析结果很好地佐证了 XRD 的分析结果。

含有 HZMMA 改性的混炼胶经过 170 ℃高温处理,材料内部发生了上述 2 个自由基反应,导致晶体结构不复存在,广角 X 射线衍射(WXRD)法在 $2\theta=7°$ 处晶体衍射峰消失,橡胶复合材料形成了离子聚合物化学增强与炭黑物理增强复合结构的协同增强机制。

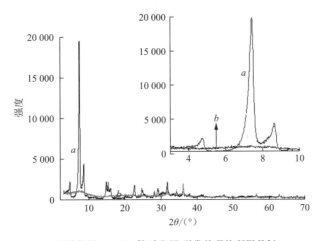

图 3-2-41　HZMMA 的广角 X 射线衍射(WXRD)谱图

（a）HZMMA　　　　　　　（b）150 ℃时 DCP 引发处理的 HZMMA

图 3-2-42　HZMMA 的扫描电镜图片

2）不饱和丙烯酸盐对橡胶的增强行为

氢化丁腈橡胶（HNBR）是丁腈橡胶（NBR）经过选择性加氢且分子主链为饱和结构的特种橡胶，具有优异的耐油和耐热老化性能，与其他橡胶相比，还具有较高的抗拉强度和耐磨性能，是一种应用于汽车工业、航空工业和石油工业的新型弹性材料。以前曾开展过炭黑、白炭黑、蒙脱土及短纤维等补强剂对 HNBR 的补强研究，补强后 HNBR 的强度尚未达到理想的效果。近年来，ZDMA 对 HNBR 橡胶的改性增强效果得到了国内外学者的关注。例如，赵素合等研究了 ZDMA、炭黑 550、SiO$_2$ 增强剂对 HNBR 的增强行为；Qiuyu Zhang 开展了在 HNBR 基体内研究氧化锌和甲基丙烯酸原位反应制备二甲基丙烯酸锌并协同炭黑补强 HNBR 的工作，橡胶复合材料表现出优异的力学性能；张立群等采用 SEMT 和 TEM 详细研究了 ZDMA 分别在 NBR、丁苯橡胶（SBR）、天然橡胶（NR）、乙丙橡胶（EPDM）、HNBR 等弹性体中的形态演变规律。目前公开报道的文献资料均采用 ZDMA 对 HNBR 进行增强改性研究。

目前，市场上出现了含羟基单甲基丙烯酸锌盐新型增强剂，关于其增强 HNBR 的研究尚未见报道。为此，合成了用单甲基丙烯酸锌改性的 HNBR 复合材料，对其增强的 HNBR 混炼胶的硫化特征参数及硫化胶的力学性能、热稳定性等进行了研究。

（1）HZMMA 用量对 HNBR 混炼胶硫化特性的影响。

表 3-2-18 为 HZMMA 用量对 HZMMA/HNBR 复合材料硫化特性的影响。由表 3-2-18 可以看出，随着 HZMMA 用量的增加，HZMMA/HNBR 复合材料的最大转矩（M_H）和最小转矩（M_L）逐渐增大，同时 M_H-M_L 也逐渐增大，焦烧时间（t_{10}）和正硫化时间（t_{90}）逐渐缩短。由于 HZMMA 为自由基反应型增强剂，随着反应时间的增加，焦烧时间和正硫化时间均缩短，复合体系的黏度增加非常快，所以随着 HZMMA 用量的增加，硫化速率提高，复合体系的最大扭矩（M_H）逐渐增大，HZMMA 表现出助交联剂的作用，表观上复合体系的宏观反应活性增大。

表 3-2-18　HZMMA 用量对 HZMMA/HNBR 复合材料硫化特性的影响

HZMMA 用量/phr	$M_H/(dN \cdot m)$	$M_L/(dN \cdot m)$	$M_H-M_L/(dN \cdot m)$	t_{10}/min	t_{90}/min
20	12.62	0.36	12.26	0.50	9.43
30	16.89	0.44	16.45	0.46	9.44
40	24.30	0.63	23.67	0.42	9.24
50	32.60	0.81	31.78	0.41	8.59
60	56.12	1.10	55.02	0.40	8.37

（2）HZMMA 用量对 HZMMA/HNBR 复合材料交联密度的影响。

由图 3-2-43 可以看出，交联密度与 HZMMA 的用量有关系，随着 HZMMA 在复合体中用量的增加，HZMMA/HNBR 复合材料的总交联密度（XLD）逐渐增大，这与 M_H-M_L 定性反映的交联情况是一致的。由此可以推断，在硫化过程中，过氧化物自由基引发剂引发 HZMMA 中的不饱和键发生均聚或与 HNBR 接枝产生交联，即通过引发分子内的双键与 HNBR 分子发生了接枝，增加了复合材料的交联键数目，提高了交联密度，从而使 HZMMA/HNBR 复合材料具有较好的力学性能。

（3）HZMMA 用量对 HZMMA/HNBR 复合材料力学性能的影响。

在硫化工艺中，由于 HZMMA 发生自由基聚合反应，其晶体形状变化也由长片状或针状晶型转化为弥散型微尺度超细粒子，在 WXRD 曲线（图 3-2-44）上 HZMMA 的晶体衍射峰消失。

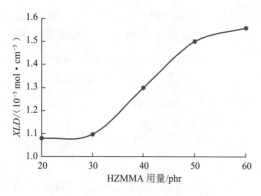

图 3-2-43　HZMMA 用量对 HZMMA/HNBR 复合材料交联密度的影响

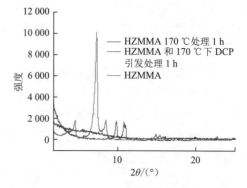

图 3-2-44　HZMMA 硫化前后 WXRD 曲线

HZMMA 的不饱和双键与 HNBR 发生交联反应,增加了材料的交联键数量,增强了交联的物理化学作用,同时 HZMMA 发生均聚反应,形成微细分散的刚性 P-HZMMA 粒子,对 HNBR 复合材料起到较好的补强作用。因此,橡胶复合体系中 HZMMA 用量增加时,P-HZMMA 粒子在橡胶基体中的含量也提高,复合体系中离子聚合物的静电作用增强,抗拉强度表现出增加趋势。然而,随着 HZMMA 用量的进一步增大,P-HZMMA 粒子在 HNBR 基体中的分散均匀性下降且含量较多,受到应力作用时,会影响橡胶分子主链的拉伸取向行为,反而导致复合材料的抗拉强度逐渐减小,变化规律如图 3-2-45 所示。研究结果表明,当 HZMMA 用量为 30 phr 时,HZMMA 改性的 HNBR 复合材料的抗拉强度出现最大值。与高分子拉伸取向行为不大相关的 100% 定伸强度和撕裂强度均随着 HZMMA 用量的增加而增大。复合材料的断裂伸长率随着 HZMMA 用量的增加而单调降低。

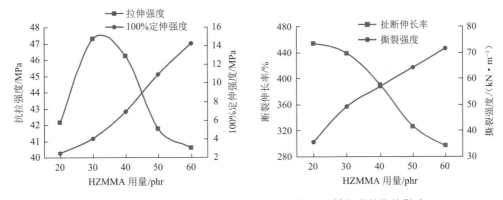

图 3-2-45　HZMMA 用量对 HZMMA/HNBR 复合材料力学性能的影响

(4) HZMMA 用量对 HZMMA/HNBR 复合材料热稳定性的影响。

随着 HZMMA 用量的增加,HZMMA/HNBR 复合材料的起始分解温度(质量损失率为 10% 时的温度)有小幅度提高,最大分解温度先升高后降低,质量损失率逐渐降低,复合材料的起始分解温度从 417.3 ℃ 提高到 417.8 ℃,最快分解温度从 459.3 ℃ 提高到 460.2 ℃,见表 3-2-19。当 HZMMA 用量增加到 60 phr 时,复合材料的最大分解温度又有所降低。这是因为高温下材料发生的是自身的分解反应,由于 HZMMA 与 HNBR 大分子链接枝延缓了材料热分解的进行,以及 P-HZMMA 对 HNBR 大分子链网络的作用,从而使 HNBR 硫化胶的最大分解温度向高温方向移动,当 HZMMA 用量过多(60 phr)时,基体中单独形成的热稳定性较差的 HZMMA 均聚物增多,容易破坏基体的整体网络结构,导致热分解温度下降。因此,当 HZMMA 用量为 50 phr 时,HZMMA/HNBR 复合材料能够表现出良好的热稳定性能。

表 3-2-19　HZMMA/HNBR 复合材料的热重分析仪(TGA)数据

HZMMA 用量/phr	起始分解温度/℃	最快分解温度/℃	质量损失率/%
20	417.3	459.3	81.5
30	417.2	459.0	78.9

HZMMA 用量/phr	起始分解温度/℃	最快分解温度/℃	质量损失率/%
40	417.3	459.9	75.8
50	417.8	460.2	73.4
60	418.0	459.5	73.5

（5）HZMMA 用量对 HZMMA/HNBR 复合材料低温性能的影响。

由表 3-2-20 可以看出，随着 HZMMA 用量的增加，HZMMA/HNBR 复合材料的玻璃化转变温度（T_g）有所提高，当 HZMMA 用量从 20 phr 增加到 60 phr 时，复合材料的 T_g 由 -16.3 ℃提高到-15.5 ℃。这说明在 DCP 作用下，HZMMA 均聚微区与 HNBR 存在交联作用，限制了 HNBR 分子链段的运动。HZMMA 均聚物形成的网络与橡胶网络相互贯穿缠结，并通过与 HNBR 分子链上的接枝限制了橡胶分子主链段的自由运动，HZMMA/HNBR 复合材料的 T_g 出现向高温移动的变化趋势。

表 3-2-20　HZMMA/HNBR 复合材料的 DSC 数据

HZMMA 用量/phr	20	30	40	50	60
T_g/℃	-16.3	-15.9	-16.3	-15.6	-15.5

HZMMA 的增强行为研究表明：随着 HZMMA 在橡胶复合体系中用量的增加，HZMMA/HNBR 复合材料的焦烧时间和正硫化时间均缩短，最大扭矩与最小扭矩的差值（M_H-M_L）明显提高，复合材料的化学交联程度得到提高，其 100% 定伸强度和撕裂强度逐渐增加，断裂伸长率逐渐降低。当 HZMMA 用量为 30 phr 时，HZMMA/HNBR 复合材料的力学性能有比较明显的改善，抗拉强度达到最大值。P-HZMMA 的存在有助于 HNBR 复合材料的热稳定性能和玻璃化转变温度的提高，随着 HZMMA 用量的增加，复合材料的最快分解温度和玻璃化转变温度向高温方向移动。

综上所述，不饱和反应增强剂 HZMMA 对氢化丁腈具有优异的增强作用和防老化作用；不饱和反应增强剂在硫化工艺中的自由基反应提高了氢化丁腈橡胶分子间的化学交联程度，从而提高了材料的力学性能。

2. 离子聚合物化学增强与炭黑物理增强的协同效应

1）不饱和丙烯酸盐与炭黑用量对 HNBR 基体的协同增强效应

（1）FTIR 跟踪。

图 3-2-46 所示为 170 ℃下硫化过程中不同硫化时间的 HNBR 混炼胶的 FTIR 谱图。由图可知，2 927 cm^{-1}，2 850 cm^{-1}，2 236 cm^{-1} 和 725 cm^{-1} 处的谱带分别归属为 HNBR 的 —CH₂—，—CN 和═CH₂ 弯曲振动吸收；1 565 cm^{-1} 和 1 424 cm^{-1} 处的谱带分别归属为

HZMMA 中 $\overset{\overset{O}{\|}}{—C—O—}$ 的不对称和对称伸缩振动吸收，由于硫化过程中 $\overset{\overset{O}{\|}}{—C—O—}$ 的浓

度和化学环境变化不大,因此 1 565 cm^{-1} 和 1 424 cm^{-1} 处谱带强度和谱带位置均未发生变化;1 643 cm^{-1} 处出现的弱吸收峰为 C═C 的伸缩振动吸收峰,828 cm^{-1} 处的吸收峰归属为 H$_2$C═C 上 C—H 的面外弯曲振动。在硫化初期,1 643 cm^{-1} 和 828 cm^{-1} 处的吸收峰迅速消失。这是因为在 DCP 的引发下,固相状态的 HZMMA 易打开双键,发生自聚或与橡胶分子发生接枝和交联反应。

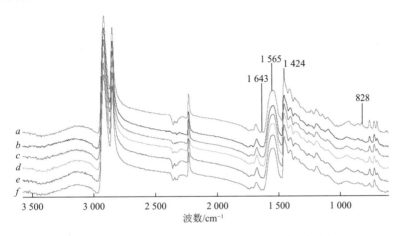

a—0 min;b—4 min;c—8 min;d—12 min;e—16 min;f—4 h。

图 3-2-46　170 ℃下硫化不同时间的 HNBR 复合材料的 FTIR 谱图

(2) HZMMA 的形态演变。

图 3-2-47 所示为硫化过程中的 HZMMA/炭黑增强的 HNBR 复合材料的形态演变图。由图 3-2-47(a)可以看出,HZMMA/炭黑填充 HNBR 的混炼胶中 HZMMA 呈片状或针状晶形,部分呈聚集体。随着硫化时间的延长,完美晶形逐渐消失。由图 3-2-47(b)可以看出,硫化 4 min 时,由于 HZMMA 快速发生硫化剂引发的自聚反应,生成的 P-HZMMA 粒子迅速扩散到橡胶基中并组装成纳米级聚合物增强粒子,形成分散性较好的分散相。除去其中部分大颗粒助剂和大粒径炭黑,从图 3-2-47(c)~(f)中可以看出,增强粒子与橡胶基体之间没有明显的界线,增强粒子与 HNBR 之间的界面相的相互作用较强。在硫化过程中,两相分子在界面层发生了相互渗透,加强了两相之间的物理化学作用,起到了较好的增强作用。

(3) HZMMA 的晶体结构变化。

图 3-2-48 所示为硫化过程中的 HNBR 复合材料的 XRD 谱图。由图 3-2-48(a)可以看出,HNBR 混炼胶在 2θ=7.35°处出现了 HZMMA 的明显特征衍射峰,在其他区带有一些微弱的衍射峰,表明混炼过程中 HZMMA 没有发生晶体结构的变化,在混炼胶中呈现晶体结构。随着硫化时间的延长,在图 3-2-48 中曲线 b~f 的 2θ=7.35°处 HZMMA 晶体的明显特征衍射峰消失,只保留了橡胶基体的弥散宽峰,这说明在 170 ℃下,混炼胶中的 HZMMA 在 DCP 的引发下发生了自由基聚合反应,晶体结构被快速破坏,生成非晶结构的离子聚合物 P-HZMMA,混炼胶出现的晶体衍射峰不复存在。图 3-2-48(f)所示为硫化胶二段硫化后的 XRD 曲线,尽管其上没有出现晶体的衍射峰,但 HNBR 基体大分子在一定程度上存在有序的衍射宽峰。

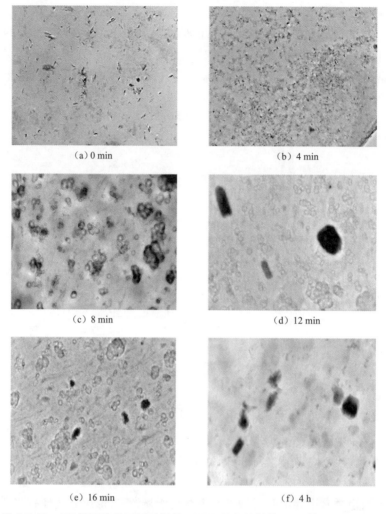

（a）0 min （b）4 min （c）8 min （d）12 min （e）16 min （f）4 h

图 3-2-47　170 ℃下硫化不同时间的 HNBR 复合材料的 TEM 谱图（×20 000）

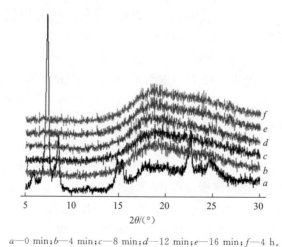

a—0 min；b—4 min；c—8 min；d—12 min；e—16 min；f—4 h。

图 3-2-48　170 ℃下硫化不同时间的 HNBR 复合材料的 XRD 谱图

（4）硫化过程的力学性能变化与硫化胶的性能比较。

表 3-2-21 所示为硫化过程中 HNBR 复合材料的力学性能变化。从表中可以看出，随着一段硫化时间的增加，HNBR 复合材料的抗拉强度和 100% 定伸强度小幅度增大，断裂伸长率和撕裂强度逐渐减小。分析认为，一段硫化过程初期，在过氧化物作用下，HZMMA 发生均聚，形成超细分散的刚性均聚微区，与 HNBR 大分子发生化学与物理交联。通过双键与 HNBR 分子发生了自由基接枝反应，形成了单分子或多分子均聚物含离子键的桥键，提高了交联密度，对复合材料具有一定的补强作用。由于自由基交联反应速率非常快，所以随着硫化时间的增加，复合材料的抗拉强度和 100% 定伸强度增加幅度不大；随着硫化时间的延长，交联密度过高，阻碍了分子间位错，从而导致撕裂强度和断裂伸长率降低。二段硫化后，HNBR 复合材料内部经过分子链段的热力学调整，物理交联点密度进一步增大，100% 定伸强度大幅度增加，抗拉强度和硬度进一步增加，断裂伸长率下降较大，撕裂强度有一定的下降。

表 3-2-21　170 ℃ 下硫化不同时间的 HNBR 复合材料的力学性能变化

硫化时间		抗拉强度 /MPa	100% 定伸强度 /MPa	断裂伸长率 /%	撕裂强度 /(kN·m⁻¹)	硬度 （邵 A）
一段硫化 /min	4	30.2	4.55	492	79.9	80
	8	31.9	4.75	466	73.3	81
	12	32.5	5.03	443	72.4	81
	16	33.2	5.08	415	66.6	81
二段硫化/h	4	36.8	15.3	263	56.4	88

2）温度对炭黑 N220 或 HZMMA 增强的 HNBR 复合材料力学性能的影响

将炭黑 N220 和 HZMMA 增强的橡胶复合材料分别进行变温力学性能测试，评价比较的结果如图 3-2-49 所示。从图中可以看出，随着环境温度的升高，与分子间作用力密切相关的橡胶复合材料的抗拉强度、断裂伸长率、100% 定伸强度和撕裂强度均随温度的升高而降低，其中抗拉强度、断裂伸长率和撕裂强度变化幅度较大，100% 定伸强度变化幅度较小；炭黑 N220 增强橡胶的抗拉强度与 HZMMA 增强橡胶的抗拉强度在常温下差别较大，但高于 50 ℃ 以后两者具有相近的抗拉强度；HZMMA 增强橡胶的断裂伸长率随温度上升变化幅度较小；HZMMA 增强橡胶较 N220 增强橡胶具有优越的 100% 定伸强度，80 ℃ 以后二者的定伸强度基本保持不变；HZMMA 增强橡胶与 N220 增强橡胶相比，撕裂强度随温度变化幅度开始时较大，80 ℃ 以后较小。

当环境温度高于 150 ℃ 后，分子间范德华力对力学性能的贡献微乎其微，分子主链、碳链对力学性能的影响起关键作用，所以温度高于 150 ℃ 后材料的力学性能下降的幅度是非常小的，尤其是 HZMMA 增强的橡胶复合材料，在高于 150 ℃ 温度条件下，离子聚合物 P-HZMMA 粒子分子链的活动能力变强，离子聚合物在高温下还能表现出高温拉伸取向现象，表现出更好的高温力学性能。

综上所述，N220 和 HZMMA 增强的橡胶复合材料具有较好的变温力学性能保留率，

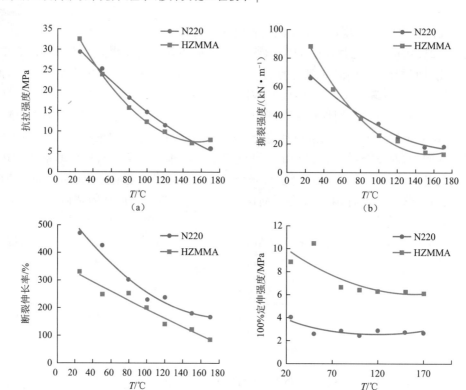

图 3-2-49　温度对炭黑 N220 和 HZMMA 分别增强的 HNBR 力学性能的影响

可以作为有希望的增强材料用于提高橡胶的耐温性。其中,HZMMA 归属于丙烯酸金属盐,在高温下被过氧化物引发,不但可以生成离子交联键,而且可增大与胶料高分子整体的邻接交联密度,减小基质橡胶大分子弱键的含量。

3) HZMMA,HZMMA/N220 和 HZMMA/N774 协同增强的 HNBR 复合材料力学性能

图 3-2-50 所示为温度对 HZMMA 和 HZMMA/N220 混合增强橡胶复合材料力学性能的影响。从图 3-2-50(a)中可以看出,复合增强型橡胶的抗拉强度除了常温下低于纯 HZMMA 增强的橡胶外,温度大于 50 ℃后一直高于后者;当温度达到 170 ℃时,前者还能保持约 11 MPa 的强度,具有较高的高温力学性能保持率,该强度比市场上最好的氟硅橡胶在常温下的力学性能(10 MPa)还要高。

图 3-2-50(b)显示,复合增强型橡胶的撕裂强度随温度的变化曲线一直在纯 HZMMA 增强橡胶的上面,保持较好的高温撕裂强度。实验结果表明,HZMMA/N220 的协同作用能够有效地减缓分子间作用力的衰减,使协同增强型橡胶复合材料的高温力学性能一直高于纯 HZMMA 增强橡胶复合材料。

随着温度的升高,橡胶复合材料的永久变形逐渐减小,表明在高温下橡胶的弹性大大提高,对胶筒的密封有促进作用。

虽然 HZMMA/N220 的协同作用使其具有优异的力学性能,但是利用该材料制成的胶筒的表面会出现硫化纹,影响制品的美观和使用,且橡胶复合材料脆性较大。通过将粒

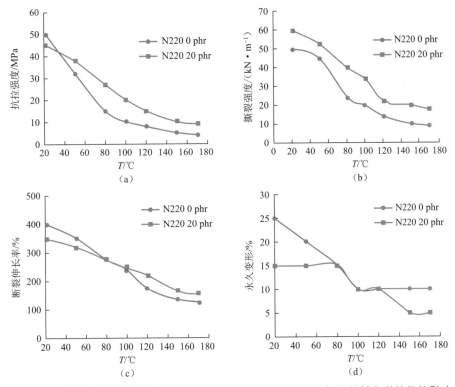

图 3-2-50　温度对 HZMMA 和 HZMMA/N220 协同增强的 HNBR 复合材料力学性能的影响

径较大的炭黑 N774 和 HZMMA 进行协同组合,加工的橡胶复合材料可解决胶筒制品表面出现硫化纹的问题。

图 3-2-51 所示为温度对 HZMMA/N774 协同增强 HNBR 复合材料力学性能的影响。实验结果表明:HZMMA/N774 协同增强 HNBR 复合材料的抗拉强度高于纯炭黑 N774 增强的抗拉强度,随着温度的升高,两种不同增强型 HNBR 复合材料的力学性能都呈现下降趋势。在低温阶段,HZMMA/N774 协同增强的复合材料的抗拉强度高于纯炭黑增强型;在高温阶段,两种增强型复合材料的抗拉强度非常接近。HNBR 复合材料的断裂伸长率与抗拉强度呈现出相似的变化规律,在低温条件下 HZMMA/N774 协同增强复合材料的断裂伸长率较高。不同温度下 HZMMA/N774 增强的复合材料的 100% 定伸强度和撕裂强度均高于纯炭黑增强型,在高温条件下两种复合材料的 100% 定伸强度变化幅度很小,表现出良好的高温性能。

随着温度的升高,HZMMA/N774 协同增强 HNBR 复合材料力学性能的变化规律和 HZMMA/N220 增强 HNBR 复合材料力学性能的变化规律非常相似,即 N774 和 HZMMA 能够表现出较好的协同作用,另外一个相似之处是室温下两者的永久变形都比较高(约 15%);不同之处是 HZMMA/N220 的协同增强效果优于 HZMMA/N774 的增强效果,在 150 ℃下前者的抗拉强度(11 MPa)高于后者的抗拉强度(5 MPa)。

通过上述研究得到以下结论:

(1) HZMMA 与炭黑协同增强的 HNBR 复合材料表现出优异的协同增强作用,且高温下的协同作用效果更加显著;当温度高于 150 ℃后,分子间范德华力对力学性能的贡献不大,分子主链骨架对高温力学性能起主要作用,力学性能的下降幅度不明显。

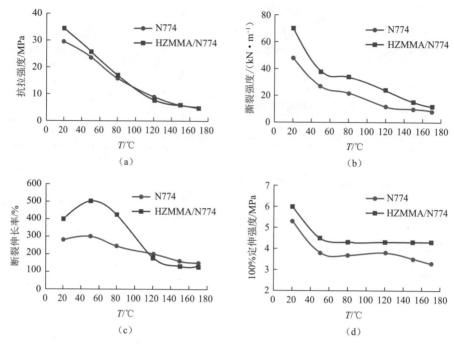

图 3-2-51　温度对 N774 和 HZMMA/N774 协同增强的 HNBR 复合材料力学性能的影响

（2）HZMMA 与超细粒径炭黑的协同补强作用最显著，但是材料的永久变形较大，随着高温的升高，分子链运动性加强，材料的永久变形变小。

（3）HZMMA 与炭黑协同增强时既能表现出较好的弹性，又能表现出较好的高温协同增强作用。

3.抗老化剂对橡胶密封材料性能的影响

1）混合炭黑增强和 HZMMA/混合炭黑协同增强橡胶复合材料的力学性能

胶筒是封隔器的关键部件，在采油工程中，压缩式胶筒承受轴向载荷时将产生径向变形，使胶筒与套管内壁接触，完成井下各生产层的封堵。橡胶复合材料需具备弹性好、永久变形小、100％定伸强度高的特点，其制备的胶筒才能使封隔器表现出较好的密封效果。下面评价温度对混合炭黑增强和 HZMMA/混合炭黑协同增强橡胶复合材料性能的影响。

室温下两种橡胶复合材料的抗拉强度几乎相等，这与前面制备的单一炭黑/HZMMA 协同增强的结果不一致，单一炭黑/HZMMA 协同增强的性能往往高于纯炭黑增强的性能。当体系中使用 4 种粒径不同的炭黑时，可减小两种情况下材料力学性能的差异，而材料的永久变形小于 5％。

随着材料所处环境温度的升高，HZMMA/混合炭黑协同增强橡胶复合材料的拉伸强度一直高于混合炭黑增强的值，且温度越高，协同增强的优势越明显，如图 3-2-52（a）所示。当温度高于 150 ℃后，橡胶复合材料力学性能不再明显下降，分子主链骨架对高温力学性能起主要作用，180 ℃时的抗拉强度约为 7 MPa。

就高温下的断裂伸长率而言，HZMMA/混合炭黑协同增强型 HNBR 复合材料较混合炭黑增强型表现出较好的高温韧性，如图 3-2-52（b）所示。

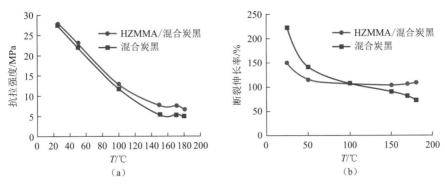

图 3-2-52　温度对协同增强型及混合炭黑增强型 HNBR 复合材料力学性能的影响

混合炭黑增强型炭黑加量为：15 phr N220＋45 phr N550＋10 phr N774＋10 phr N990；HZMMA/混合炭黑协同增强型 HZMMA 和炭黑加量为：5 phr HZMMA＋15 phr N220＋45 phr N550＋10 phr N774＋10 phr N990。

常温下混合炭黑增强和 HZMMA/混合炭黑协同增强橡胶复合材料的力学性能见表 3-2-22。

表 3-2-22　混合炭黑增强和 HZMMA/混合炭黑协同增强 HNBR 复合材料性能比较

增强类型	抗拉强度 /MPa	100%定伸强度 /MPa	断裂伸长率 /%	硬度 （邵 A）	永久变形 /%
混合炭黑	27.6	11.84	224	83	2
HZMMA/混合炭黑	28.0	14.61	206	86	3

该工艺注水管柱包括液控式测调一体化分注管柱和液控式同心双管分注管柱两种。液控式测调一体化分注管柱的配水器全部采用可调配水器，利用一体化测调仪器测试和调配各层注水量，也可以进行吸水指示曲线测试和封隔器验封，测调效率高。液控式同心双管分注管柱在地面进行测调。

2）防老剂对 HZMMA/混合炭黑协同增强橡胶复合材料性能的影响

当 HZMMA/混合炭黑协同增强橡胶配方中使用 RD/MB 并用型防老剂时，橡胶复合材料的 100%定伸强度得到大大提高，硬度有所增加，断裂伸长率有所下降，见表 3-2-23。

表 3-2-23　RD/MB 并用防老剂与 445 单一防老剂的应用效果比较

增强类型	抗拉强度 /MPa	100%定伸强度 /MPa	断裂伸长率 /%	硬度 （邵 A）	永久变形 /%
HZMMA/混合炭黑 （RD/MB）	27.6	18.5	152	91	3
HZMMA/混合炭黑 （445 防老剂）	28.0	14.6	206	86	3

随着温度的增加，HNBR 复合材料的抗拉强度逐渐减小，当温度高于 150 ℃后，材料力学性能不再明显下降，分子主链骨架对高温力学性能起主要作用，180 ℃时的抗拉强度约为 10 MPa，材料还表现出较高的断裂伸长率，如图 3-2-53 所示。因此，配方中使用 RD/MB 并用型防老剂较 445 单一防老剂的应用效果更好，对提高橡胶复合材料的高温性能和耐老化性均有益处。

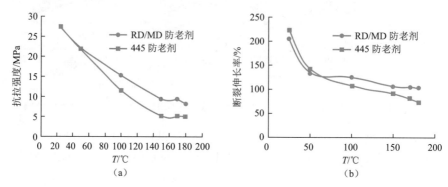

图 3-2-53　防老剂对 HZMMA/混合炭黑协同增强 HNBR 复合材料力学性能的影响

综上所述，防老剂对橡胶复合材料力学性能的影响较大，RD/MB 并用型防老剂比 445 单一防老剂表现出更加优异的力学性能，如使材料具有更高的抗拉强度和更小的断裂伸长率。

（三）高压深井管柱蠕动规律

管柱蠕动是造成注水管柱失效的重要原因，由注水管柱蠕动引起的封隔器胶筒蠕动更是影响注水管柱有效寿命的关键因素。一方面，在管柱蠕动过程中，封隔器胶筒会发生磨损，使胶筒的工作性能下降，严重时将引起封隔器窜动，导致分层注水失败；另一方面，管柱蠕动会使坐封位置发生变化，影响管柱受力分布，力学性能的改变对注水管柱的安全性将造成影响。因此，明确分层注水管柱蠕动现象产生的机理，准确计算蠕动量，对于科学合理地设计分层注水管柱、优化施工参数、改善管柱力学性能、提高分层注水管柱作业有效期意义重大。

1. 注水管柱蠕动现象机理

封隔器坐封后，胶筒与套管壁挤压接触，产生摩擦力，限制了注水管柱在套管内的自由移动。对坐封后封隔器的位置进行受力分析，如图 3-2-54 所示，管柱及封隔器内压 p_i 保持连续，但封隔器上、下节点的外压 p_o^u 和 p_o^d 及轴向力 F_τ^u 和 F_τ^d 不连续。

设套管壁对封隔器的摩擦力为 f，若此时胶筒的位置不动，则可以建立静力平衡方程：

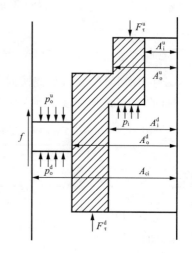

图 3-2-54　坐封后封隔器处受力分析

$$F_\tau^u(s) + p_i(s)(A_i^u - A_i^d) = F_\tau^d(s) + p_o^d(s)(A_{ci} - A_o^d)(A_{ci} - A_o^u) + f$$

整理得：

$$F_\tau^u(s) + p_i(s)A_i^u - p_o^u A_o^u = F_\tau^d(s) + p_i(s)A_i^d - p_o^d(s)A_o^d + [p_o^d(s) - p_o^u(s)]A_{ci} + f$$

令 $F_{re}(s) = F_\tau(s) + p_i(s)A_i - p_o(s)A_o$，$F_{re}(s)$ 称为等效轴向力，则有：

$$F_{re}^u(s) = F_{re}^d(s) + [p_o^d(s) - p_o^u(s)]A_{ci} + f \qquad (3-2-15)$$

令 $F_s = F_{re}^u(s) - F_{re}^d(s)$，$F_p = [p_o^u(s) - p_o^d(s)]A_{ci}$，进一步整理得：

$$F_s + F_p = f \qquad (3-2-16)$$

式中　A_i^u, A_i^d——封隔器中心管和活塞缸内径截面积，mm^2；

　　　A_o^u, A_o^d——封隔器中心管和活塞缸外径截面积，mm^2；

　　　A_{ci}——套管内径截面积，mm^2；

　　　s——位移，m；

　　　F_s——封隔器上、下节点间等效轴向力之差，N；

　　　F_p——胶筒封隔的上、下两层间压差引起的等效载荷，N。

F_s 和 F_p 的合力使胶筒产生向上或向下的运动趋势，称为轴差力。实际上，轴差力是温度、压力等工况条件变化对位移受限管柱的一种作用形式，其作用结果是促使管柱发生位移。f 是套管壁对胶筒的摩擦力，其作用结果是阻碍管柱发生位移。

在一定范围内，轴差力越大，摩擦力也越大，且始终保持 $F_s + F_p = f$ 的受力平衡关系，因此胶筒不会发生移动。但是摩擦力由接触力和摩擦系数共同决定，不能无限增大，存在最大值 f_{max}，当 $F_s + F_p > f_{max}$，即轴差力大于最大静摩擦力时，胶筒无法继续保持受力平衡而将发生轴向移动，即管柱蠕动现象。

由以上分析可知，胶筒两端的轴差力大于胶筒与套管间的最大静摩擦力是管柱蠕动的原因。因此，管柱是否会发生蠕动取决于轴差力和最大静摩擦力之间的关系，轴差力越大或者最大静摩擦力越小，注水管柱就越容易发生蠕动。一方面，坐封时，坐封压力越大（坐封距越长），胶筒与套管之间的接触力就越大，最大静摩擦力也就越大，管柱就越不容易发生蠕动；另一方面，注入水温度低、注水时间长、频繁停注等引起井筒内温度和压力变化较大的情况使轴差力较大，从而使管柱发生蠕动的可能性也较大。

2. 注水过程中蠕动量的计算

管柱蠕动现象是由胶筒受力不平衡引起的，管柱移动一段距离后，轴差力会减小，当重新达到受力平衡时，管柱便不再蠕动。因此，管柱的蠕动量就是两次受力平衡之间胶筒移动的距离。欲计算注水管柱的蠕动量，首先要计算最大静摩擦力和轴差力。

1）最大静摩擦力的计算

胶筒与套管间的最大静摩擦力受到两个因素的影响：一是坐封后胶筒与套管间的径向接触力，二是胶筒与套管间的静摩擦系数。静摩擦系数可以通过实验具体测出，接触力不容易通过实验方法得到，可以采用有限元模拟的方法获得。

利用有限元分析软件 ANSYS 的非线性、大变形分析功能可以模拟胶筒与套管间的接触应力。由于封隔器为轴对称结构，且载荷和约束也呈轴对称特点，故可建立轴对称模型以提高计算效率。分析完成后，确定胶筒与套管间发生径向接触的所有节点单元，提取这些节点上的接触应力和节点位移,确定接触面积,然后将接触应力在接触面积上进行数值积分,得到胶筒与套管间总的接触力,最终确定最大静摩擦力。

2)轴差力的计算

由前述分析可知,轴差力由两部分组成。其中,F_p 为等效压差载荷,由定义式 $F_p=[p_o^u(s)-p_o^d(s)]A_{ci}$ 可知,若已知胶筒上、下两层的实际套压及套管内径尺寸,就可以计算出等效压差载荷的准确值。

关于注水管柱力学模型的建立和求解,前文已详细讨论。根据前人对注水管柱轴向力的研究可得:

$$\frac{dF_{re}}{ds}=q_e\cos\alpha-f_kN+f_{ve} \tag{3-2-17}$$

式中 F_{re}——管柱等效轴向力,N;

   q_e——单位长度管柱在液体中的浮重,kg/m;

   α——井斜角,rad;

   f_k——管柱与套管壁之间的库仑摩擦系数;

   N——管柱与套管壁间的正压力,N;

   f_{ve}——单位长度管柱受到的黏滞摩阻,N/m。

将式(3-2-17)写成有限差分格式:

$$F_{re}^{j+1}=F_{re}^j+(q_{ej}\cos\alpha_j-f_{kj}N_j+f_{vej})\Delta s_j \tag{3-2-18}$$

若已知注水管柱上节点 j 的等效轴向力 F_{re}^j,在不发生突变的情况下,可根据式(3-2-18)迭代计算出管柱上各个节点的等效轴向力。假定管柱不蠕动,则胶筒位置的位移边界条件为 $\Delta u=0$。利用该位移边界条件,给定收敛准则,通过循环反馈的方式可以确定 F_s。利用计算机程序语言可实现上述过程,F_s 的计算流程如图 3-2-55 所示。

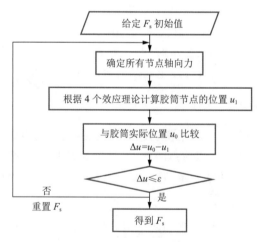

图 3-2-55 F_s 的计算流程

得到 F_s 和 F_p 后,即可计算轴差力。

3)注水管柱蠕动量计算

当轴差力小于最大静摩擦力时,管柱蠕动量为 0;当轴差力大于最大静摩擦力时,管柱发生蠕动,直到轴差力再次与最大摩擦力相等时蠕动停止。因此,在胶筒再次受力平衡的位置,有 $F_s = F_p + f_{max}$,根据前述管柱力学模型和确定的 F_s,可以确定该时刻管柱上各节点的等效轴向力,进而根据 4 个效应理论计算出此时胶筒的平衡位置。蠕动量是胶筒新的平衡位置与原位置间的距离。

3.不同锚定状态管柱蠕动规律

针对锚定补偿＋压缩式分注管柱、锚定＋压缩式分注管柱、支撑补偿＋压缩式分注管柱 3 种类型注水管柱进行现场应用分析。现场 3 口井的管柱结构如图 3-2-56 所示。

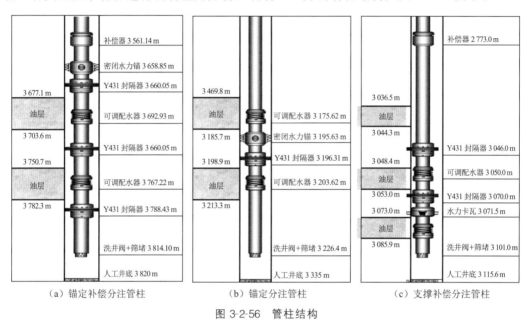

（a）锚定补偿分注管柱　　　　（b）锚定分注管柱　　　　（c）支撑补偿分注管柱

图 3-2-56　管柱结构

（1）根据锚定补偿＋压缩式分注管柱测试结果,得到注水工况及工况转换下的注水管柱蠕动情况。

油压 30 MPa,套压 0 MPa,日注量 60 m³/d,第一层节流压力 5 MPa,第二层节流压力 1 MPa,注水 60 h 管柱补偿器补偿量(即管柱蠕动量)如图 3-2-57 所示。

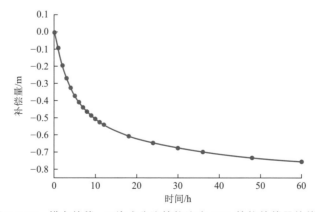

图 3-2-57　锚定补偿+压缩式分注管柱注水 60 h 管柱补偿器补偿量

工况变化为:注水 60 h,停注 60 h,洗井 6 h,注水 60 h,停注 60 h。工况转换下管柱补偿器补偿量如图 3-2-58 所示。

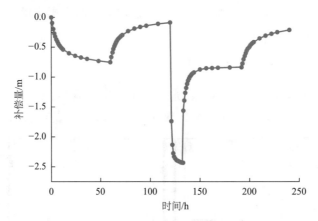

图 3-2-58　锚定补偿+压缩式分注管柱工况转换下管柱补偿器补偿量

由图 3-2-57 和图 3-2-58 可知,锚定补偿管柱各工况下管柱补偿量在−2.5~0 m 之间;在工况转换过程中,停注到洗井工况转换时,管柱补偿量最大。

(2)根据锚定补偿＋压缩式分注管柱测试结果,得到注水工况及工况变换下的注水管柱蠕动情况。

油压 30 MPa,套压 0 MPa,日注量 60 m³/d,第一层节流压力 5 MPa,第二层节流压力 1 MPa,注水 60 h 管柱补偿器补偿量如图 3-2-59 所示。

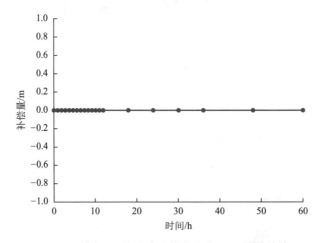

图 3-2-59　锚定+压缩式分注管柱注水 60 h 管柱补偿量

工况变化为:注水 60 h,停注 60 h,洗井 6 h,停注 60 h,注水 60 h,停注 60 h。工况变换下管柱补偿器补偿量如图 3-2-60 所示。

由图 3-2-59 和图 3-2-60 可知,管柱刚性锚定能减小管柱的蠕动量,在工况转换时对管柱能够起到一定的锚定效果。

(3)根据支撑补偿＋压缩式分注管柱测试结果,得到注水工况及工况转换下的注水管柱蠕动情况。

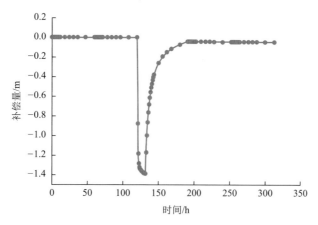

图 3-2-60　锚定补偿+压缩式分注管柱工况转换下管柱补偿器补偿量

油压 30 MPa，套压 0 MPa，日注量 60 m³/d，第一层节流压力 5 MPa，第二层节流压力 1 MPa，第三层节流压力 1 MPa，注水 60 h 管柱补偿器补偿量（即管柱蠕动量）如图 3-2-61 所示。

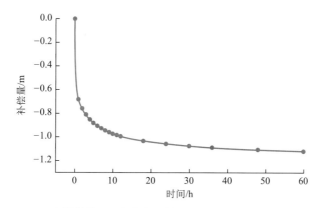

图 3-2-61　支撑补偿+压缩式分注管柱注水 60 h 管柱补偿器补偿量

工况变化为：注水 60 h，停注 60 h，洗井 6 h，注水 60 h，停注 60 h。工况转换下管柱补偿器补偿量如图 3-2-62 所示。

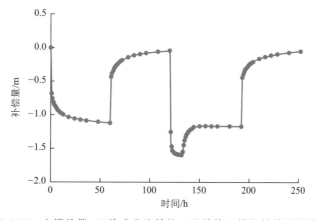

图 3-2-62　支撑补偿+压缩式分注管柱工况转换下管柱补偿器补偿量

由图 3-2-61 和图 3-2-62 可知,停注、洗井状态管柱蠕动较为严重,蠕动量为—1.6～0 m,注水时管柱蠕动量较小,工况转换对封隔器会产生磨损,应配套锚定措施。

(四) 小流量恒流配水器与测试技术

1. 小流量恒流配水器

1) 结构组成及原理

桥式小流量配水器主要由上接头、短节、上连接套、分流体、下连接套、下接头等组成,如图 3-2-63 所示。

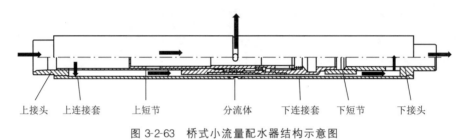

上接头　上连接套　上短节　分流体　下连接套　下短节　下接头

图 3-2-63　桥式小流量配水器结构示意图

桥式小流量配水器技术原理:油管来液进入配水器后,经过分流,一部分流体经过中心管-分流体进入对应地层;另一部分流体经过中心管与短节之间的环空进入油管下部,测调时,不影响下层的正常注入。该配水器的定位机构、防转机构、旋转芯子与常规配水器相同。

2) 参数优化

(1) 长度优化:目前空心测调一体化采用外流式流量计进行测试,因此配套工具的上短节应能将流量计全包括进去。

(2) 内径优化:目前测调仪上的流量计是在内径为 62 mm 的管道中进行标定,因此配套工具的内径设置为 62 mm。

(3) 桥式过流通道优化:单层直读式测调时,配水器中心通道为配水器注水通道,其下部进行密封;下部层位的流体需经配水器桥式通道进行过流,以保证下部层位的正常注入,同时应保证满足配水器的密封强度要求。

3) 可调配水器嘴损图版

分层注水的实质是在井口压力相同的情况下,利用不同水嘴的过流能力及产生的压力损失大小对各层段注水量进行控制,可见水嘴是配水器最重要的组成部分之一。

传统的注水水嘴都是圆形流道,其嘴损曲线可以通过理论计算或查表获得。但对目前应用的同心可调配水器水嘴,尚无成熟的解析方法计算其嘴损曲线。同心可调配水器采用的水嘴结构是两对角线长分别为 10 mm 和 4 mm 的菱形结构。通过建立测调时水嘴的过流面积与旋转角度的计算模型,进而得到旋转角度与水嘴当量直径之间的关系,然后结合空心配水器嘴损实验数据,得到配水器的近似嘴损曲线,从而为小配注量条件下的精细测调提供参考。

目前所用水嘴采用的是菱形孔结构,可满足 $0 \sim 500 \ \mathrm{m^3/d}$ 配注水量的有效注入要求。在小配注量条件下,有必要对水嘴结构进行优化,以满足现场需要并提高测调效率及精度。

目前测调仪调配机械手主要有两种:6 min 转 130° 和 12 min 转 130°。水嘴从完全关闭至完全开启转过的角度为 17.5°,转至限位机构的角度约为 40°。

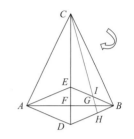

图 3-2-64 水嘴调节模型

为了更好地描述同心可调配水器的水嘴调节,建立如图 3-2-64 所示模型:菱形 $ADBE$ 为固定水嘴形状,直线 $CIGH$ 表示旋转芯子转动时与固定水嘴相接触的边,箭头所示方向为水嘴从全关至开启时旋转芯子的旋转方向。此时水嘴的实际过流面积即 $\triangle IBH$(或多边形 $AEIGHD$)的面积,求出 $\triangle IBH$(或多边形 $AEIGHD$)的面积后,即可求出该面积所对应的当量直径,进而可查空心配水器嘴损图版,为可调配水器的测调工作提供参考。

水嘴当量直径与调节时间之间的关系如图 3-2-65 所示。

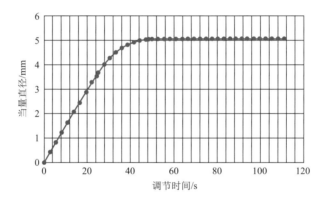

图 3-2-65 水嘴当量直径与调节时间的关系曲线

水嘴当量直径与旋转芯子的旋转角度之间的关系如图 3-2-66 所示。

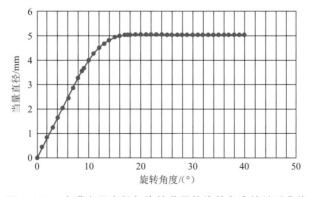

图 3-2-66 水嘴当量直径与旋转芯子的旋转角度的关系曲线

注入水通过水嘴的流动规律一般通过地面模拟试验来确定,用嘴损特征曲线来表示直径 d、流量 Q 与嘴损压差 Δp 之间的关系。研究表明,嘴损规律经验相关式为:

$$\Delta p = 0.105\,911\,8 d^{-3.8} Q^2 \tag{3-2-19}$$

式中　Δp——嘴损压差,MPa;

　　　d——配水嘴的直径,mm;

　　　Q——流量,m^3/d。

利用当量直径,建立可调配水器水嘴调节与空心配水器嘴损图版的关系,可以查图 3-2-65～图 3-2-67,为当前可调配水器的测调工作提供参考,进而提高测调效率。

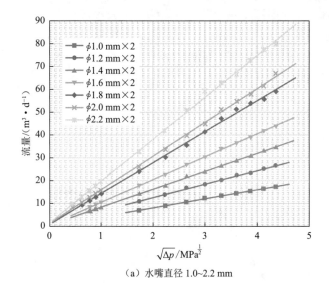

（a）水嘴直径 1.0~2.2 mm

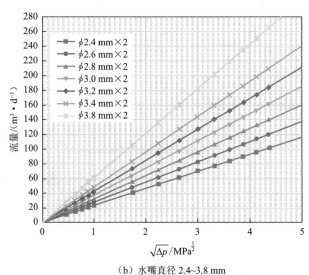

（b）水嘴直径 2.4~3.8 mm

图 3-2-67　空心配水器嘴损图版

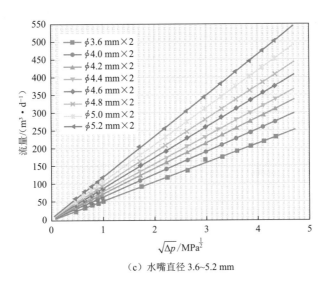

（c）水嘴直径 3.6~5.2 mm

续图 3-2-67　空心配水器嘴损图版

4）技术参数

桥式小流量配水器技术参数见表 3-2-24。

表 3-2-24　桥式小流量配水器技术参数

钢体最大外径 /mm	钢体最小内径 /mm	工具长度 /mm	工作压差 /MPa	开启压差 /MPa	额定工作温度 /℃	两端连接螺纹
110	46	2 650	≤35	0.8~1.2	≤150	2⅞TBG

5）性能特点

桥式小流量配水器性能特点为：

（1）采取工具配套，实现了流体分流，为实现单层直读式测调提供了条件。

（2）使用便捷。使用时只需在常规空心测调一体化配水器上安装相应的配套工具即可，不需要更换配水器，与测调一体化主导技术实现了对接。

（3）成本低。只需配套相关部件，配水器与测调仪器均不需更换；测试方式、验封方式基本保持不变，无须再对相关人员进行相关培训。

2.测试技术

结合总体方案及桥式小流量配水器的设计，试制了双向密封集流式测调仪，实现了注水层位的单层直读式测调，并对小配注量条件下的分层精细测调方法进行了探索。

1）系统组成及测调原理

测试系统由井下配水管柱、井下测调仪和地面控制与数据处理系统三部分组成，主要包括同心可调配水器、三参数一体化测调仪（简称三参数测试仪）、地面控制设备、动力电缆、起下设备、数据实时传输系统及数据采集、处理系统等工具和仪器。测调流程如图 3-2-68 所示。

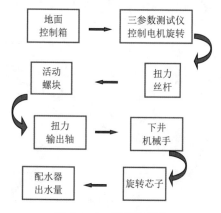

图 3-2-68 测调流程图

测调时,由电缆带着测调仪下至桥式小流量配水器处,实现有效对接后,对对应层位进行单层测调,通过地面控制仪监测预设层流量,并根据实时监测到的流量与预设配注量的偏差调整控制阀,使活动阀片位置转动,直至达到预设流量。

2）单层直读式测调仪

单层直读式测调仪主要由三参数测试仪、电动定位装置、调配机械手、密封短节等组成,如图 3-2-69 所示,性能指标见表 3-2-25。

三参数测试仪　　轴向定位爪　　径向定位滚轮　　调配机械手　　密封短节

图 3-2-69 单层直读式测调仪示意图

表 3-2-25 单层直读式测调仪性能指标

总长度/mm	最大外径/mm	压力量程	温度量程	流量量程
2 030	42	0~60 MPa,精度 0.5‰	−40~+125 ℃,误差±1 ℃	0~150 m³/d,精度 0.5‰

（1）工作原理。

测试调配时,电缆携带三参数一体化测调仪下入油管内,磁定位装置探测配水器位置。当测调仪下至配水器上方时,地面控制系统发出指令,集成控制装置对指令解码后,电机转动使定位爪打开,定位爪下落并与配水器平台对接,防转爪卡到配水器防转槽上,防止仪器自身转动。流量计测试分层注水量,当注水量不满足配注要求时,地面控制系统发出调节指令,电机带动调节爪转动,调节爪卡于配水器同心活动筒调节孔内,密封胶筒在电机驱动下胀开,对配水器下部形成密封,调节爪带动可调式水嘴旋转,调节水嘴开度。

（2）性能特点。

① 密封装置为双皮碗密封（图 3-2-70）,在自由状态下密封皮碗外径（44 mm）小于可调

配水器内径(46 mm),保证仪器顺利下入。

② 密封皮碗随调配机械手一起打开,坐落于配水器内;完全密封状态下皮碗外径(49 mm)大于可调配水器内径,产生过盈配合,保证密封可靠。

③ 采用电动定位装置,定位准确、可靠,仪器可反复提放。

④ 压差 8 MPa 时密封上碗密封可靠。

⑤ 调配机械手采用精磨丝杠传导机构,降低损耗,扭矩可达 110 N/m。

⑥ 转速均匀,有利于提高调配精度。

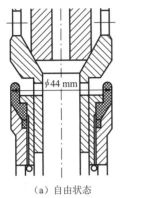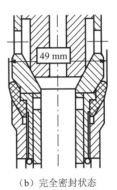

（a）自由状态　　　　　　　（b）完全密封状态

图 3-2-70　密封皮碗工作原理示意图

（3）精细测调方法。

精细测调技术的基本原则是求大不求小和各层兼顾,即调试时尽量取各层水嘴最大值,避免抬高全井注水压力;对于吸水启动压力高、注水压力已接近泵压的井,尽量使每层都吸水,以增大注水波及体积,即使会降低测试合格率,也必须兼顾各层段。根据不同井、不同层段的注水状况及储层特点,采取不同的精细调试方法。结合目前油田测调一体化主导分注技术的特点,确定了以下 4 种测调方法。

① 基本测调方法。

基本测调方法的一般原则是"大、升、检、调、稳"。"大"是指下井时将水嘴调至最大,这样有利于掌握各层在相同条件下的吸水状况。"升"是指采用降流量法测试,在测调前 2～3 d 提升注水量,普通测调时注水量提高到配注上限的 20%～25%,联动测调时提高到配注上限的 20%～30%。"检"是指检测流量计与注水表之间的水量对比误差并通过检配来了解各层吸水差异。"调"是指根据检配数据调节水嘴大小(先粗调后细调)。"稳",一是调节水嘴前水量要稳定,普通测调水嘴调试后要稳压 2 h,联动测调时注水量实时显示直线应保持 5 min 以上,方可再次进行水嘴调节;二是上一个流量点调试合格后应注水稳定 12 h以上。

② "1+1"调试法。

该方法主要针对一级二段井,其基本原则是只测一层水量、只调一个水嘴。"只测一层水量"是指测调过程中只检测下面配水器的水量,而不必检测上面配水器的水量;"只调一个水嘴"是指只调节吸水好层位的水嘴,而使吸水差层位的水嘴保持最大,防止人为抬高注水压力。

③ 动态分析调试法。

该方法主要针对二级三段及以上的井,即当进行某些层段水嘴调试时,通过分析其井筒流压变化导致的其他层位水量的动态变化,维持层间压力动态平衡,从而缓解层间干扰。

④ 辅助调试方法。

a.时间水嘴调节法:当强吸水层对水嘴的初期调试反应不灵敏时,可以逐步关小水嘴,直至找到水嘴水量变化的临界点(即"关死"水嘴剩下时间的一半)后再进行微调。该方法主要应用于层段间吸水差异大的井。

b.反向极端水嘴调试法:先关死水嘴后再打开。该方法主要应用于连续关死水嘴 90 s 以上时仍未找到水嘴水量变化临界点的层位。

(五)锚定补偿工艺管柱

1.高温高压锚定分注工艺管柱

1)管柱组成

高温高压锚定分注工艺管柱主要由高温高压封隔器、水力锚、可调配水器、洗井阀等组成,如图 3-2-71 所示。

2)工作原理

(1)下井:管柱按设计下井。

(2)锚定:从油管内打压,当压力达到水力锚启动压力时,水力锚锚爪伸出并与套管内壁接触,将管柱锚定。

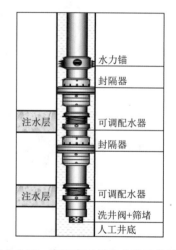

图 3-2-71　高温高压锚定分注工艺管柱

(3)坐封:从油管内打压,当压力达到高温高压封隔器坐封压差时,封隔器完成坐封。

(4)注入:坐封完毕后,下入测调一体化仪器,打开配水器,打开油管闸门即可正常注水。注入水经各级配水器进入对应的注水层段,注水量由配水器上的可调水嘴控制。当正常注水时,由于弹簧和注水压力的共同作用,洗井阀处于密封状态,内外不通。

(5)洗井:洗井液从油套环空进入,当达到一定压力时,压缩封隔器上的洗井通道打开,洗井液经过洗井通道进入封隔器以下层位,至定压洗井阀下面,当压力达到定压洗井阀开启压力时,推动阀球向上挤压弹簧,打开洗井阀,形成循环。洗井液沿油管向上进行洗井,达到清洗油层和管柱的目的。

(6)测试调配:配水器调配时使用测调一体化工具,利用电缆下入测调仪,使之与测调一体化配水器的可调水嘴对接,利用旋转机械臂增大或减小可调水嘴开度,改变水嘴的过流面积。

(7)解封:上提管柱解封封隔器,起出管柱。

3）技术特点

高温高压锚定分注工艺管柱技术特点为：

（1）锚定防止管柱蠕动，从而提高封隔器的密封可靠性；

（2）适用于上下压差大的注水井；

（3）改性氢化丁腈可提高封隔器的耐温性能；

（4）水力锚锚定时能防止下压高时管柱上顶。

4）技术参数

高温高压锚定分注工艺管柱技术参数为：

（1）封隔器坐封压差为 16～20 MPa；

（2）工作压力小于或等于 35 MPa；

（3）工作温度小于或等于 150 ℃；

（4）层间压差小于或等于 12 MPa；

（5）分注层数为 2～7 层。

2. 高温高压支撑补偿分注工艺管柱

1）管柱组成

高温高压支撑补偿分注工艺管柱主要由高温高压封隔器、补偿器、水力卡瓦、可调配水器、洗井阀等组成，如图 3-2-72 所示。

2）工作原理

（1）下井：管柱按设计下井。

（2）坐封：从油管内打压，当压力达到高温高压封隔器坐封压差时，封隔器完成坐封。

（3）支撑：在坐封过程中，当油管内压力达到水力卡瓦启动压力时，水力卡瓦的卡瓦牙伸出并与套管内壁接触，支撑管柱。

（4）补偿：在坐封过程中，当油管内压力达到

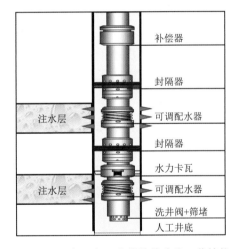

图 3-2-72　高温高压支撑补偿分注工艺管柱

补偿器启动压力时，补偿器启动后能自由伸缩，补偿器以下管柱由水力卡瓦支撑，补偿器以上管柱悬挂于井口并呈自由伸缩状态，其伸缩距离被补偿器补偿且其伸缩不影响补偿器以下管柱。

（5）注入：坐封完毕后，下入测调一体化仪器，打开配水器，打开油管闸门即可正常注水。注入水经各级配水器进入对应的注水层段，注水量由配水器上的可调水嘴控制。当正常注水时，由于弹簧和注水压力的共同作用，洗井阀处于密封状态，内外不通。

（6）洗井：洗井液从油套环空进入，当达到一定压力时，压缩封隔器上的洗井通道打开，洗井液经过洗井通道进入封隔器以下层位，至定压洗井阀下面，当压力达到定压洗井阀

开启压力时,推动阀球向上挤压弹簧,打开洗井阀,形成循环。洗井液沿油管向上进行洗井,达到清洗油层和管柱的目的。

(7)测试调配:配水器调配时使用测调一体化工具,利用电缆下入测调仪,使之与测调一体化配水器的可调水嘴对接,利用旋转机械臂增大或减小可调水嘴开度,改变水嘴的过流面积。

(8)解封:上提管柱解封封隔器,之后上提解卡水力卡瓦,起出管柱。

3)技术特点

高温高压支撑补偿分注工艺管柱技术特点为:

(1)补偿由温度、压力变化引起的管柱伸缩;

(2)适用于上压力高的注水井;

(3)改性氢化丁腈可提高封隔器的耐高温性能;

(4)补偿器以下管柱被支撑,以上管柱被伸缩补偿,整个注水管柱不会发生蠕动,从而提高了封隔器的密封可靠性。

4)技术参数

高温高压支撑补偿分注工艺管柱技术参数为:

(1)封隔器坐封压差为16～20 MPa;

(2)工作压力小于或等于35 MPa;

(3)工作温度小于或等于150 ℃;

(4)层间压差小于或等于12 MPa;

(5)分注层数为2～7层。

3. 高温高压锚定补偿分注工艺管柱

1)管柱组成

高温高压锚定补偿分注工艺管柱主要由高温高压封隔器、补偿器、水力锚、水力卡瓦、可调配水器、洗井阀等组成,如图3-2-73所示。

2)工作原理

(1)下井:管柱按设计下井。

(2)锚定:从油管内打压,当压力达到水力锚启动压力时,水力锚锚爪伸出并与套管内壁接触,将管柱锚定。

(3)坐封:从油管内打压,当压力达到高温高压封隔器坐封压差时,封隔器完成坐封。

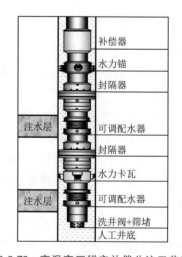

图 3-2-73　高温高压锚定补偿分注工艺管柱

(4)支撑:在坐封过程中,当油管内压力达到水力卡瓦启动压力时,水力卡瓦的卡瓦牙伸出并与套管内壁接触,支撑管柱。

（5）补偿：在坐封过程中，当油管内压力达到补偿器启动压力时，补偿器启动后能自由伸缩，补偿器以下管柱由水力卡瓦支撑，补偿器以上管柱悬挂于井口并呈自由伸缩状态，其伸缩距离被补偿器补偿且其伸缩不影响补偿器以下管柱。

（6）注入：坐封完毕后，下入测调一体化仪器，打开配水器，打开油管闸门即可正常注水。注入水经各级配水器进入对应的注水层段，注水量由配水器上的可调水嘴控制。当正常注水时，由于弹簧和注水压力的共同作用，洗井阀处于密封状态，内外不通。

（7）洗井：洗井液从油套环空进入，当达到一定压力时，压缩封隔器上的洗井通道打开，洗井液经过洗井通道进入封隔器以下层位，至定压洗井阀下面，当压力达到定压洗井阀开启压力时，推动阀球向上挤压弹簧，打开洗井阀，形成循环。洗井液沿油管向上进行洗井，达到清洗油层和管柱的目的。

（8）测试调配：配水器调配时使用测调一体化工具，利用电缆下入测调仪，使之与测调一体化配水器的可调水嘴对接，利用旋转机械臂增大或减小可调水嘴开度，改变水嘴的过流面积。

（9）解封：上提管柱解封封隔器，之后上提解卡水力卡瓦，起出管柱。

3）技术特点

高温高压锚定补偿分注工艺管柱技术特点为：

（1）补偿由温度、压力变化引起的管柱伸缩；

（2）不受上、下层压力影响，可满足各种受力情况下的分注；

（3）改性氢化丁腈可提高耐温性能；

（4）补偿器以下管柱被锚定和支撑，以上管柱被伸缩补偿，整个注水管柱不会发生蠕动，从而提高了封隔器的密封可靠性。

4）技术参数

高温高压锚定补偿分注工艺管柱技术参数为：

（1）封隔器坐封压差为 16～20 MPa；

（2）工作压力小于或等于 35 MPa；

（3）工作温度小于或等于 150 ℃；

（4）层间压差小于或等于 12 MPa；

（5）分注层数为 2～7 层。

四、海上出砂油藏安全生产分层注水工艺技术

（一）海上出砂油藏安全生产分注需求分析

海洋石油作业井控要求"有自喷、自溢能力的油气生产井均应安装井下封隔器，以封闭油管和套管环隙，在海床下 30 m 或更深一些的位置，所有油管均应安装井下安全阀"。由于胜利滩海油田地处风暴潮多发区，工作环境恶劣，井下安全控制技术上的任何失误都可

能导致油井和人身事故,造成直接经济损失,而且可能污染海洋环境,其后果不可估量。

胜利浅海埕岛油田馆上段属河流相沉积的砂岩油藏,纵向层多、层薄,平面上砂体横向变化大,且油稠,采油指数低,为此采取了一套层系、大井距开发的对策。实施后初期油井产能较高,但水驱后出现了比陆上相似油田更加严重的层间和平面的矛盾,加之注水时机晚,出现了局部井区压降大、脱气严重、油井产液量和产油量较低的现象。虽然目前该油田大部分油井仍处于低含水期,但随着地层能量的下降和注水工作的深入开展,含水会继续上升。由于主力层的层间差异较大,注水后许多油井必将出现水窜、水淹、出砂等现象,严重影响油田的正常生产,并降低油田的采收率和开发效益。

针对以上情况,结合胜利浅海埕岛油田疏松砂岩油藏地质特点和具体的工艺应用条件,创新形成了一套适合埕岛油田海上复杂地质及海况条件下的安全水驱开发工艺技术,实现油藏与工艺结合、实施高效注水、优化改善水驱效果的措施和工艺方法,可以满足浅海特殊作业施工环境的要求,能够达到防得住、分得开、注得进、测得准、寿命长、效率高的目的,从而有效地配合油藏地质要求,提高胜利浅海埕岛油田疏松砂岩油藏注水开发阶段的采收率。这对埕岛油田的稳产和胜利油田的持续稳定发展具有重要的现实意义,对国内同类油田的开发也具有重要的指导和借鉴意义。

(二)分层防砂注水一体化技术

我国东部渤海湾地区油藏储层主要为东营组和馆陶组,砂体以细砂岩、粉细砂岩为主,地层为孔隙式泥质胶结,胶结疏松,在注水过程中注入水的溶解、冲刷作用导致泥质分解,破坏了地层的骨架结构,使出砂状况较严重。注水井在作业、洗井和关井停注等情况下,井筒降压、层间窜通等造成地层激动,引起注入水返吐并大量出砂。出砂会严重影响注水井的工作状况,主要危害有:① 砂埋注水管柱;② 堵塞洗井通道,导致注水井洗井不通,无法进行井下测试、调配;③ 注水压力升高,吸水能力下降,不能完成方案设计的配注量;④ 缩短注水管柱的工作寿命。为防止注水井出砂,创新形成了分层防砂注水工艺管柱,利用防砂管和配套工具进行挡砂,防止地层出砂进入注水井筒。

可洗井分级测调分层防砂注水一体化管柱主要由补偿器、液压扶正器、丢手插封、挡砂皮碗、防砂管、配水器、可洗井封隔器、水力卡瓦等工具组成。

管柱下井后,从油管内打压使封隔器坐封,并启动水力支撑卡瓦、液控安全接头、补偿器、挡砂皮碗和液压扶正器;同时启动配水器控制机构,泄压后自动开启注水通道。注入水通过防砂管直接进入油层,可减少注水压力损失。各层注水量由注水芯子上的水嘴控制。洗井时,洗井液从油套环空进入,经过防砂管夹层和封隔器洗井通道从油管返出,可以清除因水质不合格而引起的滤砂管堵塞。利用油层两端的挡砂皮碗和滤砂管将地层出砂挡在油层部位,防止砂子进入井筒,堵塞洗井通道。

该工艺包括两种注水管柱:液控式测调一体化分注管柱和液控式同心双管分注管柱。液控式测调一体化分注管柱的配水器全部采用可调配水器,利用一体化测调仪器可以测试和调配各层注水量,也可以进行吸水指示曲线测试和封隔器验封,测调效率高。液控式同心双管分注管柱在地面进行测调。

可洗井分级测调分层防砂注水一体化管柱可满足注水、洗井、防砂和测试调配等工艺要求,有效解决分注、防砂问题。

1.大通径分层防砂工艺管柱

1)管柱组成

大通径分层防砂工艺管柱的核心技术是通过增大分层防砂工艺管柱的内径,使注水管柱获得充分的设计和使用空间,从总体上提高整套技术的可靠性。大通径分层防砂管柱主要由悬挂丢手封隔器、金属毡滤砂管、分层封隔器、支撑油管锚等组成,如图3-2-74所示;坐封管柱主要由补偿器、扩张封隔器、节流器、密封插头、筛管等组成,如图3-2-75所示。

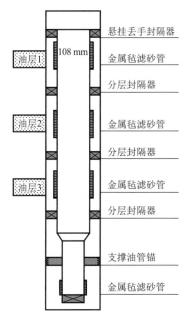

图 3-2-74　大通径分层防砂工艺管柱

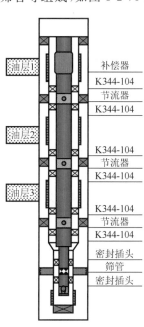

图 3-2-75　坐封管柱

2)工作原理

(1)下井:大通径分层防砂工艺管柱按设计要求连接至最上一级滤砂管后坐上吊卡并挂在井口,按设计要求连接坐封管柱,缓慢下入防砂管柱,通过悬挂丢手封隔器与防砂管柱内外连接起来,缓慢下至设计深度。

(2)洗井:洗井液大排量反洗井至进出口水质一致。

(3)坐封:从油管内依次打液压5 MPa,8 MPa,12 MPa,15 MPa和18 MPa,各台阶压力值稳压5 min;18 MPa稳压完成后缓慢泄压至0 MPa,下放管柱,加压100 kN,验证悬挂丢手封隔器、分层封隔器、油管锚是否坐封锚定牢靠。

(4)丢手:从油管内加液压至20 MPa,压力突降,实现丢手。若液力丢手不成功,则上提管柱至原悬重,正转30圈左右丢手。丢手完成后上提2根油管,再下放管柱,加压10~20 kN,综合判断防砂管柱坐封锚定状态,然后起出丢手管柱。

(5) 解封：上提管柱解封封隔器，之后上提解卡油管锚，起出管柱。

3）技术特点

大通径分层防砂工艺管柱技术特点为：

(1) 可实现多级细分层防砂，预留井眼通径大，易实现分层注水、调配工艺；

(2) 采用平衡式管柱结构设计，各层段受力平衡，蠕动小，寿命更长；

(3) 防砂和注水各成体系，注水检管或采取增注工艺措施时，可只起出注水管柱；

(4) 防砂管外径大，地层出砂后充填层薄，注水阻力小；

(5) 配备多级安全接头，便于打捞滤砂管；

(6) 能够满足后续分层测试的需要。

4）技术参数

大通径分层防砂工艺管柱技术参数为：

(1) 封隔器坐封压差为 16～20 MPa；

(2) 悬挂丢手压差为 20～22 MPa；

(3) 工作压力小于或等于 35 MPa；

(4) 工作温度小于或等于 150 ℃；

(5) 层间压差小于或等于 12 MPa；

(6) 防砂后鱼腔内径为 108 mm。

2. 液控式分注工艺管柱

1）管柱组成

液控式分注工艺管柱的核心技术是利用液控压缩式封隔器实现分层，具有独立的液压控制系统，在地面可以控制井下封隔器的坐封与解封。液控压缩式封隔器工作状态直观，分层性能可靠，可有效解决普通可洗井分层封隔器可靠性差、反洗通道小、反洗通道易堵塞、反洗不彻底及液控扩张式封隔器中途坐封、易磨损、胶筒解封时间长的问题。液控式分注工艺管柱主要包括测调一体化分注管柱和同心双管分注管柱。液控式测调一体化分注管柱由侧开式反洗阀、液控压缩式封隔器、可调配水器、环空安全封隔器、井下安全阀等组成，如图 3-2-76 所示。液控式同心双管分注管柱由内外管组成，其中外管由筛管、小直径液控压缩式封隔器、密封工作筒、定压注水阀、平衡液控压缩式封隔器、环空安全封隔器、环空安全阀等组成，内管由密封柱塞总成、环空安全阀内密插、补偿器、油管安全阀等组成，如图 3-2-77 所示。

2）液控式测调一体化分注工艺管柱

(1) 工作原理。

① 下井：按设计要求连接并缓慢下入液控式测调一体化分注工艺管柱。

② 洗井：洗井液大排量反洗井至进出口水质一致。

③ 坐封：对液控式封隔器管线打压至 18～20 MPa，确保环空安全封隔器坐封严实，泄压至 10～12 MPa，使液控式封隔器胶筒处于最佳工作状态。

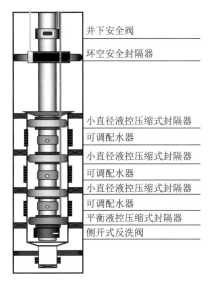

图 3-2-76　液控式测调一体化分注工艺管柱

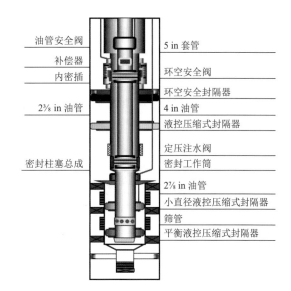

图 3-2-77　液控式同心双管分注工艺管柱

④ 试注：井下安全阀压力稳定在 4 000 psi 以上，缓慢打开井口注水闸门，全井筒试注。

⑤ 测调：下入一体化测调仪，按设计要求调配各层流量。

（2）技术特点。

液控式测调一体化分注工艺管柱技术特点为：

① 根据套管尺寸及油层情况选择相应液控式压缩封隔器，实现多级细分安全长效注水；

② 独立液控管线控制，实现井下胶筒状态智能化控制；

③ 反洗时胶筒收回，避免胶筒接触磨损，延长胶筒使用寿命；

④ 坐封不需要节流压差配合，封隔与分流功能互不依靠，更适用于筛管分流的双管管柱，适用范围广。

（3）技术参数。

液控式测调一体化分注工艺管柱技术参数为：

① 坐封压差为 8～12 MPa；

② 工作压力小于或等于 35 MPa；

③ 工作温度小于或等于 150 ℃；

④ 层间压差小于或等于 20 MPa；

⑤ 适用井斜小于或等于 60°；

⑥ 分层无限制。

3）液控式同心双管分注工艺管柱

（1）工作原理。

① 下井：按设计要求分别下入注水外、内管柱。

② 洗井：洗井液大排量反洗井至进出口水质一致。

③ 坐封:从环空注水通道正打压 8 MPa,12 MPa,15 MPa 和 16 MPa,各稳压 5 min,环空安全封隔器完成坐封,继续加液压至 18 MPa 左右,压力突降,打开定压注水阀;对液控压缩式封隔器管线打压至 10～12 MPa,使液控压缩式封隔器胶筒处于最佳工作状态。

④ 试注:井下安全阀压力稳定在 4 000 psi 以上,环空安全阀压力稳定在 15～20 MPa,缓慢打开井口注水闸门,根据地质配注要求注水。

⑤ 测调:根据井口流量计测调各层流量。

(2)技术特点。

液控式同心双管分注工艺管柱技术特点为:

① 独立液控管线控制,实现井下胶筒状态智能化控制;

② 反洗时胶筒收回,避免胶筒接触磨损,延长胶筒使用寿命;

③ 内、外管独立下入,可独立检换内管;

④ 模块集成密封分流系统,抗蠕动性能强,可实现安全长效分层注水。

(3)技术参数。

液控式同心双管分注工艺管柱技术参数为:

① 坐封压差为 8～12 MPa;

② 工作压力小于或等于 35 MPa;

③ 工作温度小于或等于 150 ℃;

④ 层间压差小于或等于 20 MPa;

⑤ 适用井斜小于或等于 65°;

⑥ 分注层数为 2 层。

五、分层注水同心测调一体化技术

从提高测试调配效率、减轻工作量、提高成功率入手,开展测调一体化技术研究。该技术利用机电一体化原理,采用边测边调的方式实现对注水井的测试与调配(图 3-2-78)。其中,注水工艺采用同心等径可调配水器,测调工艺采用一体化技术,测调仪器一次下井即可完成所有层位的测试与调配工作,使流量调节更加精确,工作量更小;验封工艺同样采用一体化技术,一次下井便可完成对各级封隔器的分层验封工作,大大减少工作量,实现分层注水量的精确调节,满足测试调配要求,形成注水井测调一体化技术,工作原理如图 3-2-78 所示。

(一)同心可调配水器

井下可调配水器是该技术的主要组成部分,该工具成功与否直接决定测调一体化技术的成败,其核心井下工具为阀片式同心可调配水器。

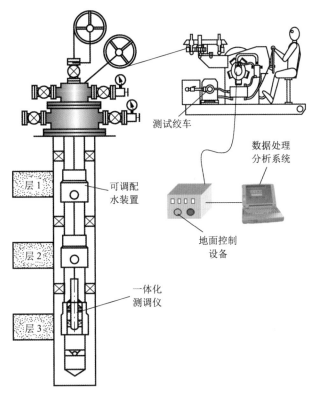

图 3-2-78 分层注水同心测调一体化工艺管柱

1. 结构组成

阀片式同心可调配水器主要由上下接头、中心管、防转套管、调节芯子、固定凡尔座、活动凡尔、压簧等组成,如图 3-2-79 所示。

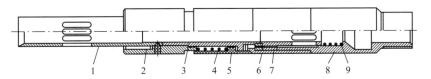

1—防转套管;2—上接头;3—中心管;4—外压簧;5—活动凡尔;
6—固定凡尔座;7—调节芯子;8—下接头;9—内压簧。

图 3-2-79 阀片式同心可调配水器结构示意图

2. 技术原理及指标

当一体化测调仪下到防转套管上部时,仪器上的电动定位器打开支撑臂,然后下放至防转套管上部的喇叭口上。由于支撑臂的直径尺寸大于防转套管上部喇叭口的尺寸,所以一体化测调仪在此处轴向定位。这样一体化测调仪正好使上部 2 个支撑臂插入防转套管内的开口槽内,同时使下部 2 个电机支撑臂插入调节芯子的开口槽内,这样电机转动时就带动调节芯子转动。由于上部 2 个支撑臂起到了固定作用,即使下部有反作用力,也不会使仪器整体旋转,只能使下部的机械手转动,从而带动调节芯子旋转。调节芯子在中心管上部环形面上对称开有 4 个细长槽式出水孔,这 4 个出水孔正好与调节芯子上的 4 个凸面相对称吻合,当调节芯子转动时,或逐步打开或逐步关闭 4 个对称出水槽孔,这样起到了开启关闭的作用和调节水量的作用。由于一体化测调仪是直读式仪器,在地面计算机上就可实时检测井下各分层的流量。如果要测调另一个注水层的水量,就将电动定位器的支撑臂收起,使两臂直径小于防转套管的直径,从而将一体化测调仪提升到另一个层段上,然后重复上述过程即可。

阀片式可调配水器的技术参数见表 3-2-26。

表 3-2-26　阀片式可调配水器的技术参数

最小中心通径/mm	最大外径/mm	可调配水量/(m³·d⁻¹)	最大长度/mm	耐压/MPa	耐温/℃	使用级数/层
46	92	0~500	530	60	150	无限制

(二) 自动定位测调仪

自动定位测调仪(图 3-2-80)根据设计要求可以实现一次下井完成多层测试与多层流量调节。其关键是自动定位测调仪的结构设计,该仪器采用电动式定位方式,可以随时给电动式定位装置指令信号而将其打开或关闭,从而对不同的层位进行反复测调,大大提高测调精度。

当自动定位测调仪通过测试绞车输送到位后,通过地面控制柜发出一个电信号——打开电动定位装置,起到轴向和径向定位作用;然后通过地面控制柜发出另一个电信号——旋转调配机械手,调配水嘴的大小;最后通过测调仪测试流量、温度及压力的变化。

测调仪　电动定位装置　　　　　　　　　　　　调配机械手

图 3-2-80　自动定位测调仪

自动定位测调仪的技术参数见表 3-2-27。

表 3-2-27　自动定位测调仪的技术参数

技术参数	取值	技术参数	取值
最大外径/mm	38	最大张臂尺寸/mm	56
压力测试范围/MPa	60	工作电压(直流)/V	70
压力测试精度/‰	2~5	耐温/℃	125
流量测试范围/(m³·d⁻¹)	0~500	最大输出扭矩/(N·m)	150
流量测试精度/%	1.5	最大承受力/kN	10
长度/mm	900	最大许用电流/mA	250
最小张臂尺寸/mm	38		

1. 三参数测试调配技术

三参数测试仪共有 3 个参数——温度、压力、流量,其功能是当测调仪下入井内时,通过地面数据供电和软件指令将温度、压力、流量传感器感受和探测到的电信号(根据地面模拟标定的数据)传到井下一体化单板计算机内,利用软件对电信号进行数字化处理,通过遥传将数据传送至地面计算机内,地面数控系统再根据油藏地质方面的设计方案查看井下各分层注水量的变化(包括注水压力、流量)是否符合设计要求。如果不符合,则给井下调配机械手一个指令,控制井下直流电机带动机械手转动,机械手上部固定在防转套管内,下部与调节芯子连接,调节芯子控制 4 个槽式水嘴,并可正反向旋转,以实现水嘴开启或关闭(开启得大时水量就大,开启得小时水量就小,全部关闭时可停止注水),从而控制注水。此外,根据配注设计随机实时观测井下各分层压力、流量、温度的变化,实现测调一体化。

井下三参数测试仪和便携式地面数控系统配合工作,其中井下三参数测试仪主要由信号处理电路、压力测量电路、温度测量电路、流量测量电路、电机控制电路、驱动电路、单片机系统、装载于单片机系统中的相关工作软件以及流量传感器、压力传感器、温度传感器等组成。

工作过程中,井下三参数一体化分层测试仪由便携式地面数控通过单芯铠装电缆提供能源,定位电机和水量调节电机的控制命令由便携式地面数控发出,控制命令的信号通过测井电缆传至井下,通过信号拾取电路、滤波电路、放大电路、检波电路、成形电路等信号处理电路处理后,经井下三参数测试仪中的单片机系统对定位电机控制电路和水量调节电机控制电路发出控制命令,从而使这两个电机按照控制命令要求工作。井下三参数测试仪的流量、温度、压力测量值通过 A/D 转换器送入单片机系统中,编码后通过输出驱动电路由单芯铠装电缆送入便携式地面数控中,经解码后输入计算机中进行实时分析和处理。

井下电子压力计和井上解码控制仪通过单芯铠装电缆连接,解码控制仪中的通信接口电路接收井下电子压力计输出的压力和温度数据,经解码后输入计算机中进行实时分析和处理。

2. 自动定位技术

1) 电动定位器结构

电动定位器主要由小直径直流电机、小直径四级行量齿轮减速器、传动螺杆、微动开关、定位滚轮、弹簧、锥形支撑杠杆等组成,如图 3-2-81 所示。

2) 工作原理

当地面数控系统向直流电机供电时,正向供电电机正转,带动小直径四级行量齿轮减速器正转,行量齿轮减速器输出轴则带动传动螺杆正转传动,螺杆又推动锥形支撑杠杆向前移动,支撑臂及定位滚轮在锥形支撑杠杆的斜面作用下压缩弹簧,迫使支撑臂及定位滚轮向外张开。当两支撑臂直径大于上部防转套管的内径时,下放仪器,则两支撑臂自动定

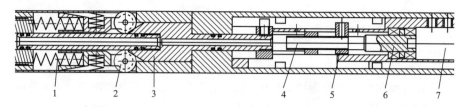

1—弹簧；2—定位滚轮；3—锥形支撑杠杆；4—传动螺杆；5—微动开关；
6—小直径四级行量齿轮减速器；7—小直径直流电机。

图 3-2-81　电动定位器结构示意图

位在配水器喇叭口上，保证径向定位装置和调配机械手自动定位到配水器的两个控制槽内，方便调配机械手控制配水器。

第三节　不同类型水驱油藏分层注水工艺技术政策界限

一、分层注水政策界限影响因素

随着中高渗水驱油田进入特高含水开发阶段，大孔道窜流现象日趋严重，油藏非均质状况越来越复杂，韵律层间吸水性存在较大差别（对于正韵律沉积大厚层，顶部韵律层需要加强注水；对于反韵律沉积大厚层，底部韵律层需要加强注水），只有通过多层精细注水、细分注水，才能实现层内、层间均衡驱替发展，实现韵律层、薄差层各砂体间的均衡动用，提高注水波及效率，提高薄差油层动用程度，最终实现老油田剩余油挖潜，为油田高效、可持续发展提供强有力的技术支撑。

以上矛盾对分注工艺提出了更高的要求，只有提高分注率和细分率，通过控制分层注入，减缓强吸水层注水，增加潜力层注水波及，达到层间均衡驱替才是提高水驱开发效果的关键。

为了提高测调效率和层段合格率，减小劳动强度，随着高温井下直流大扭矩微电机的进步，胜利油田成功研发出同心测调一体化技术，使得分注技术进入一个全新的时代，在测调技术进步的同时，细分注水技术水平也得到很大的提高。针对整装油藏韵律层细分需求、断块油藏强非均质性和层间干扰加剧、大压差分注井分注需求以及低渗透油藏高温高压分注需求，通过分类整理和技术指标适应性分析，形成了适用于不同油藏、不同井况、不同工况的 7 套标准化分注管柱（图 3-3-1），即常规标准注水管柱、锚定补偿注水管柱、吐聚防返吐注水管柱、大压差分级节流注水管柱、分质分压注水管柱、分防分注注水管柱和套损套变小直径注水管柱，可实现油藏温度 150 ℃、油藏埋深 4 000 m、井斜 60°、夹层厚度 0.5 m、最小卡封距 1.2 m、分注 8 层、层间压差 12 MPa、注水压力 35 MPa、套管规格从 3½ in 到 9⅝ in 条件下的分注，为提高水驱油藏分注率和层段合格率奠定技术基础。

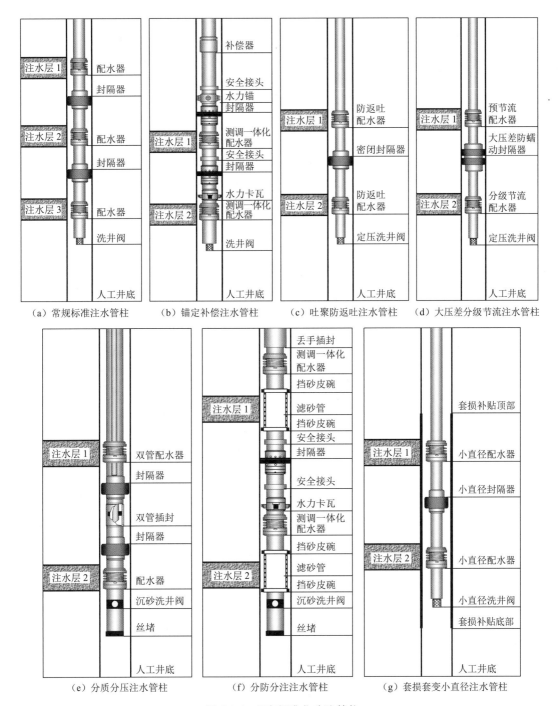

（a）常规标准注水管柱　　（b）锚定补偿注水管柱　　（c）吐聚防返吐注水管柱　　（d）大压差分级节流注水管柱

（e）分质分压注水管柱　　　（f）分防分注注水管柱　　　（g）套损套变小直径注水管柱

图 3-3-1　7 套标准化分注管柱

随着水驱油藏进入特高含水开发阶段,油藏非均质状况越来越复杂,层间层内矛盾突出,只有将细分注水技术和系列化分注管柱根据其适应性有选择地进行应用,才能提高非主力层的水驱动用程度。为了方便现场技术人员应用,必须制定分层注水政策界限或图版。

细分注水技术政策标准：① 对渗透性好、吸水能力强的层控制注水；② 对渗透性差、吸水能力弱的层加强注水；③ 对高含水层控制注水，对低含水层加强注水。

细分注水合理分级标准：隔层有较好的延伸性、稳定性，油层厚度在 2 m 以上，层段砂岩厚度在 8 m 以内，层段内油层渗透率级差不大于 3.0，油层渗透率变异系数在 0.7 以内。

按照细分注水技术政策标准和合理分级标准，跟踪、分析了近年来分注管柱的应用情况，通过对影响胜利油田分层注水管柱先进性、长效性的主要因素进行调研分析，确定工艺方面不同类型油藏影响细分注水政策界限的因素分别为细分注水管柱适用的最大井深、最高井温、最大井斜、最大分注级数、最大层间压差、最小卡距、最小夹层厚度、适用套管内径等参数，这些参数反映了细分注水技术的先进性，是分注管柱及分注技术先进性的重要指标。

二、油藏分注政策界限

细分注水是控制无效注水、提高储层动用程度的一项有效措施。通过细分调整，对层段进行合理优化组合，能减缓层间矛盾，改善吸水状况，提高动用程度，控制高含水后期含水上升速度，提高水驱开发效果。近年来，以提高水驱开发质量为目标，围绕提高注水"三率"、强化提高分注率和层段合格率的关键技术攻关与配套，分层注水系列技术得到进一步提高和完善，同时强化分层注水技术实现规模化应用，注水"三率"大幅度提高，支撑了水驱开发效果向好。为进一步明确下一步细分注水的潜力，提升水驱油藏注水开发水平，从油藏、工艺、测调、地面等方面研究了细分注水的影响因素，针对不同类型油藏特点，确定了不同类型油藏细分注水政策界限，见表 3-3-1。

表 3-3-1 不同类型油藏细分注水政策界限

油藏类型		层段内渗透率级差	层段内小层数/层	层段内砂岩厚度/m
整 装	多 层	2	4	8
	厚 层	2	2	9
断 块		2.5	4～6	5～6
低渗透	厚 层	4	4	6
	薄互层	3	3	15
	透镜体	4	4	10

三、不同水驱油藏分注工艺技术政策界限

1. 高温高压密封技术应用界限

前面已采用有限元方法对胶筒及辅助部分进行了非线性数值分析，优化了胶筒高度、厚度、倒角、护罩几何尺寸，设计了肩部保护式和压缩自封式胶筒。这两种结构能够很好地提高和保持接触应力，优化封隔器胶筒的密封结构（增加防吐、钢丝网），优选密封新材料（氢化丁腈），使封隔器耐温达到 150 ℃，密封压差提高到 35 MPa 以上，工作寿命延长 1.5

倍,达到 3 年以上,实现了长期有效密封。

封隔器在不同工作状态下,温度、压力效应对其位置的影响不同。管柱锚定补偿技术采用两级锚定强制固定封隔器卡封位置,采用补偿器消除上部管柱因温度、压力效应对锚定的影响。高温高压密封注水管柱整体采用防腐、防垢处理,优化了锚定工具的易解卡机构,提高了管柱性能和安全可靠性,有效工作寿命达到 3 年以上。

2. 多薄层细分注水技术应用界限

多薄层细分注水工艺技术主体是精细卡封定位技术、集成细分注水技术,通过井下机械定位、无线张力测试及激光测距实现了对最小夹层厚度为 1 m 的封隔器卡封精确定位,在 2 000 m 井深中管柱定位精度可达到 0.12 m;通过封配一体化集成配水技术实现了小卡距、小层间距多薄层油藏的细分注水,最小配水间距为 2 m,一次投捞可实现所有层注水量的调配,为潜力韵律层的有效注水开发提供了技术支撑。该技术已在埕 118-17 等 122 口井中成功应用,从工艺角度有效保障了薄夹层、薄油层油藏的精细注水开发。

3. 分层注水技术适应套管内径应用界限

利用膨胀比 1.4 以上的扩张式胶筒密封技术,增加复合内衬高弹性、高强度金属骨架,形成了套管尺寸为 3½ in,4 in,4½ in 和 5 in 的小直径封隔器系列,实现了套变井、套变修复井的分层注水。

用于 5½ in 和 7 in 套管的分注井工具为注水井最为常见的工具,工艺成熟、效果稳定。同时配套有用于 9⅝ in 套管的全套注水工具,可满足 9⅝ in 套管分注需求。

目前分注技术可满足 3½ in,4 in,4½ in,5 in,5½ in,7 in 和 9⅝ in 等套管规格的分层注水。

4. 主导工艺技术的技术应用界限

测调一体化分注技术是在井下分层注水条件下实现在线边测边调的工艺,具有测调效率高和流量调控精度高的特点,在油田得到了广泛应用并取得了较好的效果。因此,从分层注水工艺发展历程和技术先进性来看,确定测调一体化分注技术为油田分层注水的主导工艺技术,该技术包括偏心、空心测调一体化分注技术。

1) 偏心测调一体化技术应用油藏深度界限

通过对不同井深情况下偏心测调一体化技术测调情况调查发现,偏心配水测调在井深 1 500 m 以内时成功率较高,可达到 94%,井深 1 500～2 000 m 时测调成功率为 81.5%,但井深 2 000 m 以上时则降到 70% 以下,井深影响较大,因此偏心测调一体化技术使用井深不能超过 2 000 m。

例如,孤岛油田利用偏心测调一体化注水管柱测调 39 口井,成功 37 口井,遇阻 2 口井,测调成功率 94.9%,测试层段合格率 87.1%。偏心分层注水管柱在孤岛油田井深 1 500 m 以内时测试成功率 86.3%,井深 1 500～2 000 m 时测调成功率为 82.5%;在孤岛外围油田井深 2 000～3 000 m 时测调成功率为 67.3%。综合考虑,确定偏心测调一体化技术应用油藏深度界限为 2 000 m。

2）空心测调一体化技术应用油藏深度界限

不同井深情况下空心测调一体化技术的测调统计情况见表 3-3-2。从表中可以看出，空心配水测调在井深 3 000 m 以内时成功率较高，平均达到 94.35%，井深对测调成功率影响不大，空心测调一体化技术使用井深可以达到 3 000 m 以上。例如，大北 19-17 井于 2013 年 5 月完井，该井配水器最大下深 3 155.4 m，井口测调最高压力 28 MPa，完井后测调正常。经统计，胜利油田井深在 3 000 m 以上时应用空心测调一体化技术注水井 8 井次的测调情况，平均井深 3 545 m，成功率为 100%。综合考虑，确定空心测调一体化技术应用油藏深度界限为 3 500 m。

表 3-3-2　不同井深情况下空心测调一体化技术测调统计情况

配水器最大下深/m	测调井次	成功井次	失败井次	测调成功率/%
0～1 500	47	40	7	85.11
1 500～2 000	67	63	4	94.03
2 000～2 500	211	205	6	97.16
2 500～3 000	21	18	3	85.71
3 000 以上	8	8	0	100.00
合　计	354	334	20	94.35

3）偏心测调一体化技术应用井斜界限

偏心测调一体化技术在不同井斜条件下的测调统计情况见表 3-3-3。从表中可以看出，井斜小于或等于 30°时，测调成功率为 88.7%；井斜大于 30°时，测调成功率为 44.4%。偏心分注井投捞时捕捞器需进入偏心轨道捕捉堵塞器，因此随着井斜的增加，投捞难度增大，测调成功率降低。例如滨南的 LJL74X8 井，井斜度 40°，多次测调不成功，无测调曲线，改空心测调一体化管柱后测调一次成功。

表 3-3-3　不同井斜条件下偏心测调一体化技术测调统计情况

注水井井斜/(°)	测调井次	成功井次	不成功井次	测调成功率/%
≤30	62	55	7	88.7
>30	18	8	10	44.4
合　计	80	63	17	78.75

根据表中跟踪偏心测调一体化分注井测调资料统计结果，确定偏心测调一体化技术注水应用井斜界限为小于或等于 30°。

4）空心测调一体化技术应用井斜界限

空心测调一体化技术在不同井斜条件下的测调统计情况见表 3-3-4。从表中可以看出，井斜小于或等于 30°时，测调成功率为 92.86%；井斜为 30°～60°时，测调成功率为 91.67%；井斜大于 60°时，空心测调一体化技术测调未应用。

例如，CB6B-3 井于 2011 年 7 月完井，井斜 56.2°，分 3 层注水，配水器最大下深 1 686 m，完井、后期测调均正常。东辛油田中井斜小于 30° 的井有 37 口,初期调配成功率为 100%,大于 30° 的井有 29 口,初期调配成功率为 100%。

综合考虑,确定空心测调一体化技术应用井斜界限为 60°。

表 3-3-4　不同井斜条件下空心测调一体化技术测调统计情况

井斜/(°)	测调井次	成功井次	不成功井次	测调成功率/%
<30	98	91	7	92.86
30~60	60	55	5	91.67
>60°	0	0	0	—
合　计	158	146	12	92.41

5) 分注层数技术界限

常规空心分层注水技术由于测调原因分注层数为 4 层,常规偏心分层注水技术分注层数为 8 层以内;空心、偏心测调一体化配水器在理论上不受级数限制,可以无限级分层注水,但当级数超过 7 层后,需要 4~6 d 或更长时间来测试调配,如大庆采油五厂 7 层井一般需要 4~5 d 才能测调合格。

根据胜利油田的注水技术情况,综合考虑分注管柱施工成功率、测试调配成功率等因素,确定测调一体化技术分注层数技术界限为 10 层。

6) 不锚定管柱层间注水压差技术界限

当层间压差为 5 MPa 时,在 5½ in 套管内,封隔器所承受的力达到 49 kN 以上;在 7 in 套管内,封隔器所承受的力达到 80 kN 以上,封隔器胶皮会因封隔器蠕动而损坏;即使采用锚定技术,若封隔器胶筒所受力太大,也会对封隔器胶筒造成剪切损坏,使其寿命降低。因此,确定常规不锚定管柱层间注水压差技术界限为 5 MPa。

7) 大压差分级节流控制配水技术层间注水压差技术界限

在层间注水压差较大,低渗层放大注水,高渗层仍需要用直径 2.0 mm 以下水嘴才能实现对高渗层控制注水的分注井称为大压差分注井。直径小于 2.0 mm 的水嘴在现场调配中虽然能够达到配注要求,但大节流压差下流速较高(如流量 40 m³/d,水嘴直径 2.2 mm,节流压差 4.98 MPa,流速 60.9 m/s),很容易刺坏,而且使用小水嘴易堵塞,现场空心调配实践中一般不采用直径 2.0 mm 以下的水嘴。大压差分级节流控制配水技术采用两级水嘴和一级节流管组合的分级节流控制配水技术,配注 20~150 m³/d,可以实现层间最大压差 12 MPa 的精确分层配注。因此,确定大压差分级节流控制配水技术层间注水压差技术界限为 12 MPa。

8) 油藏夹层厚度技术界限

对于油藏夹层厚度较小的分注水井,目前精细卡封定位技术精度为小于或等于 0.12 m,注水封隔器胶筒长度多在 0.24 m 以下,因此薄夹层厚度 0.5 m 以上都可以实现卡封注水。

第四章
复杂井况快速诊断及井下液压修井技术

油田开发进入高含水期后,油水关系复杂,剩余油分布零散,单井控制储量不断降低,如胜坨油田 2010 年单井控制储量 10.2×10^4 t,比 2006 年减少了 3.2×10^4 t;同时低油价对新井产能提出了更高的要求,50 美元/桶条件下产能需要达到 5 t/d 以上。因此,仅仅依靠打新井不能满足完善井网和高效开发的需求,迫切需要解决快速、低成本修井的技术难题,盘活老井存量资源,进一步完善井网,提高储量控制程度,不断延长高含水老油田经济寿命期。

在注采强度大、在井时间长、调整改层频繁、地应力变化、腐蚀结垢等影响下,胜利油田油水井老化严重、套损井数多、井网损坏加剧、储量失控严重。胜利油田套损井每年增加 500 口以上,传统的打铅印、多臂井径仪等机械检测技术依靠经验判断,准确率仅为 81%;大修修井成本高,周期长,平均修井天数达到 42.5 d。针对复杂井况识别难的问题,创新了井下视像检测技术和电磁探伤定量检测技术,解决了传统检测技术定性不清、定量不准的难题;针对修井成本高的问题,发明了整形、补贴、打捞等低成本液压修井技术,为变形、破漏、卡管柱、水平井等复杂井况提供了全系列液压技术解决方案。该系列技术实现了快速低成本修井、井网恢复和失控储量,一次诊断准确率达 93%,修井效率提高了 50%,成本降低了 46.8%。

第一节　修井优化设计技术

常规的套损井修复设计主要依靠现场经验,缺少一套比较完整的、能够提供套损井修复优化设计支持的考虑工艺优选、工具优选及成本等综合因素的软件系统。为了实现套损井修复方案最优化,同时不断积累以前的套损井修复知识和经验,为以后的套损井修复提供更多的支持,进行了套损井修复专家系统研究。

一、套损井修复专家系统主要流程和总体结构

1. 系统主要流程

1）总体流程

套损井修复专家系统以数据库、知识库、案例库为基础，进行修井咨询和修井设计；修井施工期间记录施工过程，修井完成后生成施工总结报告并保存到案例库中。该系统主要流程如图 4-1-1 所示。

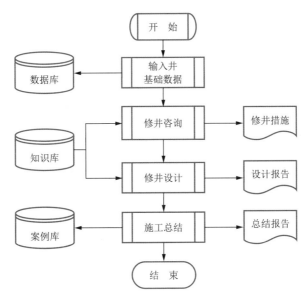

图 4-1-1　套损井修复专家系统总体设计流程图

2）咨询、设计流程

（1）修井咨询主要过程：根据软件的提示输入当前事故描述信息，专家系统给出工艺方案，再选择相应的工具，得出本次修井的施工工艺措施。

（2）施工设计主要过程：确定施工目的，选择施工工艺措施，专家系统给出主要工序；确定基本修井工序（可增加、调整顺序、删除等），输入相关参数，优化施工设计，用户可进行修改，保存后生成报告。

如果已经明确修井工艺措施，则可以跳过修井咨询，直接进行施工设计。

修井咨询、施工设计主要流程如图 4-1-2 和图 4-1-3 所示。

2. 系统功能结构

套损井修复专家系统的主要功能包括井基础数据管理、专家咨询、施工总结、设备工具管理、管材管理、知识库管理、修井资料管理等。该系统功能结构如图 4-1-4 所示。

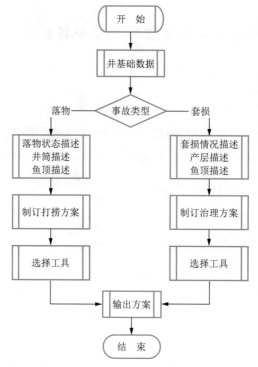

图 4-1-2 修井咨询流程

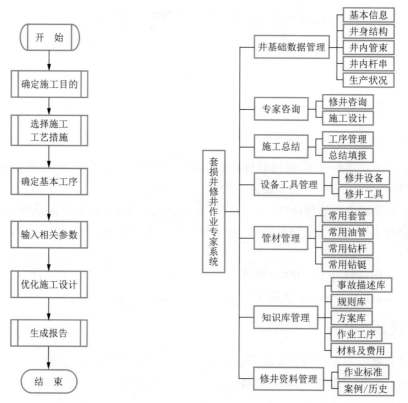

图 4-1-3 施工设计流程　　　图 4-1-4 套损井修复作业专家系统的功能结构图

二、套损井修复专家系统推理机

在基于规则的系统中,推理机决定哪些规则的前件被事实满足。专家系统求解问题的两个常用推理策略是正向推理策略和反向推理策略。为了特殊需要而使用的其他方法可能包括手段-目的分析、问题简化、回溯、规划-生成-测试、逐级规划、最小满足原则以及约束处理。

要使修复专家系统具有修井专家所具有的处理事故的方式,必须建立完善的事故处理推理机制。推理是根据一定的原则(公理或规则)从已知的事实(或判断)推出新的事实(或另外的判断)的思维过程,其中推理所依据的事实称为前提(或条件),由前提所推出的新事实称为结论。基于知识的推理的计算机实现就构成了推理机,推理机的功能是模拟领域专家的思维过程,控制并执行对问题的求解。

1. 推理机推理方法

1) 正向推理

正向推理又称自底向上控制、前向推理等。正向推理控制策略的基本思想是:从已有的信息(事实)出发,寻找可用的知识,通过冲突消解选择启用知识,执行启用知识,改变求解状态,逐步求解,直至问题解决。

一般来说,实现正向推理应具备一个存放当前状态的综合数据库、一个存放知识的知识库以及进行推理的推理机。其工作程序为:用户将与求解问题有关的信息(事实)存入综合数据库,推理机根据这些信息从知识库中选择合适的知识,得出新的信息并存入综合数据库,再根据当前状态选择知识。如此反复,直至给出问题的解。

正向推理一般有两种结束条件:一是求出一个符合条件的解就结束;二是将所有的解都求出才结束。

2) 反向推理

反向推理又称从顶向下控制、后向推理等。反向推理控制策略的基本思想为:先假设一个目标,然后在知识库中找出结论部分导致这个目标的知识集,再检查知识集中每条知识的条件部分,如果某条知识的条件中所含的条件项均能通过用户会话得到满足,或者能被当前数据库的内容所匹配,则把该条知识的结论(或目标)加到当前数据库中,从而证明该目标;否则,把该知识的条件项作为新的子目标,递归执行上述过程,直至各"与"关系的子目标全部或者"或"关系的子目标有一个出现在数据库中,目标被求解,或者直至子目标不能进一步分解且数据库不能实现上述匹配,这个假设目标不合适,系统重新提出新的假设目标。

3) 正向推理控制策略基本算法

带有冲突消解的正向推理控制策略的基本算法为:while 还未终止冲突解决,如果有激活者,那么选择有最高优先级的一个;否则终止。

动作:顺序执行选中的激活者右部的行为,在这个循环中,那些改变工作记忆的激活者有即时的效果。从议程中删除刚刚触发过的激活者。

匹配：通过检测任何一个规则的左部是否被满足来更新议程。如果满足，就将它们激活；如果不满足，则将它们删除。

终止检测：如果一个终止行为被执行或给出一个中断命令，那么终止检测。

正向推理控制策略的优点是用户可以主动提供问题的有关信息，可以对用户输入事实做出快速反应；其不足之处为知识启用与执行似乎漫无目标，求解过程中可能要执行许多与问题求解无关的操作，导致推理过程效率较低。

2. 修复专家系统推理机设计

推理是根据当前已知的事实，利用知识库中的知识，按一定的推理方法和控制策略进行判断，直到得出相应的结论为止。推理流程如图 4-1-5 所示。

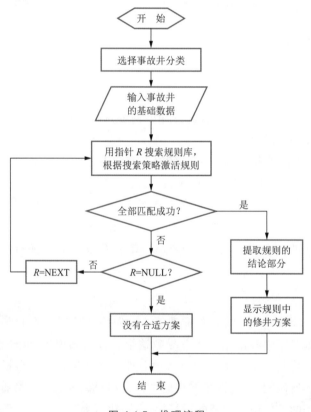

图 4-1-5 推理流程

当开始咨询对话时，综合数据库为空，输入事实，这些事实通过数据库谓词存入数据库中。这些事实与规则库中的前提事实匹配，从而得到新的结论事实。新的结论事实作为中间推理结论存入综合数据库中，再进行匹配，直到没有满足的规则为止，将得出的结论作为最终结论。

在推理过程中，如果只有一条可用规则，则该条规则将被采用，而实际上可用规则往往不止一条，必须做出唯一性选择，即冲突消解。冲突消解的策略是将多条规则按优先级排序,为了提高搜索效率,在该系统中采用的排序策略是分块组织,即根据不同事故类型将知识库进行分块,在问题的求解过程中,根据事故的具体原因,从相应的知识库中选择可用知识。

三、套损井修复专家系统数据库建立

1. 数据库设计概述

套损井修复专家系统的运行需要丰富的数据支撑,因此建立了套损井基本信息库、工具数据库、设备数据库、管材数据库、作业标准数据库、修井案例数据库等,完成了数据库的概念设计、逻辑设计和物理设计,并采用 MySQL 完成了数据库实施。

通过软件界面实现了数据库录入及维护操作,录入了"打捞""整形""震击""切割""钻磨"五大类共 100 多种修井工具数据,包括工具结构图、工具结构、工作原理、适用范围、规格型号等;录入了常用修井机数据、常用套管数据、常用油管数据;分类整理了作业标准,录入了常用大修作业标准;收集了部分修井案例,并录入案例数据库中。

2. 数据库概念设计

1) 知识库概念设计

知识库分为事实库和规则库。

事实库涉及套损、落物情况描述,实体关系如图 4-1-6 所示。

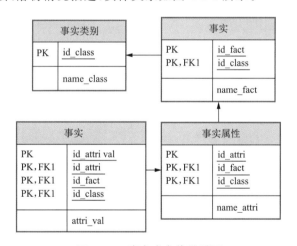

图 4-1-6 事实库实体关系图

规则库涉及前提、结论、工具组合等实体,实体关系如图 4-1-7 所示。

2) 修井工具数据库概念设计

修井工具数据库涉及工具及型号、类型等,实体关系如图 4-1-8 所示。

3) 基本信息概念设计

基本信息包括井号、井名、井别、设计井深、人工井底、投产日期、油补距、联入、井身结构、固井质量、产层情况等。根据数据关系设计出井基本信息实体关系，如图 4-1-9 所示。

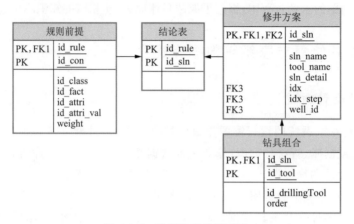

图 4-1-7　规则库实体关系图

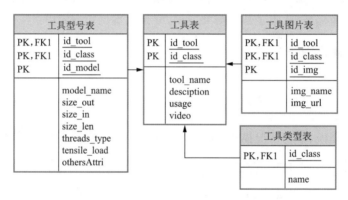

图 4-1-8　修井工具数据库实体关系图

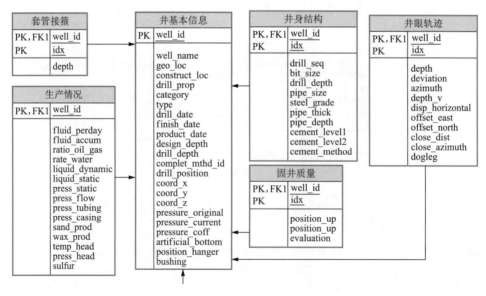

图 4-1-9　井基本信息实体关系图

4）修井资料概念设计

修井资料概念设计包括大修作业类型、修井历史、修井标准、修井案例等,实体关系如图 4-1-10 所示。

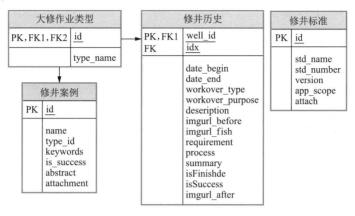

图 4-1-10 修井资料实体关系图

3. 数据库逻辑设计

1）事实库数据表设计

采用面向对象方法描述修井作业中的事实,采用关系数据库存放事实。事实采用"对象名称""属性""属性值"三级描述。事实库数据表结构见表 4-1-1~表 4-1-4。

表 4-1-1 对象名称表

字段名称	描 述	类型长度	是否主键	允许为空	备 注
FactID	事实编号	Varchar(10)	Y	Not null	
FactTypeID	类别编号	Varchar(6)		Not null	
FactName	事实名称	Nvarchar(30)		Not null	
Memo	备 注	Nvarchar(60)			

表 4-1-2 属性表

字段名称	描 述	类型长度	是否主键	允许为空	备 注
FactID	事实编号	Varchar(10)	Y	Not null	
FactAttriID	对象属性编号	Varchar(2)	Y	Not null	
FactAttriName	对象属性名称	Nvarchar(20)		Not null	

表 4-1-3 属性值表

字段名称	描 述	类型长度	是否主键	允许为空	备 注
FactID	事实编号	Varchar(10)	Y	Not null	

字段名称	描 述	类型长度	是否主键	允许为空	备 注
FactAttriID	对象属性编号	Varchar(2)	Y	Not null	
AttriValueID	属性值编号	Varchar(2)	Y	Not null	
AttriValue	属性值	Varchar(40)		Not null	

表 4-1-4　事实类别表

字段名称	描 述	类型长度	是否主键	允许为空	备 注
FactTypeID	事实类别编号	Varchar(6)	Y	Not null	
FactTypeName	事实类别名称	Varchar(20)		Not null	

2）修井工艺技术库表设计

修井工艺技术库表用于存放常见工艺技术方案，包括方案名称、适用范围、操作过程等，见表 4-1-5 和表 4-1-6。

表 4-1-5　修井方案表

字段名称	描 述	类型长度	是否主键	允许为空	备 注
SlnID	方案编号	Varchar(10)	Y	Not null	
SlnName	方案名称	Varchar(50)		Not null	
ToolName	工具名称	Varchar(20)		Not null	
SlnScope	适用范围	Varchar(200)		Not null	
SlnPrinciple	方案原理	Varchar(200)		Not null	
SlnDetails	操作过程	Varchar(1 000)		Not null	

表 4-1-6　修井方案工具组合表

字段名称	描 述	类型长度	是否主键	允许为空	备 注
SlnID	方案编号	Varchar(10)	Y	Not null	
Index	工具序号	Varchar(2)	Y	Not null	
ToolName	工具名称	Varchar(20)		Not null	
Order	工具位置	Int		Not null	

3）产生式规则库表设计

产生式规则库表用于存放规则库，包括前提、结论等，见表 4-1-7 和表 4-1-8。

表 4-1-7　规则前提表

字段名称	描 述	类型长度	是否主键	允许为空	备 注
RuleID	规则编号	Varchar(10)	Y	Not null	

续表 4-1-7

字段名称	描　述	类型长度	是否主键	允许为空	备　注
RuleConID	规则前件编号	Varchar(2)	Y	Not null	
FactID	事实编号	Varchar(10)		Not null	
FactAttriID	对象属性编号	Varchar(2)		Not null	
AttriValueID	属性值编号	Varchar(2)		Not null	
Weight	权　重	Float			

表 4-1-8　规则结论表

字段名称	描　述	类型长度	是否主键	允许为空	备　注
RuleID	规则编号	Varchar(10)	Y	Not null	
SlnID	方案编号	Varchar(2)	Y	Not null	
SlnDetail	方案描述	Text			

4）修井设备表设计

修井设备表用于存放修井设备信息,见表 4-1-9 和表 4-1-10。

表 4-1-9　修井设备类型表

字段名称	描　述	类型长度	是否主键	允许为空	备　注
Equ_type	修井设备类型	Varchar(50)		Not null	
Equtype_id	设备类型编号	Varchar(2)	Y	Not null	

表 4-1-10　修井设备表

字段名称	描　述	类型长度	是否主键	允许为空	备　注
Equ_id	设备编号	Varchar(10)	Y	Not null	
Eq_name	设备名称	Varchar(50)		Not null	
Equtype_id	设备类型编号	Varchar(2)		Not null	外　键
Deep1	作业深度 1	Int			
Deep1	作业深度 2	Int			
MaxPower	吨位(大钩载荷)	Int			
Equ_infor	设备详细信息	Varchar(80)			

5）修井工具表设计

修井工具表用于存放常用修井工具信息,包括工具类型、型号等,见表 4-1-11～表
4-1-13。

表 4-1-11　修井工具类型表

字段名称	描　述	类型长度	是否主键	允许为空	备　注
Tool_type	工具类型	Varchar(50)		Not null	
Tooltype_id	工具类型编号	Varchar(2)	Y	Not null	

表 4-1-12　修井工具表

字段名称	描　述	类型长度	是否主键	允许为空	备　注
Tool_id	工具编号	Varchar(10)	Y	Not null	
Tooltype_id	工具类型编号	Varchar(2)	Y	Not null	
Tool_name	工具名称	Varchar(50)		Not null	
Tool_infor	工具详细信息	Varchar(80)			

表 4-1-13　修井工具型号表

字段名称	描　述	类型长度	是否主键	允许为空	备　注
ToolModel_id	工具型号编号	Varchar(10)	Y	Not null	
Tool_id	工具编号	Varchar(10)	Y	Not null	
Tool_model	工具型号	Varchar(50)		Not null	
Tool_wxcc	外形尺寸	Varchar(50)			
Tool_koux	扣　型	Varchar(50)			
Tool_use	使用范围及性能	Varchar(120)			
Tool_klzh	抗拉载荷	Int			

6) 修井资料表设计

修井资料表用于存放修井标准、修井案例数据,见表 4-1-14~表 4-1-16。

表 4-1-14　修井标准表

字段名称	描　述	类型长度	是否主键	允许为空	备　注
Stan_id	标准编号	Varchar(10)	Y	Not null	
Stan_name	标准名称	Varchar(50)		Not null	
Stan_key	关键字	Varchar(60)			
Stan_scope	适用范围	Varchar(100)			
Stan_infor	详细信息	Varchar(100)			

表 4-1-15　修井案例类型表

字段名称	描　述	类型长度	是否主键	允许为空	备　注
Case_type	案例类型	Varchar(50)		Not null	
Casetype_id	案例类型编号	Varchar(2)	Y	Not null	

表 4-1-16　修井案例表

字段名称	描　述	类型长度	是否主键	允许为空	备　注
Case_id	案例编号	Varchar(10)	Y	Not null	
Case_name	案例名称	Varchar(50)		Not null	
Casetype_id	案例类型编号	Varchar(2)		Not null	
Case_reason	修井原因	Varchar(200)			
Case_key	关键字	Varchar(100)			
Case_abstract	案例摘要	Varchar(300)			
Is_success	是否成功	Int			1:成功 0:失败
Repair_conclusion	案例总结	Varchar(120)			
Case_infor	详细信息	Varchar(80)			

7）套损井基本信息表设计

套损井基本信息表用于存放套损井基本信息、井身结构、固井质量等，见表 4-1-17～表 4-1-21。

表 4-1-17　单井基本数据表

字段名称	描　述	类型长度	是否主键	允许为空	备　注
ID	编　号	Varchar(10)	Y	Not null	
WellID	井编号	Varchar(10)		Not null	
WellName	井名称	Varchar(50)			
GeoLocation	地理位置	Nvarchar(MAX)			
StructLocation	构造位置	Nvarchar(MAX)			
WellDrillProperty	钻井性质	Varchar(50)			
DrillBuilder	钻井队伍	Nvarchar(MAX)			
StartDate	开钻日期	Datetime			
EndDate	完钻日期	Datetime			
ProductDate	投产日期	Datetime			
DesginDepth	设计井深	Float			
DrillDepth	完钻井深	Float			
WellCompMethod	完井方式	Nvarchar(50)			
WellCompLevel	完钻层位	Nvarchar(50)			
WellcoordX	井口坐标 X	Float			
WellcoordY	井口坐标 Y	Float			
WellcoordZ	井口坐标 Z	Float			

续表 4-1-17

字段名称	描　述	类型长度	是否主键	允许为空	备　注
ArtiWellBottom	人工井底	Float			
BushingHigh	补心高	Float			
WellDesp	井简况描述	Text			

表 4-1-18　井内管杆数据表

字段名称	描　述	类型长度	是否主键	允许为空	备　注
ID	编　号	Varchar(10)	Y	Not null	
WellID	井编号	Varchar(10)		Not null	
OrderID	序　号	Varchar(10)		Not null	
Type	类　型	Varchar(10)		Not null	
Name	名　称	Varchar(50)			
ExternalDiameter	外　径	Varchar(50)			
InnerDiameter	内　径	Varchar(50)			
Numbers	数　量	Int			
Length	长　度	Float			
Depth	下　深	Float			

表 4-1-19　固井质量表

字段名称	描　述	类型长度	是否主键	允许为空	备　注
ID	编　号	Varchar(10)	Y	Not null	
WellID	井编号	Varchar(10)		Not null	
IntervalDw	井段下深	Varchar(50)			
IntervalUp	井段上深	Varchar(50)			
CementEvaluation	固井质量评价	Varchar(50)			

表 4-1-20　产层井深及射孔段数据表

字段名称	描　述	类型长度	是否主键	允许为空	备　注
ID	编　号	Varchar(10)	Y	Not null	
WellID	井编号	Varchar(10)		Not null	
GroupName	油气组名	Varchar(50)			
Interval	井　段	Varchar(50)			
PerforateInterval	射孔井段	Varchar(50)			
ProduceInterval	现生产层段(m)	Nvarchar(60)			

表 4-1-21　单井井身结构表

字段名称	描　述	类型长度	是否主键	允许为空	备　注
ID	编　号	Varchar(10)	Y	Not null	
WellID	井编号	Varchar(10)		Not null	
DrillOrder	开钻次序	Varchar(50)			
BitSize	钻头尺寸	Varchar(50)			
DrillDepth	钻　深	Float			
PipeSize	套管尺寸	Varchar(50)			
SteelGrade	钢　级	Varchar(50)			
PipeWallThick	套管壁厚	Varchar(50)			
PipeDepth	套管下深	Float			
CementReturnHeight	水泥返高	Float			
Memo	备　注	Nvarchar(60)			

8) 常用管材数据表设计

常用管材数据表用于存放常用套管、油管数据,见表 4-1-22 和表 4-1-23。

表 4-1-22　API 套管数据表

字段名称	描　述	类型长度	是否主键	允许为空	备　注
ID	编　号	Nchar(10)	Y	Not null	
OuterDiameter	外　径	Nchar(10)			
SteelGrade	钢　级	Nchar(10)			
AverWeight	平均重量	Nchar(10)			
WallThick	壁　厚	Nchar(10)			
InnerDiameter	内　径	Nchar(10)			
ScrewThread	螺　纹	Nvarchar(50)			
STType	螺纹类型	Nvarchar(50)			
MinIntensOfST	螺纹最小抗拉强度	Nchar(10)			
IntensOfPipe	管体屈服强度	Nchar(10)			
ExtruIntens	抗挤强度	Nchar(10)			
InnerExtruIntens	抗内压强度	Nchar(10)			

表 4-1-23　API 油管数据表

字段名称	描　述	类型长度	是否主键	允许为空	备　注
ID	编　号	Nchar(10)	Y	Not null	
OuterDiameter	外　径	Nchar(10)			

字段名称	描　述	类型长度	是否主键	允许为空	备　注
SteelGrade	钢级	Nchar(10)			
AverWeight	平均重量	Nchar(10)			
WallThick	壁厚	Nchar(10)			
InnerDiameter	内径	Nchar(10)			
ScrewThread	螺纹	Nchar(10)			
MinJoinIntens	最小连接强度	Nchar(10)			
MinExtruIntens	最小抗挤强度	Nchar(10)			
MInnerExtruIntens	最小抗内压强度	Nchar(10)			

四、套损井修复经济评价模型

套损井治理的最终目标是获得最佳的经济效益。在优化套损井治理措施中，衡量的标准是在各种约束条件下纯经济效益最高，因此目标函数可以定义为：

$$V = V_0 - C \tag{4-1-1}$$

式中　V——净利润，万元；

　　　V_0——累积增量贴现值，万元；

　　　C——修井投入，万元。

考虑不同类型、不同井深套损井的修井成本、成功率及修复后产能不同，式(4-1-1)可表示为：

$$V = \delta \int_0^t q_0 p f(t) m(t) \mathrm{d}t - (1+\alpha)C(h,s) \tag{4-1-2}$$

式中　δ——套损修复率；

　　　q_0——修井后开井产量(或增产量)，t；

　　　p——每吨油纯利润，万元；

　　　$f(t)$——产量递减率；

　　　t——经济开采时间，a；

　　　$m(t)$——价格变动系数；

　　　α——修井难度系数，由工况条件决定，$0 \leqslant \alpha \leqslant 1$；

　　　$C(h,s)$——修井成本函数，与井深和修井工艺技术相关；

　　　h——井深，m；

　　　s——修井工艺类型。

产量递减通常考虑指数递减，考虑到原油产量的时间价值，其贴现产量递减公式为：

$$q = q_0 \exp[-(b+i)t] \tag{4-1-3}$$

式中　b——自然递减率；

　　　i——利率。

经济开采时间为:

$$t = \frac{\ln \frac{q_0}{q_a}}{b} \tag{4-1-4}$$

式中　q_a——最小经济产量,t。

将式(4-1-3)和式(4-1-4)代入式(4-1-2),得到套损修复评价模型:

$$V = \frac{\delta q_0 p}{b+i} \left\{ 1 - \exp\left[-\frac{(b+i)\ln \frac{q_0}{q_a}}{b} \right] \right\} - (1+\alpha)C(h,s) \tag{4-1-5}$$

五、套损井修复专家系统软件

在知识库、数据库建立的基础上,采用流行的 Web 开发技术,开发出套损井修复专家系统,该系统具有修井咨询、修井历史管理、修井资料管理、修井设备工具管理、修井施工设计、知识库管理等功能。

1. 软件总体设计

套损井修复专家系统软件功能结构如图 4-1-11 所示。

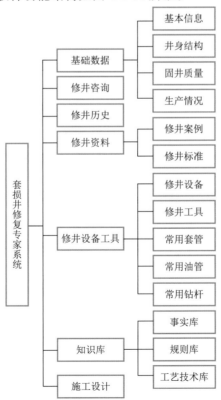

图 4-1-11　套损井修复专家系统软件功能结构图

2. 系统架构

套损井修复专家系统采用三层架构:数据层,提供数据访问服务;业务层,实现系统核心功能;用户访问层(UI),提供用户访问界面。系统开发采用前后端分离技术,用户可以通过浏览器访问系统功能。该系统架构如图 4-1-12 所示。

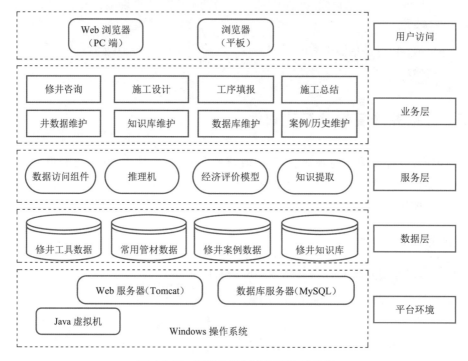

图 4-1-12　套损井修复专家系统架构图

3. 软件数据关系分析与设计

为了提高数据联动效果,将各项修井数据整合起来,数据关系设计如图 4-1-13 所示。

4. 专家系统流程设计

根据现场操作习惯和软件流程,套损井修复专家系统总体流程设计为:

(1)输入事故井基本信息及事故描述;

(2)进行修井咨询,选择工艺方案;

(3)编写施工设计书;

(4)实施修井作业;

(5)修井评价、总结。

套损井修复专家系统详细流程如图 4-1-14 所示。

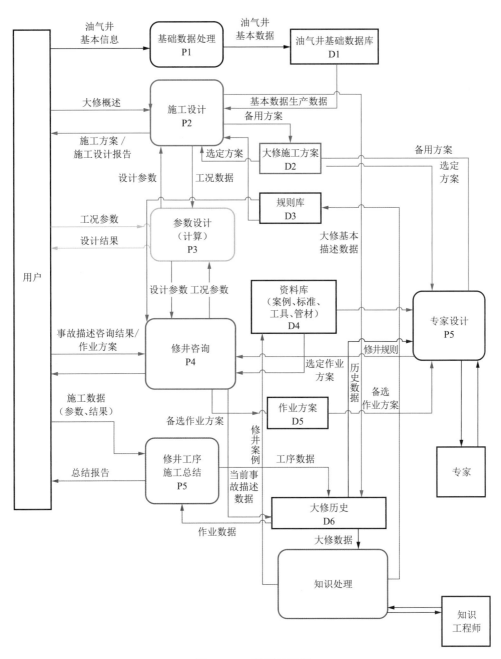

图 4-1-13　数据关系图

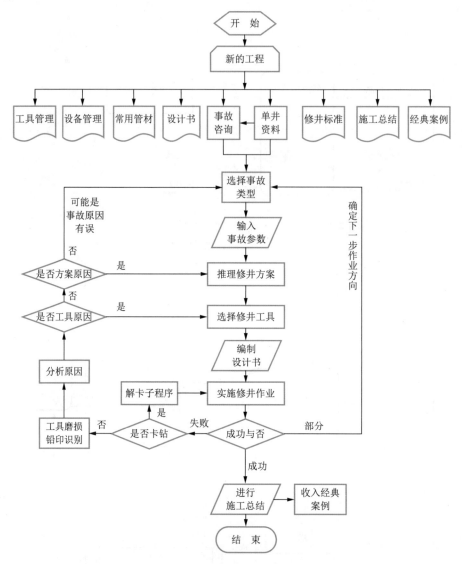

图 4-1-14　套损井修复专家系统总体流程

第二节　井筒精准检测技术

一、井下光纤视像检测技术

井下光纤视像检测技术使用高分辨率微型工业摄像机探测原始信号，以光纤作为信号传输媒介，可记录动态连续的视频图像，重现井筒的真实状况。该技术能够准确检测套管漏失、脱扣、错断、变形、结垢、腐蚀及井筒落鱼、鱼顶、鱼腔形状，结合对生产管柱状况的测试,还能对生产井分层产出状况进行科学的分析。

1. 连续油管井下电视测井整体系统

采用连续油管输送井下仪器时,利用连续油管洗井,地面数控控制井下仪器的工作状态,井下仪器探测井筒视频资料,同时在地面进行分析处理,完成对水平井筒的可视化检测。该系统的优点为直观、成功率高。

1) 系统结构

连续油管井下电视测井系统可分为连续油管动力滚筒、光纤视像测井系统和辅助配套装备 3 部分,如图 4-2-1 所示。其中,井下光纤视像测井系统包括井下仪器、测井光缆和便携式地面数控,具体结构如图 4-2-2 所示。

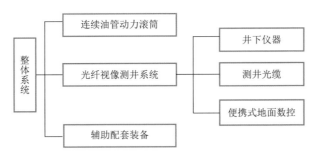

图 4-2-1 连续油管井下电视测井系统结构示意图

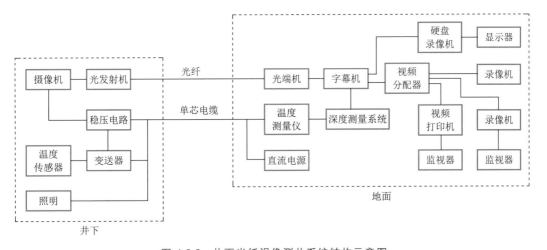

图 4-2-2 井下光纤视像测井系统结构示意图

2) 系统工作原理

连续油管井下电视测井系统的工作原理为:含光缆的连续油管将带洗井功能的井下仪器送入井筒内,通过摄像头的后置灯提供照明,在仪器的下放和提升过程中进行摄像;拍摄的井下图像通过光发射机转变成光信号,经光纤传输到地面,并由光端机将光信号转变成视频电信号,在监视器屏幕上实时显示;通过视频采集系统进行图像录制,从而使现场工作人员能够准确、直观、实时地观察到井下状况。

在测试过程中,仪器深度、仪器下井速度、井温及时间等信息通过字幕机叠加在视频信号上,在监视器屏幕上显示并记录在计算机硬盘上。

井下摄像机、照明及电子电路由单芯电缆供电,通过在地面调整供电电压和电流可改变井下光源强度,使图像质量达到最佳。

直流电源可确保在改变供电电压时摄像机和井下电子电路的电压恒定。

井温信号经变送器通过单芯电缆传送到地面,温度测量仪接收后输出到深度测量系统,经 RS232 接口连接到字幕机上,完成视频信号的叠加。

2. 井下仪器

1)结构组成

井下仪器由电缆头、电子线路、扶正器、强光灯和摄像机等组成,如图 4-2-3 所示。

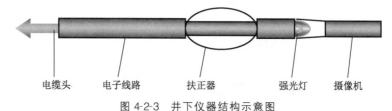

电缆头　　电子线路　　　扶正器　　　　强光灯　摄像机

图 4-2-3　井下仪器结构示意图

2)摄像、照明短节结构设计

采用后灯照明、前端摄像设计。井下仪器进入井筒后,可调式强光源发出的光线通过井筒内壁进行一次反射,照亮摄像头前端的待测区域,光线均匀柔和,便于观察。这种结构设计可以消除强光源与摄像头在同一平面造成的光斑影响,可以有效提升录制视频图像的质量。井下仪器摄像、照明短节结构如图 4-2-4 所示。

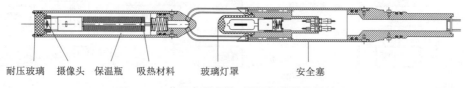

耐压玻璃　摄像头　保温瓶　吸热材料　　玻璃灯罩　　　　安全塞

图 4-2-4　井下仪器摄像、照明短节结构设计图

3)技术指标

井下仪器可分为标准型和高温型,其中标准型井下仪器技术指标见表 4-2-1,高温型井下仪器技术指标见表 4-2-2。

表 4-2-1　标准型井下仪器技术指标

井下工具外径/mm	最大耐压/MPa	最高耐温/℃	清晰度	照　明	井温测量范围/℃
45	70	125	380 线	卤素灯	−16～+150

表 4-2-2 高温型井下仪器技术指标

井下工具外径/mm	最大耐压/MPa	最高耐温/℃	清晰度	照 明	井温测量范围/℃
45	70	150	380 线	卤素灯	－16～＋150

3. 地面系统

地面系统结构设计如图 4-2-5 所示。

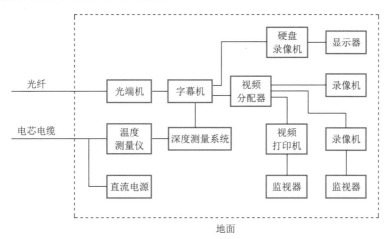

图 4-2-5 地面系统结构设计图

地面系统设计指标：采用录像带、硬盘及 DVD 光盘进行记录，井温测量范围为－16～＋150 ℃。

4. 测井光缆

1）结构设计

光电复合测井光缆结构如图 4-2-6 所示。

2）光缆参数设计

光纤是光缆的核心部件。光纤分为单模光纤和多模光纤两种。其中，单模光纤是指光线在光纤中基本上按同一角度全反射，传输时只有单一模式，其优点在于损耗小，接收稳定；缺点在于光发/收模块价格较高，高温稳定性较差，安装时精度要求高，比多模光纤便宜 20％～30％。多模光纤是指光线在光

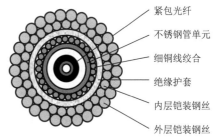

图 4-2-6 光电复合测井光缆结构示意图

紧包光纤
不锈钢管单元
细铜线绞合
绝缘护套
内层铠装钢丝
外层铠装钢丝

纤中有多种角度反射，包括漫反射等，因此传输时有多种传输模式，其优点是光发/收模块便宜，高温稳定性较好，安装时精度要求低一些；缺点是由于散射等现象，功率损失严重。

单模光纤传输距离远，一般可达几十千米或几百千米，但单模光纤一般用激光器作为光源体，而激光器对温度较为敏感，不适合在高温条件下工作。

多模光纤中心玻璃芯较粗,模间色散较大,传输的距离较近,一般只有几千米,但可以使用 LED 作光源。LED 的驱动电流较小,性能稳定,寿命长,输出光功率线性范围宽,可在较高的温度环境中工作。在图像光纤传输中,可采用基带视频信号直接调制光强度的模拟调幅调制方式,这就简化了电-光转换电路(光发射机),有利于电子电路在高温条件下工作。基于此,德和威(北京)环境工程有限公司(DHV)考虑到多模光纤的以上特点以及与 DHV 产品兼容性问题,选择直径为 50 μm/125 μm 的多模光纤作为视频传输介质。

光缆设计参数见表 4-2-3。

表 4-2-3　光缆设计参数

项 目	指 标	项 目	指 标
毛细钢管直径/mm	1.6	铜导线截面积/mm²	1.27
外径/mm	7.7	每千米光缆电阻/Ω	15
单位长度质量/(kg·km⁻¹)	247.61	每千米光缆电容/F	0.33
工作张力/kN	15	最大压力/MPa	70
破断张力/kN	41.5	工作温度/℃	−50~+150
动态弯曲半径/mm	230	连续长度/m	5 000
静态弯曲半径/mm	120	光纤类别	G652/G651 多模光纤

3）光纤

光信号传输方式有两种,即模拟方式(基带信号)和数字方式。早期的光传输采用模拟方式,即由光的亮度直接表示信号的幅度(AM 方式或 IM 方式),这种传输原理与在电缆中传输无本质的区别,其明显的缺点是信号的质量受到传输系统的影响,此外信号的带宽也不高。数字方式是利用码流中的 0 和 1 控制激光管的开和关,形成脉冲光信号,接收端再将光脉冲恢复为电信号,其优点是:① 只要接收端的光脉冲接收正确,就可无损地恢复原信号,并且在传输中还可对数字信号进行纠错,这与数字信号传输原理一样;② 激光管的开/关速度快(可达几十吉赫兹),因此传输信号的码流也可足够快,信号带宽很宽。

数字光纤传输如何保障只要接收端的光脉冲接收正确,就可无损地恢复信号呢?激光发射器有一定的发射功率,光信号在光纤中传输时会有一些衰减(0.5 dB/km 单模),在熔接(0.001 dB/次)和接头(0.2~0.5 dB/次)时也有衰减,但只要激光接收器收到的功率大于其灵敏度,接收器就可以正确地恢复信号。现在应用的光发/收器件的发射功率与灵敏度之间有 20~30 dB 的差是很容易做到的。

基于高温、高压井下恶劣环境的影响因素以及作业施工现场的复杂状况,在光纤类型的选择上,更倾向于仪器电路的高温稳定性,所以选择 50 μm/125 μm 多模高温光纤。

4）毛细钢管

毛细钢管是套在光纤外面的金属不锈钢管,主要起保护光纤的作用,一方面其耐外侧高压,使光纤本身与环境高压隔离;另一方面在允许的弯曲半径下,其断面的变形量十分微小,可以防止光纤在弯曲情况下因受力而使光损耗骤增。毛细钢管设计外径 1.6 mm,壁厚 0.2 mm,连续长度 5 000 m。

5）电导线

铜导线安全载流量是根据所允许的线芯最高温度、冷却条件、敷设条件确定的。一般铜导线的安全载流量为 5~8 A/mm²。根据铜导线安全载流量的推荐值(5~8 A/mm²),计算出所选取铜导线截面面积 S 的取值范围:

$$S = < \frac{I}{5 \sim 8} > = 0.125I \sim 0.2I \tag{4-2-1}$$

式中　S——铜导线截面积,mm²;

　　　I——负载电流,A。

负载一般分为两种:一种是电阻性负载,另一种是电感性负载。

电阻性负载功率 P 的计算公式:

$$P = UI \tag{4-2-2}$$

式中　U——电压,V。

电感性负载功率 P 的计算公式:

$$P = UI \cos \phi \tag{4-2-3}$$

式中　$\cos \phi$——功率因数。

不同电感性负载的功率因数不同,系统用电器功率因数 $\cos \phi$ 取 0.8。

井下仪器最大功率设定为 350 W,则井下仪器最大电流为:

$$I = \frac{P}{U \cos \phi} = \frac{350}{220 \times 0.8} \text{ A} = 1.99 \text{ A}$$

铜导线最小截面积为:

$$S = 0.125I = 0.125 \times 1.99 = 25 \text{ mm}^2$$

实际生产考虑到铜导线的抗拉强度和生产工艺,将铜导线截面积设定为 1.27 mm²,充分满足供电需要。

6）绝缘材料

(1)设计指标。

绝缘材料耐温范围为 -30~+150 ℃,电绝缘性能优良,抗老化性能优良。

(2)材料选型。

聚四氟乙烯(PTFE)是四氟乙烯的聚合物,广泛应用于各种需要抗酸碱和有机溶剂的环境中,它本身对人没有毒性。聚四氟乙烯相对分子质量较大,低的为数十万,高的达 1 000 万以上,一般为数百万(聚合度在 10^4 数量级,而聚乙烯仅在 10^3 数量级)。聚四氟乙烯的结晶度一般为 90%~95%,熔融温度为 327~342 ℃。聚四氟乙烯的基本结构为:

$$-(CF_2-CF_2)_n$$

聚四氟乙烯分子中 CF_2 单元按锯齿形状排列,由于氟原子半径较氢原子稍大,所以相

邻的 CF_2 单元不能完全按反式交叉取向,而是形成一个螺旋状的扭曲链,氟原子几乎覆盖了整个高分子链的表面。这种分子结构解释了聚四氟乙烯的各种性能。聚四氟乙烯在温度低于 19 ℃时,形成 13/6 螺旋;在 19 ℃时发生相变,分子稍微解开,形成 15/7 螺旋。虽然在全氟碳化合物中 C—C 键和 C—F 键的断裂需要分别吸收能量 346.94 kJ/mol 和 484.88 kJ/mol,但聚四氟乙烯解聚生成 1 mol 四氟乙烯仅需能量 171.38 kJ。因此在高温裂解时,聚四氟乙烯主要解聚为四氟乙烯。聚四氟乙烯在 260 ℃,370 ℃ 和 420 ℃时的失重速率分别为0.01％/h,0.4％/h 和 9％/h。可见,聚四氟乙烯可在 260 ℃温度下长期使用。

聚四氟乙烯的摩擦系数极小,仅为聚乙烯的 1/5,这是全氟碳表面的重要特征。由于 C—F 链分子间作用力极低,所以聚四氟乙烯具有不粘性。聚四氟乙烯在 -196～260 ℃ 的较广温度范围内保持优良的力学性能,全氟碳高分子的特点之一是在低温条件下不变脆。

聚四氟乙烯的耐化学腐蚀性和耐候性如下:

① 除熔融的碱金属外,几乎不受任何化学试剂腐蚀。例如在浓硫酸、硝酸、盐酸中,甚至在"王水"中煮沸,其质量及性能均无变化,也几乎不溶于所有的溶剂,只在 300 ℃以上稍溶于全烷烃(约 0.1 g/100 g)。

② 长期暴露于大气中,其表面及性能保持不变。

③ 具有不燃性,限氧指数在 90 以下。

④ 不吸潮,对氧、紫外线均极为稳定,因此具有优异的耐候性。

聚四氟乙烯在较宽频率范围内的介电常数和介电损耗都很低,而且击穿电压、体积电阻率和耐电弧性都较高,不受环境及频率的影响,体积电阻大,介质损耗小。

综上所述,聚四氟乙烯材料具有以下特点:

① 表面光滑,呈蜡状,极疏水,一般为乳白色,不透明。其淬火制品具有一定的透明性,平均密度为 2.2 g/cm³。

② 抗拉强度为 20.0～30.0 MPa,断裂伸长率为 300％～400％,弹性模量为 400 MPa,表面肖氏硬度为 55～70。聚四氟乙烯材料之间的摩擦系数为 0.1～0.2。

③ 能耐绝大部分强腐蚀性物质,至今尚无一种能在 300 ℃以下溶解它的溶剂;耐候性强,可存放 10 年以上。

基于其优良的物理、化学性能,绝缘材料选型为聚四氟乙烯。

5. 配套关键工具

1) 防喷器

光纤传输视像检测系统测试过程中需要边下边洗井,因此需要设计适用于此套测试系统的配套防喷器。系统测试过程中只需洗井循环,故防喷器压力不需要特别高,根据现场调查,8 MPa 就能满足现场要求。测试过程中井下仪器由外铠光缆下入,故防喷器工作状态下不能伤害光缆。

设计思路:在外部液压泵的作用下,防喷器液压缸工作,夹紧橡胶,从而达到密封效果。

防喷器结构如图 4-2-7 所示。

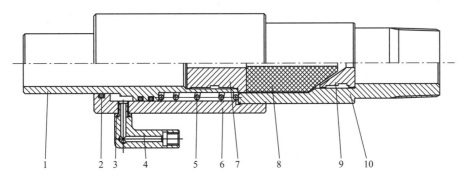

1—防喷活塞；2—密封胶圈；3—密封垫圈；4—打压接头；5—复位弹簧；

6—防喷盒；7—防喷柱；8—防喷胶芯；9—防喷锥；10—下接头。

图 4-2-7　防喷器结构示意图

当井下仪器下入过程需要密封时，手压泵连接到打压接头上，通过打压使防喷活塞下行，压紧防喷胶芯，从而达到密封效果。

2）扶正器

由于井筒本身不可能是绝对垂直的，所以仪器在下入井筒过程中与井筒发生碰撞导致损坏的概率极大。在仪器下部连接弹簧片扶正器，可以使其无论在静止状态还是在运动状态始终都保持在井筒中居中，不仅可保护仪器的安全，同时可提高检测效果。

扶正器设计参数为：

（1）耐压 70 MPa；

（2）耐温 150 ℃；

（3）适用井眼 ϕ(62～160)mm；

弹簧片扶正器成品外观如图 4-2-8 所示。

图 4-2-8　弹簧片扶正器成品外观图

3）加重杆

加重杆可用于井口压力高的气井、油井、注水井以及流体黏度大的井中，主要用于克服井下仪器自重轻的不足，它采用侧开槽式设计，安装在井下仪器上部，并与仪器连接成为一体。加重杆采用钨合金制造，其特点为密度高，达 $18.7～19.0$ g/cm^3，可最大限度地压缩仪器总长度，减少现场操作的困难。

钨合金加重杆结构如图 4-2-9 所示。

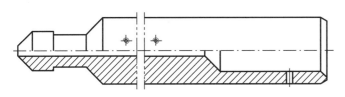

图 4-2-9　钨合金加重杆结构示意图

4）马笼头

马笼头(图 4-2-10)是连接光缆与井下仪器的特殊工具,既要保证光缆铠装钢丝固定后抗拉强度达到指标要求,同时要保证电导线的绝缘性能,并使光纤的光传输损耗尽可能低。

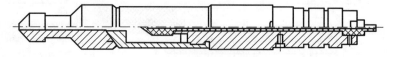

图 4-2-10　马笼头结构示意图

马笼头设计参数为:

(1) 耐压 70 MPa;

(2) 耐温 150 ℃;

(3) 绝缘性能大于 3 MΩ;

(4) 光损耗小于 1 dBmW;

(5) 抗拉性能大于 10 kN。

二、电磁探伤定量检测技术

1. 工艺介绍

电磁探伤定量检测技术采用法拉第电磁感应测量原理,通过识别剩余壁厚,定性、定量地评价孔洞、裂缝、缩径、扩径、弯曲及腐蚀等套损形态,且不受井内液体、结垢、结蜡及井壁附着物的影响,实现油水井全井段连续快速套损检测,从而提高套损治理效率及修复成功率。

电磁探伤系统主要由井下电磁探伤仪、地面控制系统、数据采集解释程序及辅助配套设备构成,测试过程中井下电磁探伤仪由测试绞车起下,测试数据通过单芯电缆传至地面数据采集解释程序,并实时显示测试曲线,测试完毕后利用解释软件进行数据解释。

2. 技术原理

结合生产井的实际情况,以法拉第电磁感应定律为物理基础,以瞬变电磁法为理论基础,建立偏心阵列的电磁式套管损伤检测系统模型。电磁探伤测井工艺原理如图 4-2-11 所示。

该系统的信号检测部分主要由 4 个处于不同深度的电磁探头组成,每个探头都是由绕在软磁芯上的同轴线圈组成。在发射线圈中,发射电流为双极性阶跃信号,以正负间断的脉冲作为激励,在脉冲信号迅速关断的瞬间,仪器周围产生一次磁场,随后一次磁场衰减并在筛管中产生感应涡流,感应涡流随时间的变化在地层介质中产生按照指数规律衰减的二次感应磁场,如图 4-2-12 所示。其中,感应涡流的变化与井下金属介质相关,当金属套管出现孔洞、裂缝或腐蚀等损伤情况时,就会使部分感应电流或全部感应电流中断,则接收线圈检测到的感应电动势的幅值就会发生变化。结合井下套管的先验知识,通过解释程序对检测到的井下信息进行成像处理分析,这样就可以定性、定量地判断套管的损伤类型。

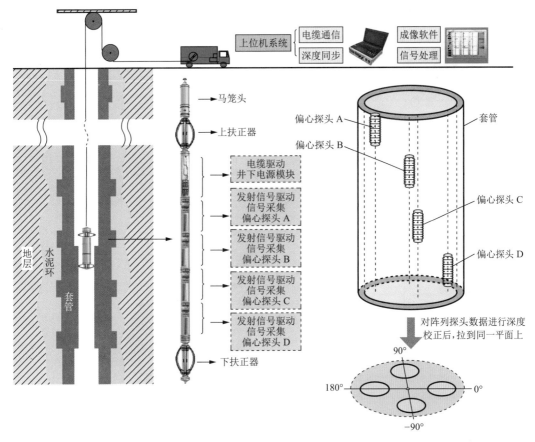

图 4-2-11　电磁探伤测井工艺原理示意图

由于系统中 4 个电磁探头之间是互不影响的,因此理论上可以先分析单个探头所接收的信号,然后对 4 个探头所接收的信号进行加权平均处理,从而判断出损伤的具体部位。偏心阵列套管损伤检测模型如图 4-2-13 所示。

该模型介质由里到外依次为磁芯、空气、仪器外护管、井液、套管、水泥环和地层。井周第 j 层介质对应的磁导率、介电常数和电导率分别记为 μ_j,ε_j 和 σ_j,介质半径为 r_j,其中 $j=1,2,\cdots,J$(J 表示介质层数)。发射线圈和接收线圈匝数分别为 N_T 和 N_R。假设:发射线圈和接收线圈的直径足够小,则有源区仅包含第二层介质,其他层(井液、套管、水泥环和地层)均为无源区;各层介质的电参数以及套管的内径固定不变。

偏心探头在空间中任意一点产生的感应电动势关于井轴中心不对称,不能看作对称模型,而将其等效为偏离中心点的模型,如图 4-2-14 所示。建立 xOy 坐标系,以 $x'O'y'$ 作为探头偏离井轴中心的坐标系,设探头偏离井轴中心的位置为 ρ,偏离角度为 φ_0,空间中的任意一点 $R(r,\varphi,z)$ 与中心点的距离为 r,线圈半径为 r_0,当探头偏心时,探头中心从井轴中心原点 $O(0,0)$ 平移到 $O'(\rho,\varphi_0)$,电偶极子坐标变为 $R'(r',\varphi',z)$,将电偶极子相对于坐标原点的距离表示为 r_1,角度表示为 φ_1,根据几何关系,可得:

$$r_1 = \sqrt{\rho^2 + r_0^2 - 2\rho r_0 \cos[\pi - (\varphi_0 - \varphi')]} \tag{4-2-4}$$

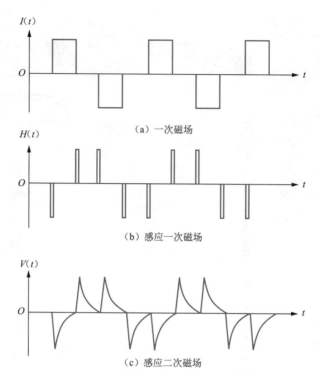

$I(t)$—发射电流；$H(t)$—发射磁场强度；$V(t)$—感应电动势。

图 4-2-12　井下瞬变电磁信号示意图

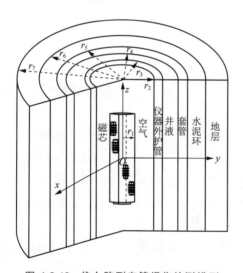

图 4-2-13　偏心阵列套管损伤检测模型

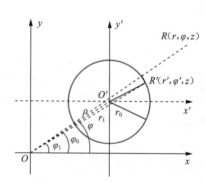

图 4-2-14　偏离中心点等效模型

$$\varphi_1 = \varphi_0 - \arccos \frac{\rho^2 + r_1^2 - r_0^2}{2\rho r_1} \tag{4-2-5}$$

式中　ρ——偏心距，m。

在偏心阵列套管损伤检测模型中，每层的电磁响应信号都分为驻波和行波，引入矢量势 $\boldsymbol{A}$，根据非齐次亥姆霍兹方程可知线圈在一次场产生的矢量势 $\boldsymbol{A}$ 满足：

$$\nabla^2 \boldsymbol{A} + k^2 \boldsymbol{A} = - \boldsymbol{J}_e \tag{4-2-6}$$

其中：

$$k^2 = \mu\varepsilon\omega^2 - \mathrm{i}\mu\sigma\omega, \quad \boldsymbol{J}_e = I_T \mathrm{d}\boldsymbol{l}$$

式中　$\boldsymbol{J}_e$——电流源，A/m^2；

　　　I_T——发射电流，A；

　　　ω——激励角频率，rad/s；

　　　$\mathrm{d}\boldsymbol{l}$——电流环微元。

根据齐次亥姆霍兹方程可知一次场在无源区的矢量势 $\boldsymbol{A}$ 满足：

$$\nabla^2 \boldsymbol{A}_j + k_j^2 \boldsymbol{A}_j = 0 \quad (j \neq 2) \tag{4-2-7}$$

将发射线圈等效成电流环，利用修正贝塞尔函数的加法公式和三角函数的正交性得到第 j 层介质中 $\boldsymbol{e}_\phi$ 方向矢量势 $\boldsymbol{A}_{\phi j}$ 为：

$$\boldsymbol{A}_{\phi j} = g \int_0^\infty \left[A_j \mathrm{I}_1 (x_j r) + B_j \mathrm{K}_1 (x_j r) \right] \cos(\lambda z_0) \mathrm{d}\lambda \tag{4-2-8}$$

$$g = N_T I_T r_0 / \pi$$

式中　N_T——发射线圈的匝数，匝；

　　　A_j——地层各介质的反射系数；

　　　B_j——地层各介质的透射系数；

　　　z——发射线圈与接收线圈之间的距离，mm；

　　　I_1——第一类 1 阶修正贝塞尔函数；

　　　K_1——第二类 1 阶修正贝塞尔函数；

　　　x_j, λ——变量，满足 $x_j^2 = \lambda^2 - k_j^2$；

　　　k_j——第 j 层介质的波数，cm^{-1}。

由于套管的最内层和最外层没有反射和透射，所以 A_j 和 B_j 分别为零，其他层可以采用多层圆柱结构的边界条件来计算 A_j 和 B_j。在有源区，响应包含最内层（磁芯）和第二层区域；在无源区，响应只包含第二层区域。因此，半径为 r_1（$0 < r_1 < r_0$）的最内层磁场的垂直分量可以通过组合亥姆霍兹方程来计算。根据场量与矢量磁位的关系：

$$\begin{cases} \boldsymbol{H}_z = \nabla \times \boldsymbol{A}_\phi \\ \boldsymbol{E}_\phi = -\mathrm{i}\omega\mu \boldsymbol{A}_\phi \end{cases} \tag{4-2-9}$$

得到绕在磁芯上的接收线圈的磁场强度 H_{z1} 为：

$$H_{z1}(\omega, z, d) = \frac{N_T r_0 I_T}{\pi} \int_0^\infty x_1 A_1 \mathrm{I}_0 (x_1 r) \cos(\lambda z) \mathrm{d}\lambda \tag{4-2-10}$$

式中　$\boldsymbol{H}_z$——磁场强度，A/m；

　　　$\boldsymbol{E}_\phi$——电场强度，V/m；

　　　μ——磁芯磁导率，H/m；

　　　d——套管管壁的厚度，mm；

　　　x_1——$j=1$ 时引入的变量；

　　　A_1——第 1 层介质的反射系数；

　　　I_0——第一类零阶虚宗量贝塞尔函数。

在使用测井仪器对井下信号进行检测时，由于检测感应电动势较容易实现，因此成为对井下响应进行表征的主要方式。利用边界条件，可以得到偏心探头频率域感应电动势

$U(\omega,z,d)$:

$$U(\omega,z,d) = J \int_{\rho-r_0}^{\rho+r_0} \int_{\varphi_0-\arccos\frac{\rho^2+r_0^2-r_i^2}{2\rho r_0}}^{\varphi_0+\arccos\frac{\rho^2+r_0^2-r_i^2}{2\rho r_0}} 2\pi r_1^2 H_{z1} \cos(\lambda z)\big|_{z=0} \, \mathrm{d}\lambda \mathrm{d}r_1 \qquad (4\text{-}2\text{-}11)$$

其中：

$$J = -\mathrm{i}\omega\mu_1 N_R N_T I_T / \pi$$

$$\mathrm{i}\omega = \frac{s\ln 2}{t}$$

式中 r_i——空间中任一点的坐标。

给定关断时间为 t_{of} 的方波信号,将式(4-2-8)进行 G-S 逆拉普拉斯变换,计算接收线圈感应电动势的时域解为:

$$U(t,z,d) = \frac{\ln 2}{t} \sum_{S=1}^{S} D_s \frac{\exp[(-s\ln 2 t_{\mathrm{of}})/t] - 1}{t_{\mathrm{of}}(s\ln 2/t)^2} U_m(s\ln 2/\mathrm{i}t, z, d) \qquad (4\text{-}2\text{-}12)$$

式中 t, D_s——G-S 逆拉普拉斯变换的观察时间和积分系数;

U_m——第 m 个接收线圈的感应电动势。

由式(4-2-9)可以看出,瞬变电磁法的感应电磁力不但与观察时间和井下金属体的厚度有关,而且与发射线圈和接收线圈的距离(TRD)有关。换句话说,式(4-2-9)中的 3 个变量在瞬变电磁(TEM)响应中是耦合在一起的,在这 3 个变量中,t 和 d 之间的耦合称为涡流扩散,这使 TEM 系统能够实现更好的性能。相反,当使用多线圈阵列时,TRD 对无损检测(NDE)的解释有很大的影响,其在钻孔 TEM 系统中的变化不能被忽略,且必须被补偿以避免模型失真。

3. 技术参数

电磁探伤定量检测技术可实施不同工况需求的过油管探伤及套管空井筒探伤测试,测速为 700 m/h,壁厚分辨率为 0.3 mm,解释时间在 3 h 以内,见表 4-2-4。

表 4-2-4 电磁探伤定量检测技术技术参数

技术参数	取 值	技术参数	取 值
测量套管的数量/层	1~3	壁厚分辨率/mm	0.3
测量套管的最小直径/mm	52	测量最小孔洞直径/mm	8
测量套管的最大直径/mm	324	测量最小纵向裂缝/mm	25
测量单层套管的最小厚度/mm	3	测量最小横向裂缝/mm	1/8 周长
测量单层套管的最大厚度/mm	17	测试速度/(m·h⁻¹)	700

4. 施工工序

1)现场设备就位与安装

(1)技术服务队伍到达施工地点后,在进入现场前,测井带班人员负责与相关方沟通并对作业现场进行勘察,获得相关许可后方可进行施工;

(2)作业现场作业区存在对人体有危害的物质时,应与甲方协商采取防范措施;

（3）在作业现场入口处悬挂安全标志牌，在作业区域设置警戒带，明确逃生路线和紧急集合点；

（4）摆放测试工程绞车，使绞车滚筒正对井口；

（5）在电缆两侧 2 m 以外设置警示隔离带，严禁作业过程中人员跨越电缆、从电缆下通过或停留；

（6）现场使用的各种电器开关、导线必须与用电设备的功率相匹配，队长负责安装所有电器设备安全接地地线；

（7）严格执行平台 QHSE 建设标准。

2）防喷装置安装

（1）井口操作工检查防喷管，其本体应无腐蚀、裂纹、弯曲现象，螺纹完好。

（2）在地面依次连接好防喷井口、入井工具及液压防喷控制管线等。

（3）井口操作工检查采油树，测试阀门开、关状态，并将阀门关严。

（4）技术人员负责安装地滑轮，并用专用销将地链条与地滑轮相连。注意：天、地滑轮之间的电缆在正常起下时应与防喷管平行。

3）井口防喷装置试压

（1）用手压泵打紧静密封；

（2）使用防冻剂对防喷管进行密封性试压；

（3）试压合格后进入下一步工序。

4）仪器下井

（1）进行工具下井前检查。

（2）井口防喷试压合格后下放仪器串。

（3）观察防喷管平衡压力，依次打开采油树测试闸门及总闸门，再次对防喷管进行密封性检查。注意：开闸门时要缓慢、侧身操作，其他人员必须退至距井口 10 m 以外。

（4）仪器串开始入井。注意：施工期间采油树总闸门、测试闸门上应悬挂"禁止转动"或"禁止操作"标牌标识。

（5）下入仪器过程中，关闭地面控制系统电源，开始下放电缆时必须平稳缓慢，当下入深度达到 300 m 后速度可逐渐加快，但最快下放速度不得大于 50 m/min，同时密切观察张力变化，一旦发现遇阻，立即停止下放并缓慢上提，防止井内仪器被卡。

5）电磁探伤测井

（1）仪器串下至人工井底或鱼顶后停车，仪器通电加载，运行地面采集系统的测试主控程序，检测正常后输入测试参数，开始上提仪器，进行电磁探伤测井，测试速度小于 700 m/h；

（2）测试完成后，上提仪器串，使之全部进入防喷管，关闭采油树测试阀门，打开泄压阀以进行防喷管泄压；

（3）将现场测试数据发送给解释人员进行数据解释，技术服务方应尽快将测试结果反馈给甲方部门，及时为下一步制定修井措施提供依据。

6）防喷井口拆卸

拆卸防喷装置并检查是否不刺不漏，恢复井场原貌，交井。

5. 关键仪器

井下探测仪如图 4-2-15 所示，由电磁探头、发射接收部分、放大滤波部分、数据采集部分、数据传输部分和单片机部分组成，井下仪器电路如图 4-2-16 所示。发射接收部分控制电磁探头的发射和接收；放大滤波部分对接收的信号进行放大滤波；数据采集部分对放大滤波后信号进行采集，并转换为数字信号；数据传输部分接收主机模块发送的命令，并将编码后的采样数据发送给主机模块；单片机部分根据主机模块下发的指令，控制发射接收部分的发射周期和数据采集部分的采样点数及各点的采样时间，并对采样数据进行编码，传输给数据传输部分。

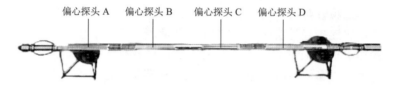

图 4-2-15　井下探测仪实物图

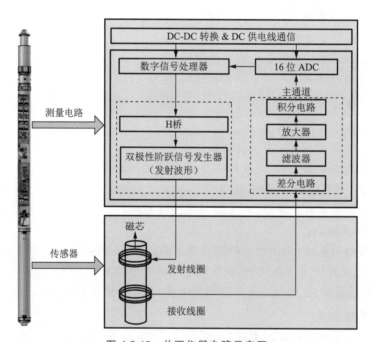

图 4-2-16　井下仪器电路示意图

如图 4-2-17 所示，在检测系统中设置 4 个偏心探头，分别为 A，B，C 和 D。这 4 个偏心探头以套管轴心为中心均匀排列，并且每个探头都对应一个信号驱动器和一个信号采集器，信号驱动器与信号采集器可以设置在一起，以使各偏心探头能够检测各自对应检测区域的感应电动势，准确地对井下套管损伤位置进行定位，提高套管损伤检测的性能。

4 个偏心探头均由绕制在同一磁芯上的收发线圈组成，且各项参数均相同。偏心探头的排列方式主要有两种：一种是偏心探头位于同一平面内，且绕套管轴心均匀排列的平面阵，如图 4-2-17 所示；另一种是偏心探头位于不同深度位置上，且绕套管轴心均匀排列成圆阵,如图 4-2-18 所示。

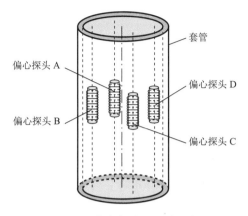

图 4-2-17 偏心探头平面阵示意图

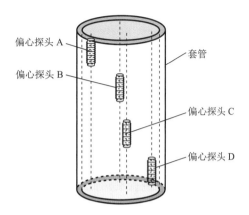

图 4-2-18 偏心探头圆阵示意图

在平面阵排列方式中,由于偏心探头位于同一平面内,所以该排列方式主要用于套管内径较大的情况。但是,通常套管内径较小,同一平面无法同时容纳多个偏心探头,因此 4 个偏心探头可以按照预设的深度偏移距离设置,绕套管轴心均匀排列,其投影排列为均匀的平面圆阵,如图 4-2-19 所示。

由于偏心探头之间按照预设的深度偏移距离设置,因此信号采集器依照偏心探头之间的深度偏移距离将对应的偏心探头测得的感应电动势进行校正。通过信号采集器校正后,所得到的感应电动势等效于偏心探头均匀排列所测得的感应电动势。

将组合式偏心探头与单探头居中和偏心两种情况下的探测性能进行对比,结果如图 4-2-20 所示。

（1）当采用一个居中探头（探头 M）时,其在井周各个方向上的探测性能相同,探测范围也相同,如图 4-2-20 中阴影 1 所示。

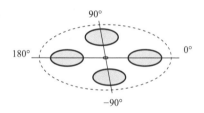

图 4-2-19 4 个偏心探头的
圆阵投影示意图

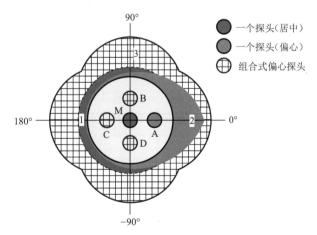

图 4-2-20 偏心探头性能对比图

（2）当采用一个偏心探头（探头 A）时,其所偏方向的信息在其探测信息中所占比重较大,其在所偏方向上的探测性能较强,探测范围也较大,但在其所偏的反方向探测性能较差,测试信噪比较低,如图 4-2-20 中阴影 2 所示。

（3）当采用组合式偏心探头时,其在各探头所偏方向的探测范围均比较大,探测性能比较好,如图 4-2-20 中阴影 3 所示,位于 0°,90°,180°和－90°方向的 4 个偏心探头 A,B,C和 D 在 0°,90°,180°和－90°方向的探测范围都比较大,探测性能较好,且整体探测性能要远优于一个居中探头和一个偏心探头的情况。

若井下固定深度上 360°井周介质均匀,则各偏心探头接收的线圈感应电动势信号近似相同;若固定深度上某个方向出现异常,则该深度上的组合式偏心探头可识别出该异常信息,且偏于该方向的探头对此异常信息的识别能力较强。对各个方向上组合式偏心探头的测试信号进行联合解释,可判断出金属异常所处的具体位置,同时获得各个深度各个方向上的最大探测信噪比。

综上所述,将组合式偏心瞬变电磁测井仪器沿井眼轴线方向置于井中,利用不同方向上的偏心探头对井周介质进行探测,通过对处于不同深度上的组合式偏心探头的探测数据进行深度校正,结合各探头所偏的角度和方向,对测试数据进行联合处理与解释,从而获得同一深度各个方向上的最大探测性能。

需要说明的是,为了进一步提高组合式偏心瞬变电磁探测系统的探测性能,可适当增加组合式偏心探头的数量,将周向 360°分得更细,但随着探头数量的增多,仪器长度就更长,深度校正误差就更大。因此,为使组合式偏心探头的分布在保证一定探测性能的条件下缩短仪器的长度,减小测井数据的深度校正误差,需对各偏心探头尺寸、绕制参数、间距和角度进行联合优化。

针对套管损伤检测的偏心阵列探头模型,结合系统的整体结构和偏心阵列探头的空间分布结构,采用预设的间距对井下套管进行损伤检测。该检测系统采用多路模拟信号输入通道的数据采集卡进行数据采集,且每个模拟通道的动态范围为 100 dB,采样频率可以达到 1 024 kS/s,满足验证性实验的要求。从数据采集卡出来的数据直接上传到 LabVIEW上位机软件中,然后使用该软件对所采集的数据进行存储和图像显示,从而验证偏心阵列探头模型的可行性和准确性。

在居中阵列探头和偏心阵列探头偏心角度 $\varphi=90°$ 的情况下进行实验仿真分析,仿真参数见表 4-2-5。

表 4-2-5　仿真参数

参数名称	数　值	参数名称	数　值
探头高度/mm	132	发射线圈直径/mm	0.43
探头半径/mm	9	接收线圈直径/mm	0.13
发射线圈匝数/匝	300	发射线圈电阻/Ω	5
接收线圈匝数/匝	980	接收线圈电阻/Ω	300

图 4-2-21 给出了在探头居中、仪器下放时引起探头偏心以及偏心探头 3 种情况下感应

电动势的变化曲线,其中探头偏心距离分别为 $\rho=15$ mm,$\rho=10$ mm 和 $\rho=5$ mm。通过对比,可以判断出偏心探头在偏离井眼中心不同位置时检测套管损伤的可行性。

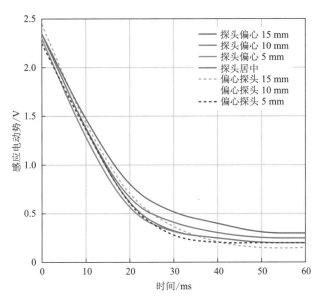

图 4-2-21　7 in 套管感应电动势变化曲线

由图 4-2-21 可以看出,当居中探头在仪器下放过程中产生偏心问题时,信号的检测性能降低。经分析,偏心探头的设计不但可解决仪器下放时产生的偏心问题,而且所探测到的信息更加精准,有利于使用数据解释井下的相关信息。

图 4-2-22 所示为室内套管损伤检测实验模型截面图。以套管与地面接触的交线为 0°坐标位置,交线正上方为 180°坐标位置,在正上方位置实施一定程度的破坏,最终确定套管最外层损伤的孔洞等效直径约为 30 mm。

连接好套管损伤检测仪器后,使用强度较高的扶正器,将仪器居中放入实验所用的 7 in 套管中,保证检测仪器在检测过程中始终处于居中状态;将仪器置于套管一端,系统通电之后,观察

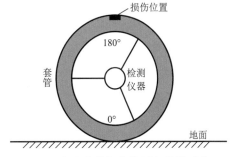

图 4-2-22　室内套管损伤检测实验模型截面图

仪器工作状态,保证仪器正常工作,之后通过电机拖拽使仪器在套管内部缓慢匀速移动,检测被损坏的套管。

实验中使用数据采集卡采集检测到的数据,并在 LabVIEW 上位机软件中进行处理,结果如图 4-2-23 所示。

从图中可以看出,使用偏心探头的检测仪器对套管最外层的损伤有足够高的灵敏度;综合分析各偏心探头对损伤位置检测的电压曲线,可以清楚地看出,偏心探头能够准确判断损伤的位置。

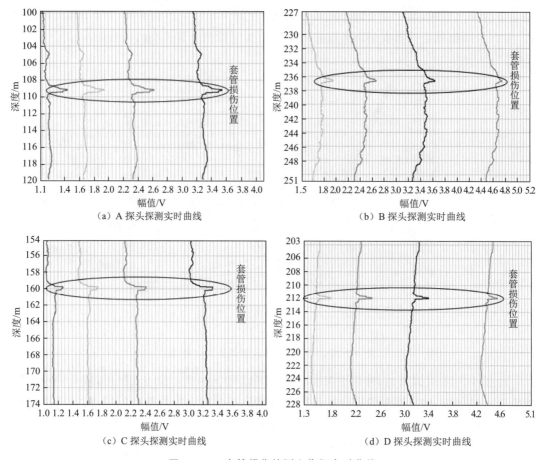

图 4-2-23　套管损伤检测上位机实时曲线

第三节　液压增力打捞技术

常规修井作业主要利用大修设备产生提放、旋转动力,通过油管或钻杆将动力传递到待修部位,管柱自重和弯曲的井眼轨迹会造成沿程损耗,轴向力损失 1/3~1/2,复杂井况或水平井修井效率低、成本高。

国外主要将液压方法应用在连续油管钻压裂桥塞、磨铣、冲洗等常规作业领域,在大修套管修复方面未见应用报道。国内首次将液压方法应用于套管修复领域,采用水泥车在地面打压,通过油管将压力传至井下液压增力、液压整形、液压加固补贴、液压增力打捞等工具,修井力直接作用在待修部位。对比常规修井作业,液压修井作业具有以下优势:

(1)速度快,成本低。液压修井使用小修设备,设备成本降低 1/3,同时液压修井效率提高 50%,占井周期缩短,综合比较,成本降低 46.8%。

(2)适应性强。一是小修设备即可进行大修作业,小修设备占地面积小,可适应城市等井场条件受限的场景;二是可以解决套管变形、破漏、卡管柱等问题,覆盖多种套损类型;

三是修井力直接作用在待修部位,从而解决了大修设备无法实现水平井修井的难题。

(3)成功率高。液压修井技术利用多级液缸实现增力,使用小修设备最大可实现 1 500 kN 的提升载荷,是 600 kN 普通小修设备作业能力的 2.5 倍,修井能力大幅度提升,修井成功率由 60.4% 提高到 85.2%。

一、液压增力打捞技术

1. 管柱组成

水平井井下管柱液压增力打捞工艺管柱由高压自封封井器、井下打捞增力器、专用捞矛等工具构成,如图 4-3-1 所示。其中,井下打捞增力器具有液压打捞、改变管柱受力方式的功能,专用捞矛(提放式可退捞矛)在 540 kN 拉力长时间作用下仍能顺利从鱼顶中退出。

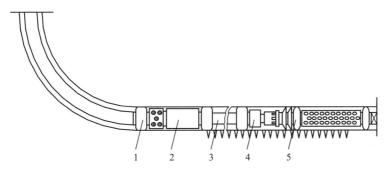

1—扶正器;2—井下打捞增力器;3—油管;4—专用捞矛;5—留井管柱。

图 4-3-1 水平井井下管柱液压增力打捞工艺管柱示意图

2. 关键工具

1)井下打捞增力器

(1)工具结构。

井下打捞增力器是井下打捞增力工艺管柱的关键工具,其作用就是改变打捞管柱的受力方式,采用液压方式在卡点处产生大吨位的拉力,使井下落物产生移动。

井下打捞增力器由套管锚定部分、增力部分、水平打压球座 3 部分组成,其结构如图 4-3-2 所示。

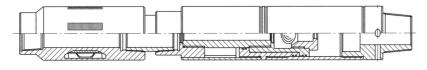

图 4-3-2 井下打捞增力器结构示意图

套管锚定部分主要由锚体、弹簧、卡瓦等部件组成,其作用是在油管打压时将井下打捞增力器锚定在套管上,并承受增力部分所产生的拉力,保证在增力打捞过程其上部打捞管柱不受打捞力的作用。

增力部分是实现液压增力打捞的关键部分,主要由中心管上接头、中心管、上外套、下外套、活塞、外套接头、密封圈等部件组成。当油管打压时,活塞和外套接头之间的环空进液,因活塞通过中心管、中心管上接头及短节与锚体相连而固定于套管上,外套接头在液压力的作用下产生向上的拉力,该力通过下外套、下接头、捞矛的传递直接作用在鱼顶上。增力部分采用多级串联式结构,根据所需拉力的不同最多可达 6 级。

水平打压球座是井下打捞增力器的一个关键部件,其结构和尺寸均经过优化设计,可以满足工具在水平状态下打压密封的要求,同时当增力器走完一个工作行程后,水平打压球座将自动卸压。

（2）工作原理。

管柱下入,捞矛捞住落物,上提管柱一定负荷,使井下打捞增力器呈拉开状态。从管柱内打压,套管锚定器张开,将打捞管柱锚定在套管上,继续打压,液压在增力部分处产生作用,在打捞工具处产生拉力,使井下落物移动。当移动完一个工作行程后,水平打压球座自动卸压,给井口操作者一个信号,同时套管锚定器自动收回。此时,上提管柱,使增力器各部分复位,继续重复以上过程,直至井下落物完全解卡。

（3）技术参数。

井下打捞增力器基本设计参数见表 4-3-1。

表 4-3-1　井下打捞增力器基本设计参数

设计参数	数　值		
型　号	YDL50-115	YDL50-150	YDL60-150
钢体最大外径/mm	115	150	150
锚爪外径/mm	113	146	148
锚爪张开外径/mm	136	170	170
适用套管内径/mm	121～132	158～166	158～166
额定工作压力/MPa	20	20	20
额定工作行程/mm	300	300	1000
额定提升力/kN	490	490	596
上连接螺纹	3½ TBG	3½ TBG	3½ TBG
下连接螺纹	3½ TBG	3½ TBG	NC31

（4）技术特点。

井下打捞增力器技术特点为:

① 改变打捞管柱的受力方向,使打捞力直接作用在井下管柱的鱼顶上,特别适用于水平井、大斜度井的井下管柱打捞;

② 由于采用液压方式产生井下拉力,与增力器上部的油管强度没有直接的关系,因此小修队使用该工具时可以提供比小修作业设备大得多的力;

③ 由于采用液压方式产生井下拉力,油管与套管壁不产生摩擦,没有侧向分力,在水平井、大斜度井中不会造成套管损坏;

④ 设计有独特的水平打压球座,该装置既可以保证在水平段打起压力,又可以在使用完毕后泄去油管内的压力,有利于安全稳定施工。

2)专用打捞工具

(1)工具结构及工作原理。

井下打捞增力工艺管柱中另一关键工具是提放式可退捞矛,该打捞工具要求既能承受较大的负荷(500 kN 以上),又能在承受大负荷后可靠地推出以打捞鱼顶。在工具设计上,参考了国内外的打捞工具,设计了转环换向、弹簧锁紧等独特机构,保证了工具的性能可靠。同时,针对不同的鱼顶结构,设计了打捞油管本体内腔提放式可退捞矛和打捞油管螺纹提放式可退捞矛。

打捞油管本体内腔提放式可退捞矛(TFLM-T 型)结构如图 4-3-3 所示。

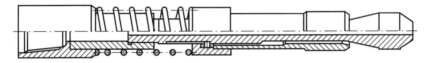

图 4-3-3　打捞油管本体内腔提放式可退捞矛结构示意图

打捞油管本体内腔提放式可退捞矛由上接头、捞矛杆、矛爪、转环、销钉、压帽、弹簧等部分组成。捞矛下井时,销钉位于短轨道内,矛爪与捞矛杆锥体部分不接触,矛爪处于收缩状态。当捞矛接触并插入鱼腔时,矛爪推动销钉移动,同时转环转动,带动销钉进入长轨道,此时上提管柱,矛爪与捞矛杆锥面接触,矛爪直径胀大,将落鱼抓住,弹簧将矛爪压在鱼腔内,防止打捞工具中间脱开。如果要放开落鱼,只要下放管柱使销钉进入短轨道后再上提管柱即可。该捞矛可以方便可靠地实现打捞管柱与鱼顶的对接和释放,满足整体工艺技术的要求。

打捞油管螺纹提放式可退捞矛(WLM-T105 型)结构如图 4-3-4 所示。

图 4-3-4　打捞油管螺纹提放式可退捞矛结构示意图

打捞油管螺纹提放式可退捞矛由上接头、捞矛杆、矛爪、转环、销钉、压帽、弹簧等部分组成。捞矛下井时,销钉位于短轨道内,矛爪与捞矛杆锥体部分不接触,矛爪处于收缩状态。当捞矛接触并插入鱼顶油管螺纹后,打捞螺纹上的止退台阶限制打捞螺纹的深入距离,保证将来螺纹可以可靠退出。矛爪推动销钉移动,转环转动带动销钉进入长轨道,此时上提管柱,矛爪鱼顶油管螺纹对接,矛爪直径胀大,将落鱼抓住,弹簧将矛爪压在鱼腔内,防止打捞工具中间脱开。如果要放开落鱼,只要下放管柱使销钉进入短轨道后再上提管柱即可。该捞矛可以方便可靠地实现打捞管柱与鱼顶的对接和释放,满足整体工艺技术的要求。

（2）技术参数。

打捞油管本体内腔提放式可退捞矛基本参数见表 4-3-2。

表 4-3-2　打捞油管本体内腔提放式可退捞矛基本参数

参数名称	上接头连接螺纹	额定提升力/kN	打捞鱼顶规格/mm	换向长度/mm
设计值	2⅞IF	490	$\phi62,\phi68,\phi76,\phi85$	100

打捞油管螺纹提放式可退捞矛基本参数见表 4-3-3。

表 4-3-3　打捞油管螺纹提放式可退捞矛基本参数

参数名称	数　　值		
工具型号	WLM-T105X73	WLM-T105X73A	WLM-T105X89
上接头连接螺纹	2⅞IF	2⅞IF	2⅞IF
额定提升力/kN	340	450	490
打捞鱼顶规格	2⅞TBG	2⅞UPTBG	3½TBG
换向长度/mm	100	100	100

（3）技术特点。

与国内外现有的可退式打捞工具相比，提放式可退捞矛具有以下突出特点：

① 设计了转环换向结构，该机构在换向时不受力，因此灵活可靠，可保证换向成功；

② 设计为中心杆（捞杆）受力，同时优化了矛爪与捞杆的接触角度，保证较硬的矛爪不被损坏，可以可靠退出；

③ 打捞油管螺纹提放式可退捞矛（WLM-T105 型）设有限位止退台阶，保证打捞油管螺纹与鱼顶油管螺纹可靠对接；

④ 设计了复位弹簧，可有效地解决该工具打捞成功后起钻时容易掉落的问题，保证打捞的成功率。

二、震击增力组合打捞技术

随着水平井液压增力打捞技术在现场的不断推广应用，由于井下情况越来越复杂，遇到的新问题亟须解决。目前应用的液压打捞工具只能单方向形成较大的拉力，但有些井下工具由于下入时间较长、本身材料和水平段砂卡长度较长等原因，造成大力解卡时螺纹脱扣或滤砂管被拉断等情况。针对这些问题，开展了新型水平井震击增力打捞配套工艺的攻关研究，形成了震击增力打捞工艺技术。

1. 管柱组成

水平井井下震击增力打捞工艺管柱由水力锚、井下震击打捞增力器、提放式可退捞矛或提放式可退捞筒等构成（图 4-3-5），其中井下震击打捞增力器具有液压边震击边打捞改变管柱受力方式的功能,提放式可退捞矛(捞筒)在 500 kN 拉力长时间作用下仍能顺利从鱼顶中退出。

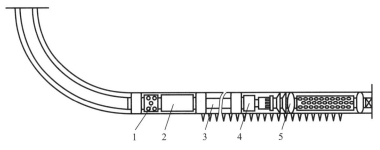

1—水力锚;2—井下震击打捞增力器;3—钻杆;4—专用捞矛(捞筒);5—留井管柱。

图 4-3-5　水平井井下震击增力打捞工艺管柱示意图

2. 工艺原理

现场施工时,下入图 4-3-5 所示管柱,捞矛(捞筒)捞住落物,上提管柱一定负荷,使井下震击打捞增力器呈拉开状态。从管柱内打压,套管锚定器胀开,将打捞管柱锚定在套管上,继续增大油管或钻杆内压力,使震击部分开始在液缸内往复,产生向上的震击力,并在增力部分产生作用,在打捞工具处产生拉力,将力传递到井下留井管柱,从而使井下落物移动。当井下留井管柱移动一定距离后,水平打压球座自动卸压,泵车压力突降,井口四通处套管阀门返水,此时停泵泄压。待套管锚定器自动收回,慢慢上提管柱,使井下打捞增力器各部分复位,继续上提管柱一定负荷,如果能将管柱起出,则原井下管柱已解卡,起出全部管柱即可完成打捞作业。如果地面设备仍不能将井下管柱起出,可以继续利用泵车从油管或钻杆内打压至泵车压力突降、井口四通处套管阀门返水,并重复以上过程,直至井下管柱完全解卡。

3. 技术特点

震击增力组合打捞技术特点为:

(1)改变传统打捞管柱的受力方向,使打捞力直接作用在井下管柱的鱼顶上,并产生震击解卡效果,特别适用于水平井、大斜度井的井下管柱打捞;

(2)由于采用液压方式产生井下拉力和震击力,与增力器上部的油管强度没有直接关系,因此小修队使用该工具时可以提供比小修作业设备大得多的力;

(3)由于采用液压方式产生井下拉力,油管与套管壁不产生摩擦,没有侧向分力,在水平井、大斜度井中不会损坏套管;

(4)设计有独特的水平打压球座,该装置既可以保证在水平段打起压力,又可以在使用完毕后泄去油管内的压力。

4. 关键工具

液压震击增力打捞的关键工具是井下震击打捞增力器。

1）工具结构

井下震击打捞增力器的作用是改变打捞管柱的受力方式，采用液压方式在卡点处通过活塞往复产生向上的震击效果并产生大吨位的拉力，破坏砂卡，使井下落物移动。

该工具由震击部分、增力部分和水平打压球座 3 部分组成，如图 4-3-6 所示。

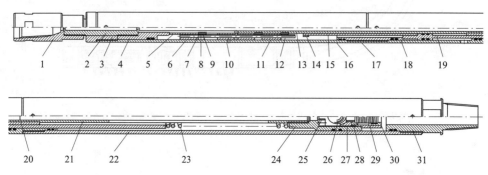

1—上接头；2—连接套；3—阀套上接头；4—中心管上接头；5—挡套；6,10,11—阀体；
7—限位环；8—连接环；9—连接螺钉；12—主阀阀芯；13—上中心管；14—泄压环；15—泄压连杆；16—阀套；
17—阀套下接头；18—液缸；19—活塞；20—中心管下接头；21—下中心管；22—外筒；23—复位弹簧；
24—复位弹簧座；25—挡球板；26—钢球；27—球座；28—支座；29—球座弹簧；30—弹簧座；31—下接头。

图 4-3-6　井下震击打捞增力器结构示意图

2）工作原理

井下震击打捞增力器必须配套合适的套管锚定水力锚。套管锚定水力锚主要由锚体、弹簧、卡瓦等部件组成，其作用是在油管打压时将井下震击打捞增力器锚定在套管上，并承受增力部分所产生的拉力，保证在增力打捞过程中其上部打捞管柱不受打捞力的作用。

震击部分是实现震击增力解卡的关键部分，主要由上接头、中心管上接头、3 个阀体、2 个阀芯、泄压环、泄压连杆、活塞和液缸等部件组成。当油管打压时，液缸和活塞环空进液，阀体和主阀阀芯进液，压力差使活塞带动先导阀芯连杆运动，并使阀体运动，从而实现泄压。由于压力的突然释放，活塞产生向上的震击作用，并由泄压环带动阀体复位，从而实现震击部分的循环震击。

增力部分是实现液压增力打捞的关键部分，主要由中心管上接头、中心管、上外套、下外套、活塞、外套接头、密封圈等部件组成。当油管打压时，活塞和外套接头之间的环空进液，因活塞通过中心管、中心管上接头及短节与锚体相连而固定于套管上，外套接头在液压作用下产生向上的拉力，该力通过下外套、下接头、捞矛的传递直接作用在鱼顶上。增力部分采用多级串联式结构，根据所需拉力的不同最多可达 6 级。

水平打压球座是井下震击打捞增力器的一个关键部件，其结构和尺寸均经过优化设计，可以满足工具在水平状态下打压密封的要求，同时当增力器走完一个工作行程后，水平打压球座会自动卸压。

3）井下震击打捞增力器中间实验

模拟现场工况条件，对 YZJ50-115 型井下震击打捞增力器进行整体密封性能实验、震击频率及震击力实验。

（1）整体密封性能实验：实验压力为 24 MPa，稳压 5 min，压降全部小于 0.5 MPa，井下震击打捞增力器的整体密封性能实验结果达到设计要求。相关实验参数和实验结果见4-3-4。

表 4-3-4　井下震击打捞增力器整体密封性能实验数据表

序　号	工具型号	设计指标/MPa	密封指标		
			实验压力/MPa	稳压时间/min	压降/MPa
1	YZJ-115	20	24.2	5	0.4
2	YZJ-115	20	24.1	5	0.4

（2）震击频率及震击力实验：实验压力为 10 MPa，测试 5 min，相关实验参数和实验结果见表 4-3-5。

表 4-3-5　井下震击打捞增力器震击频率及震击力实验数据表

序　号	工具型号	设计频率/(次·min⁻¹)	性能指标		
			实验频率/(次·min⁻¹)	实验时间/min	平均震击力/kN
1	YZJ-115	15	17	5	12.1
2	YZJ-115	15	16	5	11.2

由实验可知，YZJ50-115 型井下震击打捞增力器可顺利解卡，具备了现场试验条件。

三、切割增力打捞一体化技术

随着油田开发的深入，水平井套损问题日益突显，部分水平井滤砂管出现堵塞、破损、变形等，导致防砂失效，需要进行打捞并进行二次防砂。若滤砂管串较长，砂卡严重，并且流体冲蚀及化学腐蚀等因素造成机械强度降低，采用传统的套铣、倒扣打捞方式往往难以捞出管柱，有时即使采用井下液压增力打捞也难以奏效，这时就需要将待打捞管柱切割分段，然后逐段打捞。

为了解决这一问题，开发了井下管柱分段切割打捞技术，即先用内割刀将管柱切断，然后下入水平井液压增力打捞管柱进行打捞，大大减小了施工难度。但是，完成一次切割打捞需要分别起下一趟切割管柱和一趟液压增力打捞管柱，欲将滤砂管全部打捞出来，需要反复进行多次施工，大大延长了施工时间，降低了作业效率。为解决以上问题，设计研发了切割增力打捞一体化技术。

1. 管柱组成

切割增力打捞一体化技术是将油管内割刀由旋转管柱坐封设计为提放管柱坐封，改进了捞矛结构，使其满足切割打捞一体化施工要求，管柱组成如图 4-3-7 所示。

1—一体化捞矛;2—定位油管;3—提放式油管内割刀。

图 4-3-7　切割增力打捞一体化工艺管柱实物图

2.关键工具

1)提放式油管内割刀

提放式油管内割刀主要包括切割机构、扶正机构和中心杆,其中切割机构和扶正机构均安装在中心杆上,中心杆上设有坐封/解封换向轨道,在切割机构与扶正机构之间装有坐封机构,坐封机构与切割机构通过卡瓦连接,如图 4-3-8 所示。

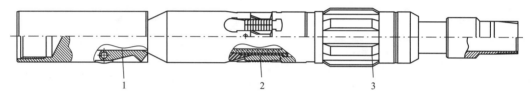

1—切割机构;2—扶正机构;3—中心杆。

图 4-3-8　提放式油管内割刀结构示意图

坐封机构包括卡瓦套、卡瓦、坐封套和活塞。卡瓦套下部的锁球孔中装有锁球,该锁球卡在中心杆上的锁球槽中,实现坐封机构和中心杆的相对固定;卡瓦通过 T 形头与卡瓦套的 T 形槽连接,卡瓦内表面与支撑套是燕尾槽轨配合。

切割机构主要由顶刀、切割刀和限位块组成。切割刀和限位块放置在中心杆上部的 3 条凹槽中,并由销钉固定在凹槽内的定位圆孔中。切割刀可以绕销钉向外旋转,中心杆转动时能带动切割刀沿管柱周线旋转,从而完成切割动作。

扶正机构主要包括扶正套、弹簧、摩擦块等,扶正套内设有 3 个凹槽以放置摩擦块,摩擦块和凹槽之间安装弹簧,摩擦块的最大外径大于滤砂管的内径,从而使扶正套总是撑在滤砂管内壁上。另外,扶正套上部有锁球槽,下部内圆的旋转凹槽内放置转环和定位销;中心杆在轴向上有长、短两个换向轨道,当扶正套上下活动时,定位销在换向轨道内变换,此时转环可以自由转动,保证扶正套和中心杆径向相对固定。

2)一体化捞矛

一体化捞矛在切割增力打捞一体化工艺中承担连接、传扭和打捞落鱼的作用,既要把切割工具和打捞管柱连接并整合在一起,又要具有较高的打捞强度,因此起着至关重要的作用。

从一体化工艺的要求来分析,首要的是切割位置的精确定位。滤砂管过滤部分是由多层滤网构成的,强度不高,但厚度较大,如果选择这一部分进行切割,那么当滤砂管基管被切断后,滤网极难被完全切断,打捞时,滤网会被不规则地扯断,给第二次打捞造成极大的困难,因此切割位置要精确地定位在滤砂管的盲管或接箍部分。管柱在井下处于伸长状态,如果用整个管柱的长度进行定位,则误差较大。由于割刀与一体化捞矛之间的距离较短,伸长变形可忽略,因此可利用一体化捞矛对割刀实施定位。

定位时,先将管柱最下面的割刀引入鱼腔,继续下探管柱,直至捞矛探到鱼顶,再根据设计切割位置上提管柱以调整割刀位置,此时捞矛极有可能已经捞住落鱼,这就需要捞矛能够顺利退出,因此一体化捞矛必须采用可退结构。现场作业时,若要旋转管柱退出捞矛,就要换方钻杆,操作复杂,因此采用提放式可退结构进行一体化捞矛设计。

一体化捞矛主要由上接头、弹簧、转环、定位销、矛爪套、打捞杆等组成,如图 4-3-9 所示。打捞杆上部与上接头连接,下部设计有斜坡胀头,斜坡胀头下部设计有螺纹,可以连接其他工具或管柱。打捞杆中部有坐封/解封换向轨道,矛爪套下部外圆开有数条竖槽,使其呈瓣状并具有弹性。矛爪套套装在打捞杆上,其上部的内凹槽中安装有转环和定位销,可将矛爪固定在打捞杆的换向轨道内。上接头和矛爪套之间安装弹簧,其作用是提高坐封轨道与解封轨道换向的可靠性。

图 4-3-9　一体化捞矛结构示意图

3. 施工工序

切割增力打捞一体化技术施工工序为:

(1)确定捞矛的具体位置。首先确定定位油管的长度,将捞矛、定位油管和油管内割刀顺次连接在管柱底部,下至鱼顶,将油管内割刀引入滤砂管基管内,直至捞矛的矛爪探至鱼顶,轻加压再上提管柱,此时捞矛捞住落鱼,确定管柱到位。

(2)确定切割位置。再次下放管柱,使捞矛的轨道换向,进入解封状态,根据定位油管长度上提管柱,使割刀位于设计切割位置,此时油管内割刀扶正机构的定位销进入中心杆的坐封轨道内。

(3)坐封机构坐封。再次下放管柱,使油管内割刀的卡瓦撑出而坐封在滤砂管内壁上。

(4)油管内割刀就位。继续下放管柱,由于支撑套已经通过卡瓦支撑住,顶刀上顶切割刀,使切割刀撑出并咬入滤砂管内壁。

(5)切割滤砂管。通过地面驱动装置旋转管柱,油管内割刀的中心杆带动切割刀做圆周运动,切割滤砂管。

(6)坐封机构回位。切割完成后,上提管柱以收回切割刀,当中心杆的锁球槽到达锁球的位置后,扶正套上行,将锁球推入中心杆的锁球槽内,活塞在弹簧作用下将锁球在中心杆的锁球槽内顶紧,实现坐封机构和中心杆的相对固定。

(7)打捞准备。继续上提管柱,使扶正机构中的定位销由中心杆的坐封轨道换入解封轨道。

（8）打捞切割后的滤砂管。再次下放管柱，直至捞矛的矛爪套进入鱼腔内，捞住割断的上部滤砂管，将其打捞出井筒，完成一次切割打捞一体化施工。

4. 技术参数

切割增力打捞一体化技术参数见表 4-3-6。

表 4-3-6　切割增力打捞一体化技术参数

滤砂管规格/in	单次切割长度/m	旋转圈数/圈	工作温度/℃
4½	≤9	≤100	≤150

四、水力喷砂切割技术

现有的喷砂切割工艺主要有两种：一是油管柱携带固定喷头下井，在井口转动管柱以实现喷头旋转，同时打压，从喷头喷出高压流体，切割井下管柱，这种工艺的缺点是井口高压动密封施工风险大，井底喷头随全井管柱转动时容易产生上下晃动，影响切割效果；二是利用螺杆在井下带动喷头旋转，由于混砂液对螺杆的冲蚀较大，混砂液容易堵塞螺杆，而且喷头切割井下管柱所需的排量和压力都受到螺杆限制，导致切割效果不佳。因此，研发了快速、安全、可靠的水力喷砂切割工艺技术，提高了切割效率和成功率。

1. 管柱组成

自动旋转喷砂切割工艺管柱主要包括旋转喷砂切割器、防砂水力锚、变扣接头和油管，其结构如图 4-3-10 所示。

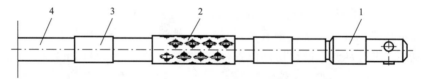

1—旋转喷砂切割器；2—防砂水力锚；3—变扣接头；4—油管。
图 4-3-10　自动旋转喷砂切割工艺管柱示意图

2. 工艺原理

（1）切割：以混砂液为流体的高压射流从喷嘴喷出，依靠射流冲击力将待切割管柱割开，同时射流冲击力的反作用力对切割头形成一定的扭矩。由于切割头与外筒为螺纹连接，外筒与内筒为轴承连接，因此在射流冲击力的反作用力扭矩的推动下，切割头与外筒一起相对内筒旋转，实现待切割管柱的周向完全切割。

（2）锚定：油管内起压后，水力锚张开并锚定在待切割管柱内壁上，使下部的旋转喷砂切割器居中。由于旋转喷砂切割器的切割范围较大，如果不居中，则可能切割损伤待切割管柱外部的套管；水力锚锚定在待切割管柱内壁上，可以防止旋转喷砂切割器的扭矩上传而损伤油管,同时可以消除油管工作时的窜动对切割位置的影响。此外,在水力锚锚定状态下,通过上提油管在井口产生一定的拉力,待切割管柱被割断后拉力瞬间下降,可以作为待切割管柱被割断的信号。

3. 技术特点

水力喷砂切割技术特点为:

(1) 利用射流冲击力的反作用力推动切割头旋转,无须在井口转动管柱或使用螺杆钻,简化了喷砂切割工艺管柱结构,提高了切割效率,降低了成本;

(2) 单趟管柱可完成多次切割,提高了施工效率;

(3) 射流切割范围大,适用于多层管柱同时切割以及厚壁管柱的切割;

(4) 采用水力锚防砂卡设计,降低了管柱遇卡风险。

4. 技术参数

水力喷砂切割技术参数见表 4-3-7。

表 4-3-7　水力喷砂切割工艺技术参数

适用油套管尺寸/in	本体外径/mm	喷嘴压降/MPa	切割时间/min
$4\frac{1}{2}$	90	14～17	13～17
$5\frac{1}{2}$	110	19～22	18～24

5. 关键工具

自动旋转喷砂切割工艺管柱的关键工具为旋转喷砂切割器。

1) 结构组成

旋转喷砂切割器主要由切割头、密封机构、阻尼机构等部分组成,其结构如图 4-3-11 所示。

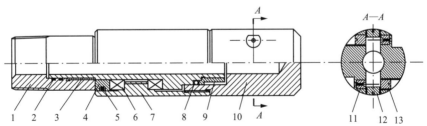

1—上接头;2—密封圈;3—中心杆;4—轴承挡环;5—密封圈;6—轴承;7—外筒;8—组合密封圈;
9—密封挡环;10—切割头;11—喷嘴;12—喷嘴挡头;13—堵头。

图 4-3-11　旋转喷砂切割器结构示意图

2）工作原理

以混砂液为流体的高压射流从喷嘴喷出，依靠射流冲击力将待切割管柱割开，同时射流冲击力的反作用力对切割头形成一定的扭矩，由于切割头与外筒为螺纹连接，外筒与内筒为轴承连接，因此在射流冲击力的反作用力扭矩的推动下，切割头与外筒一起相对内筒旋转，实现待切割管柱的周向完全切割。

3）性能特点

旋转喷砂切割器具有以下性能特点：

（1）安全切割。通过优化喷嘴角度，控制沿喷嘴方向喷嘴出口至外层套管的直线距离，根据射流速度沿喷嘴轴线的衰减情况，使射流到达外层套管时的速度不足以割断外层套管，同时保证射流到达目标管柱时的速度可以割断目标管柱；控制割断目标管柱所需的砂量，当目标管柱即将割断时停止加砂，不再依靠砂粒切割目标管柱，由于目标管柱已经被割出凹痕，提高泵压，依靠清水射流的"水楔"作用完成最后的切割。由于外层套管内壁表面相对完整，且清水射流到达外层套管时速度衰减，所以清水射流对外层套管基本没有伤害。

（2）旋转可控。为了防止混砂液泄漏而损伤喷砂切割器内部结构，切割头的旋转部位设计了高压动密封，必须克服该密封件产生的阻力，切割头才能旋转。增加一个动态阻力（静止时为零，运动时随转速增加而增加），与密封阻力形成射流反作用力，这样射流反作用力始终大于密封阻力，从而保证旋转可控。

（3）割断可知。设计了防砂水力锚，可以及时知道目标管柱是否割断以停止切割。水力锚在开始加液压时即锚定在目标管柱内壁上，此时在井口上提一定负荷，继续切割，当管柱割断时，该负荷会突降，则可停止切割。同时，切割过程中，水力锚可使切割头居中，防止对外部套管造成伤害。

第四节　液压变径整形技术

长期以来套管变形井的修复主要采用机械整形技术，这些技术容易造成卡管柱，井下事故率高。另外，机械整形施工必须由大修队完成，施工成本高。为了克服以上缺陷，在充分调研并吸收以往技术的基础上，优化设计了套管液压整形工艺，并形成了以整形胀头和井下液压增力工具为核心的液压整形工艺技术。液压整形工艺技术相比机械整形技术有以下改进和提升：

（1）液压整形工艺技术在实施整形时利用地面液压设备提供动力，整形力的大小不再依赖于作业设备，而只与液压设备提供的动力相关；地面液压力传递到井下增力设备后，转换为较大的轴向整形力并提供给整形工具。地面液压力具有易于控制的特点，利用它能够实现整形力的精准调控。相较于机械整形时的管柱拉伸、挤压，液压力的传递和显示更为快速和精准，也更利于井下整形力的调控。

（2）由于整形工具的结构是径向可变径设计，即外径可膨胀和缩小，因此整形力传递给整形工具后被分成整形工具的径向膨胀分力和轴向移动分力。整形工具的径向膨胀力作用于缩径套管上，实现缩径套管的扩张，当缩径套管扩张到能够使整形工具通过时，整形工具上的轴向移动分力克服摩擦力，带动整形工具向前移动。整形工具在液压增力装置的推动下走完一个行程后，能够通过一定的动作可靠地转入下一个工作行程，从而满足长井段连续整形的需要。

（3）液压整形工艺的整形工具属可变径设计，工具膨胀后可自行回弹，整形过程中遇卡也可通过一定的动作实现解卡，从而可极大地减少施工事故的发生。此外，可变径的整形工具单次整形量大，相较于机械整形工艺的定尺寸整形工具，不仅安全系数高，而且整形效率大大提高。

一、液压分瓣整形技术

在进行液压整形施工时，整形力作用在套管上，产生相应大小的反作用力，需要配套相应的锚定装置以克服反作用力，如图 4-4-1 所示；否则，反作用力上顶会导致管材弯曲，整形力将无法有效地作用在变形套管上。锚定装置的安装位置须设定在增力装置的上方，且尽可能靠近液压增力装置。整形施工完成后，受油套压力不平衡的影响，锚定装置的锚爪可能收复不彻底，会影响管柱的正常起下，因此需在液压整形工艺管柱靠近下端位置设置泄压装置，保证施工完成后油套压平衡。

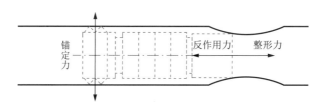

图 4-4-1　液压整形工艺管柱各作用力示意图

1. 管柱组成

为了实现液压整形工具的可变径功能，液压整形工具设计成分瓣式胀头结构，各分瓣之间存在一定的间隙，胀头内部设计有锥形斜面，通过锥形斜面的移动可实现各瓣胀头的胀开和收回，从而实现液压整形工具的可变径功能。液压分瓣整形工艺管柱主要由液压开关阀、锚定装置、液压增力装置和分瓣式胀头等组成，如图 4-4-2 所示。

图 4-4-2 中的锚定装置是一种卡瓦式水力锚，主要起固定管柱的作用，并与油管一起承担液压增力装置的反作用推力。它与锚爪式水力锚的不同之处是其锚定力更大，且不易卡井，即使出现问题也容易处理。

上部液压开关阀的作用是在本次施工完成后泄压，使油管与油套环空连通，实现二者的压力平衡，确保锚定装置的卡瓦可靠收回。

液压增力装置是依靠液压提供动力的工具，是该工艺管柱的核心工具之一，它主要有三方面的功能：一是提供整形动力；二是在完成一个工作行程后自动泄压，给地面施工提供一个明显的信号；三是能够在完成一个工作行程后复位，继续进行下一段的整形工作。

分瓣式胀头是为了解决机械整形工艺中整形工具容易遇卡的问题而专门设计的一种整形工具。该工具在轴向推力作用下能产生径向作用力，完成变形套管的整形；在工具遇卡时，上提工具可以实现自动解卡。该工具前端的探针可以保证其顺利进入小通径变形井段。

2. 工艺原理

将图 4-4-2 所示管柱下到油井内的预定位置，然后从地面打压，当压力达到 1 MPa 左右时，锚定装置首先工作，同时液压缸将地面水泥车的液压力转换成轴向机械推力并作用于液压增力装置下接头上，通过下接头将推力传递到分瓣式胀头的锥体上，锥体将轴向推力转化成径向扩张力，变形套管在分瓣式胀头径向扩张力的作用下膨胀复原（图 4-4-3）。在上述过程中，液压增力装置液缸的反作用推力由锚定装置承担，锚定装置以上的施工管柱在胀管过程中不承受胀管力的作用。

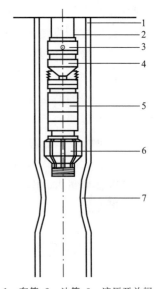

1—套管；2—油管；3—液压开关阀；
4—锚定装置；5—液压增力装置；
6—分瓣式胀头；7—套管变形部位。

图 4-4-2　液压分瓣整形工艺
管柱结构示意图

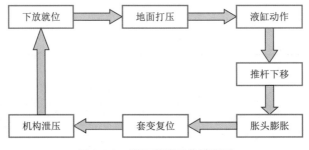

图 4-4-3　液压胀管工作过程图

当液压增力装置完成额定工作行程后，内部泄压机构动作，油管泄压，管柱内外压力平衡，锚定装置收回，这时可以自由地上提或下放管柱。如果下放管柱仍然无法通过套管变形部位，则可以继续从油管打压，重复上述过程。

由于分瓣式胀头的最大外径大于配套工具的外径，所以在整形过程中可能出现分瓣式胀头遇卡问题，此时将油管泄压，上提管柱，使分瓣式胀头内锥体上移，胀头收缩即可解卡。

3. 技术特点

液压分瓣整形技术特点为：

（1）液压胀管工具具有复位功能，可以实现长距离整形；

（2）额定工作压力为 20 MPa,常规设备可以满足压力要求;

（3）液压胀管器设计有泄压装置,施工过程显示明显,便于现场操作;

（4）分瓣式胀头设计可以减少整形作业中井下施工事故的发生;

（5）现场施工方便,利用小修设备就可以实施。

4. 技术参数

在同样的分瓣式胀头锥体角度下,单次整形量越大,整形效率就越高,但整形力消耗也越大,相应的施工风险也随之增加;相反,单次整形量越小,动力消耗及施工风险均减少,但整形效率也降低。因此,综合考虑液压分瓣整形工艺施工中整形力大小(动力消耗)、整形效率及施工风险等多重因素,优选分瓣式胀头整形工具的单次整形量为 6 mm,结合 7 in 热采井变形套管的缩径范围,确定 7 in 套管分瓣胀头整形工具的合理系列化尺寸,同时满足液压整形施工整形效率、整形力及施工风险的要求。

对于不同的套管缩径量,可以选择不同的整形工具。当套管缩径后尺寸小于 5½ in 套管尺寸时,可采用 5½ in 套管整形工具进行修复。7 in 分瓣式胀头系列工具的起始最大外径设计为 127 mm,即第一系列 7 in 分瓣式胀头整形后最大通径为 127 mm;由于分瓣式胀头单次整形量设计为 6 mm,因此第二系列 7 in 分瓣式胀头整形后最大通径为 133 mm。依此类推,第三、四、五系列 7 in 分瓣式胀头整形后的最大通径分别为 139 mm,145 mm 和 151 mm,第六系列 7 in 分瓣式胀头整形后最大通径设计为 156 mm(表 4-4-1)。对于这一设计,主要从两方面考虑:① 通径 156 mm 的套管能够满足 7 in 套管井常规工具的下入;由于随着分瓣式胀头最大整形量的增加,分瓣式胀头整形工具本体外径也在不断增大,工具本体过大会增加整形工具串与套管刮碰摩擦的风险,因此 7 in 分瓣式胀头整形后最大通径确定为 156 mm(胀头收回后整体尺寸不超过 150 mm),这一尺寸设计既可满足工艺需求,又可降低施工风险,属于较为合理的选择。

表 4-4-1　7 in 分瓣式胀头整形工具系列技术参数

项　目	分瓣式胀头张开后最大外径/mm	分瓣式胀头收回后最大外径/mm	探针直径/mm	起始整形量/mm	整形范围/mm
技术参数	127,133,139,145,151,156	121,127,133,139,145,150	40	100	100～156

二、液压滚珠变径连续整形技术

液压滚珠变径连续整形技术是在液压动力基础上,利用滚珠整形工具将液压力转换为滚珠胀头对变形套管的整形力。滚珠整形工具上按一定规则排布着数百颗滚珠,利用滚珠进行整形,可实现整形工具与变形套管的"点"接触,大大降低运行摩阻,滚珠在一定结构的作用下可沿径向自由伸缩。管柱到达整形位置后,首先打压以实现管柱锚定,继续打压使液压增力装置为滚珠整形工具提供动力,滚珠整形工具将一部分液压力转换为滚珠对变形套管的整形力,将另一部分力转换为滚珠整形工具沿井筒方向前进的动力,从而实现对变形套管的连续整形。

对于变形量大的缩径井,可进行分级整形,即先下入小尺寸整形工具进行阶段整形,再下入大尺寸整形工具恢复通径。此外,可将多级滚珠整形工具串联应用,利用工具长度实现对轻度弯曲井的矫正修复。

1. 管柱组成

液压滚珠变径连续整形工艺管柱自上而下为锚定装置、液压增力装置及滚珠整形工具等,如图 4-4-4 所示。滚珠整形工具与液压增力装置直接连接,接收液压力转换成的机械动力;液压增力装置上部连接锚定装置,为管柱提供锚定力,以克服整形施工中套管的反作用力;锚定装置上部直接连接油管至井口。

2. 工艺原理

液压滚珠变径连续整形技术的核心是滚珠胀头。滚珠胀头将数百滚珠按一定规则排布在胀头本体上,滚珠在胀头本体排布形成的当量圆即该胀头的整形范围;滚珠胀头内部有多级锥体,在液压力的作用下锥体可沿轴线与外筒形成相对位移,从而带动每颗滚珠的伸出和收回,滚珠伸出后可对变形套管实施整形,滚珠缩收回后便于起出管柱。

在应用过程中,将滚珠胀头与液压增力装置及锚定装置按图 4-4-4 所示连接并下到遇阻位置;从地面打压,使锚定装置工作,锚定管柱;继续打压,液压增力装置推动滚珠胀头,滚珠弹出,形成整形的当量圆,并与变形套

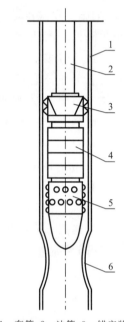

1—套管;2—油管;3—锚定装置;
4—液压增力装置;5—滚珠整形工具;
6—变形套管。

图 4-4-4　液压滚珠变径连续整形
工艺管柱结构示意图

管接触;液压力作用在滚珠胀头上,一部分转换为滚珠上的整形力,另一部分转换为滚珠胀头前进的动力。滚珠与套管内壁呈"点"接触,每一圈滚珠整形通过后各"点"形成一个多边形;滚珠在胀头本体上呈螺旋分布,形成多圈相对旋转一定角度的滚珠圈,每一圈滚珠整形通过后,相当于多圈滚珠叠加,可使变形套管内壁变成较为规整的圆。在前端几圈滚珠整形通过后,液压增力装置推动滚珠胀头继续向前推进,后面多圈滚珠继续通过,可对变形修复位置进行持续整形和巩固。滚珠胀头与变形套管属于"点"接触,在同等变形条件下,相较于以往整形工具,滚珠胀头所需整形力小,因此可在在液压增力装置长行程的推动下进行单次长井段整形,实现对变形套管的连续整形。

液压滚珠变径连续整形工艺管柱具备自解卡功能,如果整形过程中整形工具前进遇阻严重或工具遇卡,可迅速泄压,待锚定装置复位后,上提管柱,收回滚珠,减小管柱当量外径,从而使滚珠整形管柱顺利起出。

3. 技术特点

液压滚珠变径连续整形技术特点为：

（1）滚珠胀头上滚珠与变形套管为"点"接触，使运动摩擦力大大降低，只需较小的整形力即可达到较大的整形量；

（2）滚珠伸缩量大，形成的当量圆直径范围大，单次整形量大，整形效率高；

（3）多圈滚珠依次整形，形成的当量圆叠加，可达到更圆整的整形效果；

（4）较长的工具尺寸可对套管进行整形和修复巩固，并且多个滚珠胀头可串联使用，实现轻度弯曲变形井的整形；

（5）滚珠在管柱的上提下放作用下可自由伸缩，大大降低管柱遇卡的风险。

4. 关键工具

液压滚珠变径连续整形工艺管柱的配套工具有防顶锚定器、长行程液压增力装置和滚珠胀头整形工具等，其核心配套工具为滚珠胀头整形工具。

1）滚珠胀头整形工具

（1）工具结构。

滚珠胀头整形工具的结构如图 4-4-5 所示。

（2）工作原理。

滚珠胀头整形工具在原始状态下，内部压缩弹簧克服外筒及其上部连接附属零部件的重力，使滚珠被沿中心轴斜面拖动弹出，实现滚珠的预膨胀。滚珠整形工具连同长行程液压增力装置及防顶锚定装置随油管下入井内，到达遇阻位置后，弹出的滚珠与变形套管接触，此时开始从地面打压，锚定器锚定管柱，液压增力装置工作，提供机械推力，使所有滚珠全部弹出，轴向机械动力转换为对套管的整形力，实现对套管的扩径整形。液压增力装置完成一个行程后自动泄压，下放管柱至遇阻，重复打压过程，整形完成后上提管柱，若管柱遇卡，则滚珠可自动弹回本体，实现管柱防卡。

（3）功能部件设计优化。

① 中心轴锥形截面角度优化。

中心轴主要对滚珠起支撑作用。为实现滚珠在径向上伸缩，滚珠胀头整形工具外表面设计有锥形斜面，斜面与工具外筒共同对滚珠进行限位，中心轴与工具外筒发生相对位移，滚珠沿斜面进行径向伸缩，实现滚珠当量圆的膨胀和缩回。锥面角度 θ 对滚珠的支撑稳定性及工具

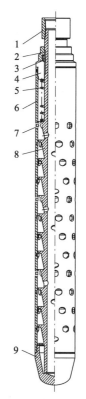

1—上接头；2—压帽；3—锁定键；
4—限位接头；5—弹簧；6—外筒；
7—滚珠；8—中心轴；9—锥形头。

图 4-4-5　滚珠胀头整形工具
结构示意图

长度具有影响。

液压增力装置提供的机械力通过中心轴传递给滚珠,经滚珠转换为整形力并作用到套管上,滚珠受到套管的反作用挤压(图 4-4-6),在中心轴斜面上有向下移动的趋势,若滚珠回缩,则会导致整形量不够,甚至工具遇卡。为避免这一状况,滚珠在中心轴斜面上需实现自锁。

滚珠要实现自锁,需满足:

$$F\sin\theta < Ff = \mu F\cos\theta + \mu mg\cos\theta \qquad (4-4-1)$$

式中 F——整形力,kN;

　　　 m——滚珠质量,kg;

　　　 μ——摩擦系数。

式(4-4-1)中,$\mu mg\cos\theta$ 可忽略,因此:

$$\theta < \arctan\mu$$

而钢与钢的摩擦系数 μ 一般较小,最大为 0.15,故 $\theta < 8.6$,因此取 $\theta < 10°$。

为保证滚珠弹出量足够大,并满足工具总长 $L < 2\ m$,需要使 $\theta > 5°$。综合考虑,优选中心轴锥面角度 $\theta = 8°$。

② 滚珠直径、数量及排布优化。

滚珠设计包括滚珠直径、滚珠单周数量、滚珠圈数及滚珠排列方式等。为保证滚珠整形工具单次 10 mm 的整形量,滚珠单次弹出量应不小于 5 mm。在已知中心轴斜面角度 $\theta = 8°$、斜面长度 $L_{斜} = 10\ mm$ 的前提下,对滚珠进行优化设计。

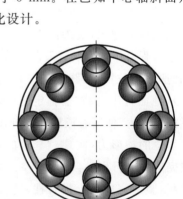

F_{si},F_{co}——F 的分力;

θ_1,θ_2,θ_3——滚珠处于不同位置的夹角。

图 4-4-6　滚珠在斜面受反作用力分析

如图 4-4-7 所示,滚珠弹出最大量时,弹出本体距离需不小于 5 mm,同时滚珠应能够缩回本体,且互不干扰。由此测得,滚珠直径 D 为 25～28 mm,滚珠单周数量 $N \leqslant 10$ 个。根据钢球尺寸国家标准 GB/T 308.1—2013 以及工具装配需求,优选滚珠直径 $D = 26.988\ mm$,单周数量 $N = 8$ 个,周向均布。

为实现滚珠周向均匀整形,每圈滚珠与相邻隔圈采取螺旋分布,设计每 4 圈滚珠实现轴向叠加重合,每圈滚珠相对旋转 11.25° 排布,共 12 圈滚珠,实现滚珠排布 3 个循环,即对变形截面每一点重复进行 3 次扩径整形,如图 4-4-8 所示。

红—滚珠弹出至最大量;蓝—滚珠完全缩回。

图 4-4-7　滚珠运动形式图

图 4-4-8　滚珠排布方式

③ 弹簧优选。

弹簧置于整形工具外筒内部,套在中心轴上,其作用是依靠弹簧预紧提供的推力,推动中心轴与外筒发生相对位移,使滚珠沿中心轴斜面径向弹出,如图 4-4-9 和图 4-4-10 所示。因此,在自由状态下,弹簧的预紧力需克服工具外筒及其相连接附属零部件的重力,保证滚珠弹出本体。

图 4-4-9　弹簧结构示意图

图 4-4-10　弹簧示意图

已知工具外筒及其相连接的附属零部件重量 $G = 600$ N;弹簧装配空间为 $\phi(80 \sim 125)$ mm,长度 $L < 300$ mm。因此,优选弹簧尺寸为:大径 $D = 100$ mm,小径 $d = 10$ mm,节距 $p = 40.1$ mm,总圈数 $n_1 = 9$,有效圈数 $n_2 = 7$,自由高度 $H = 299.9$ mm。经计算校核,弹簧预紧力 $F = 690$ N> 600 N 时,长度 $L = 250$ mm< 300 mm,满足结构设计及尺寸要求。

(4)技术指标。

针对不同井筒及缩径情况,需优选合理滚珠胀头尺寸并满足施工要求,滚珠胀头技术指标见表 4-4-2。

表 4-4-2　滚珠胀头技术指标

适用套管/in	本体外径/mm	单次整形量/mm	整形范围/mm
7	148	10	148～158
	142	10	142～152
	134	10	134～144
5½	110	8	110～118
	104	8	104～112

2)防顶锚定器

在液压滚珠变径连续整形工艺管柱中,防顶锚定器置于液压增力装置上部,在整形施工中,锚定器起到锚定管柱、防止管柱蠕动上顶的作用。为了得到较高的整形力,需要在液压增力装置额定范围内尽量提高施工压力,以达到较好的整形效果。但是,套管缩径变形井多为老井,套管强度已有降低,锚定器的锚定容易对套管造成二次伤害。同时,滚珠胀头整形工具可有效降低整形施工压力,锚定器的锚定力也相应减小。为不影响整形施工所需的正常锚定力,保证施工安全,特开展了防顶锚定器研究。

(1) 结构设计。

为了实现低施工压力下整形管柱锚定安全,对锚定器锚爪排布方式进行了优化设计,如图 4-4-11 所示。

防顶锚定器主要包括锚体、锚爪、弹簧、压板和固定螺丝等,其中锚爪采用向上斜置式,即锚爪中心线与径向线存在一定的夹角,锚爪张开后,存在一个向下的反作用分力(图 4-4-12),增加了锚定器的防顶能力。

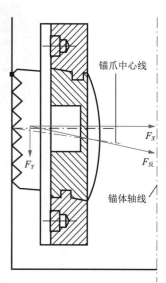

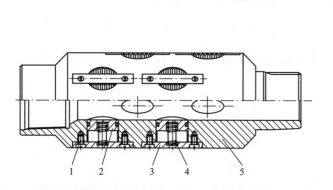

1—固定螺丝;2—锚爪;3—压板;4—弹簧;5—锚体。

图 4-4-11　防顶锚定器结构示意图

图 4-4-12　锚定器锚爪受力示意图

锚爪锚定在套管上,套管对锚爪施加反作用力 $F_{反}$,如图 4-4-12 所示。轴向分力 F_Y 和径向分力 F_X 分别为:

$$F_Y = F_{反}\sin\theta \tag{4-4-2}$$

$$F_X = F_{反}\cos\theta \tag{4-4-3}$$

锚定器在提供整形施工锚定力时,实际提供的锚定力 F 为:

$$F = F_{锚} + F_Y \tag{4-4-4}$$

式中　$F_{锚}$——常规直向锚爪锚定力,N。

由此可见,采用向上斜置式锚爪结构设计,可使锚爪锚定能力得到提高,从而实现整形过程中的防顶。

（2）锚定器锚定力及锚爪倾斜角度计算分析。

根据悬挂管柱的极限承载公式以及第三强度理论，按防顶锚定器在内径 121 mm 的套管内进行计算：

$$\frac{F}{2\pi hd}\left(\frac{1.13}{R}-\frac{1.43}{\beta R}+1.113K\right)=\sigma_s \tag{4-4-5}$$

解得套管极限载荷 F：

$$F=\frac{2\pi hd}{\dfrac{1.13}{R}-\dfrac{1.43}{\beta R}+1.113K}\sigma_s \tag{4-4-6}$$

$$\beta=\frac{1.285\ 4}{\sqrt{Kh}} \tag{4-4-7}$$

式中　d——锚爪直径，m；

　　　R——套管中间面半径，m；

　　　σ_s——管材屈服强度，MPa；

　　　h——管柱壁厚，m；

　　　K——横向负荷系数，满足 $K=\dfrac{1}{f}$，这里取 $K=2$；

　　　f——卡瓦与套管间的摩擦系数，理论上要确定 f 是比较困难的，按照美国的实验资料，f 一般为 $0.05\sim0.5$。

锚爪是防顶锚定器工作时的主要受力部分，设锚定器的本体部分为刚体，不变形，套管限制锚爪的径向变形，于是锚爪受力可简化为图 4-4-13 所示情况。

摩擦力 F_f 为：

$$F_f=\frac{1}{N}P \tag{4-4-8}$$

式中　N——锚爪个数，取 $N=12$ 个；

　　　P——油套压差对水力锚的轴向作用力，N。

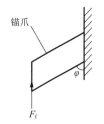

图 4-4-13　锚爪简化受力图

利用有限元软件 ANSYS 进行建模，改变锚爪角度 φ，分别计算最大有效应力，结果如表 4-4-3 和图 4-4-14 所示。

表 4-4-3　锚爪角度与有效应力数据表

锚爪角度/(°)	最大有效应力/MPa	锚爪角度/(°)	最大有效应力/MPa
30	193.629 587 8	84	54.113 819 32
45	117.748 014 3	86	52.857 599 52
60	85.265 101 88	90	58.333 061 67
82	54.190 926 76		

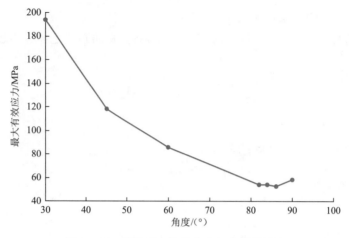

图 4-4-14　锚爪最大有效应力与角度关系图

由图 4-4-14 可知,当锚爪角度小于 90°时,随着锚爪角度的增加,锚爪最大有效应力变小,即锚爪强度增加;当锚爪角度取 82°～86°时,最大有效应力基本达到最小,且变化不大;当锚爪角度达到 90°时,有效应力又变大。因此,锚爪角度应选 82°～86°。

（3）技术参数。

防顶锚定器主要技术参数见表 4-4-4。

表 4-4-4　防顶锚定器技术参数

参数名称	取　值	
外径/mm	115	145
内径/mm	58	75
额定工作压差/MPa	70	70
反向承压/MPa	45	40
锚定力/kN	1 020	1 500
锚爪的伸缩距/mm	6	8
额定工作温度/℃	150	150
适用套管内径/mm	121	159

3）长行程液压增力装置

滚珠胀头整形工具要想实现长井段连续整形,需要连续的机械动力及行程做保障,而长行程液压增力装置是关键配套工具,因此开展了长行程液压增力装置的优化研究。长行程液压增力装置由多级组合的高强度、大推力液压缸和泄压机构等组成。

（1）结构设计。

长行程液压增力装置的结构如图 4-4-15 所示。该装置主要由三大部分组成:上部为泄压部分,在液缸移动一个工作行程后能自动泄压而停止工作;中间为液缸,其作用是产生向下的轴向推力,图中所示为一级液缸示意图,实际工具可以根据需要增加液缸的数量;下部为球座,主要起密封作用,正常下井时可以带着球下入,也可以下到位后再投球。

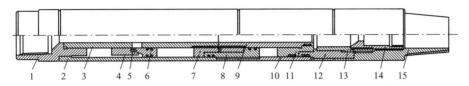

1—上接头;2—上油缸;3—上中心管;4—密封环座;5—密封圈;6—活塞;7—中心管接头;8—柱塞;9—内中心管;
10—下油缸;11—下挡头;12—连接套;13—下中心管;14—球座;15—下接头。

图 4-4-15　长行程液压增力装置结构示意图

(2) 技术特点。

该工具有以下技术特点:

① 行程长,可提供长距离连续不断的机械推力;

② 液压缸串联使用,能产生较大的轴向推动力,因此在保证胀管器不失稳和满足工具强度的前提下,可增加液压缸的级数,以增大对整形胀头的机械推力;

④ 设计有自动泄压机构,实现工作行程后自动泄压,施工过程中显示明显,便于现场操作;

④ 可以重复使用,满足长井段整形的需要。

(3) 技术参数。

长行程液压增力装置的主要技术参数见表 4-4-5。

表 4-4-5　长行程液压增力装置技术参数

参数名称	取　值	
	5½ in 套管	7 in 套管
钢体最大外径/mm	105	140
额定工作压力/MPa	25	25
液缸额定轴向推力/kN	582	1 320
柱塞额定行程/mm	420	450
压力系数/(t·MPa^{-1})	2.33	5.28

第五节　液压加固补贴技术

目前,套管破漏井修复技术主要包括膨胀管补贴技术、液压加固补贴技术、套管贴堵技术,这些技术在套损井的治理方面发挥了关键作用。随着井下套管损坏情况日益复杂化,如长井段破漏井数增加、注水井需要补贴后高压注水、开发井大泵提液等,对补贴技术的要求不断提高。针对现有技术补贴内径小、工艺复杂、施工风险大等问题,开展了大通径、长井段、安全可靠的补贴工艺研究,形成了液压加固补贴技术。

一、长井段液压加固补贴技术

液压加固补贴技术是在套管内侧漏失位置内衬补贴管,采用液压膨胀密封方式对补贴管两端的密封管分别实施膨胀密封,将软金属固定在套管壁上,软金属同时起到密封和挂接的作用,从而完成加固补贴,实现水平井套损井段的修复。液压加固补贴如图 4-5-1所示。

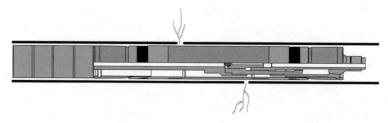

图 4-5-1　液压加固补贴示意图

针对长井段破漏,研究了长井段液压加固补贴技术,工艺管柱由内管柱和外管柱两部分构成,先在井口连接外管柱,再连接和下入内管柱,并与下部胀头实现回接,然后配接好下入管柱,下至设计补贴位置,进行加固补贴地面打压及丢手作业,将补贴管加固在原井套管上。外管柱采用直连型套管,可在不牺牲内通径的情况下逐根连接加长;内管柱配接上、下两级增力锚定装置,分别对两端胀头进行膨胀。同时,设计了金属橡胶组合密封,提高了承压能力,满足耐高温、耐高压技术要求,适用于热采井及注水井补贴施工。

1. 管柱组成

长井段液压加固补贴工艺管柱的外管柱由上胀头、上密封管、补贴管、下密封管、下胀头组成,内管柱由长度调节机构、上水力锚、上补贴增力器、下水力锚、下补贴增力器、插管、回接筒(插管和回接筒组成插入密封总成)、内外管连接总成、补贴丢手总成组成(图 4-5-2),补贴管和内管柱通过锁球连接。

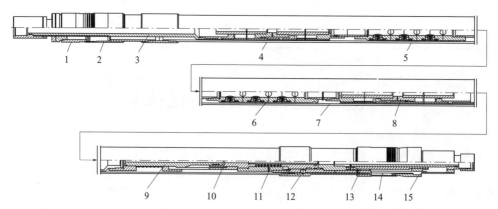

1—上胀头;2—上密封管;3—长度调节机构;4—上补贴增力器;5—上水力锚;6—下水力锚;
7—补贴管;8—下补贴增力器;9—插管;10—回接筒;11—内外管连接总成;12—锁球;
13—补贴丢手总成;14—下密封管;15—下胀头。

图 4-5-2　长井段液压加固补贴工艺管柱示意图

2. 工艺原理

将外管柱和内管柱分别下入井中,内管柱下端的插管与跟随外管柱下入的回接筒对接,完成内外管柱的组装,利用钻杆或油管带动内外管柱一起下至油井内预定补贴位置。上胀头、上密封管、上补贴增力器和上水力锚组成上部膨胀机构,下胀头、下密封管、下补贴增力器和下水力锚组成下部膨胀机构。

工作时,井口投球打压,水力锚分别锚定上下端内外管柱,增力器产生拉力,分别拉动上下胀头,压入上下密封管,使密封管在极短的时间内产生径向扩张并锚定在套管内壁上,同时两端的密封材料受挤压变形,密封了补贴管两端的环形空间,达到对套管封堵的目的。继续升高压力,丢手总成释放,上提出内管柱,完成套管补贴修复。

完成加固后的留井管柱如图 4-5-3 所示。

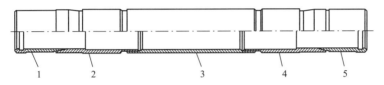

1—上胀头;2—上密封管;3—补贴管;4—下密封管;5—下胀头。

图 4-5-3　加固留井管柱结构示意图

3. 技术特点

长井段液压加固补贴技术特点为:

(1)上下两组水力锚分别用于锚定补贴管的上端和下端。上补贴增力器用于对上密封管进行胀大,并实现上密封管与破漏套管上部的密封和连接;下补贴增力器用于对下密封管进行胀大,并实现下密封管与破漏套管下部的密封和连接。

(2)上补贴增力器和下补贴增力器均为内管组件(不动),外管分别拖动上胀头向下和下胀头向上运动。补贴增力器采用多级增力器串联结构,使补贴力最大可以达到 1 000 kN。

(3)补贴丢手总成的球座用于实现补贴增力器的增力、补贴完成后的泄压丢手操作以及内外管的分离,从而使内管可顺利起出。

(4)锁球连接用于实现管柱下入时的内外管连接,当管柱完成下入,开始补贴后,锁球脱开内外管的连接,实现上下胀管的独立胀封和上下密封管的悬挂密封。

4. 技术参数

长井段套管加固补贴技术参数见表 4-5-1。

表 4-5-1　长井段套管加固补贴技术参数

技术参数	取　值	
套管规格/in	5½	7

续表 4-5-1

技术参数	取 值	
补贴管长度/m	≤50	≤50
补贴管外径/mm	118	154
补贴管内径/mm	104	140
耐压/MPa	35	25
悬挂力/kN	≥500	≥500
耐温/℃	150	350
丢手压力/MPa	19~21	19~21

5. 施工工艺

长井段液压加固补贴技术施工工艺为：

（1）下入外管柱。从上而下为：第一根补贴管＋内外管连接总成（顶端连接插入密封总成的回接筒）＋下密封管＋补贴丢手总成＋下胀头。

（2）下入第二根补贴管，并依此类推，直至下入所有的补贴管，补贴管之间为螺纹连接；精确计算补贴管的下入长度，由此推算内管柱需要配接的中心杆的长度；在最上端连接上密封管和上胀头。

（3）下入内管柱。从上而下为：长度调节环＋上补贴增力器＋上水力锚＋中心杆＋下水力锚＋下补贴增力器＋插管。

（4）将插管插入插入密封总成的回接筒中。

（5）加固补贴。从管内打压，使水力锚锚紧补贴管；脱开锁球连接，释放下密封管与内管的连接；继续增压，增力器的外管在液压作用下带动上胀头下行、下胀头上行，实现上密封管和下密封管的悬挂密封。

（6）丢手上提。继续增压，打掉球座，丢手总成释放锁爪；上提起出内管柱，完成施工。

6. 关键工具

1）长井段加固补贴管

长井段加固补贴管主要用于 7 in 套管（内径 ϕ159 mm）井内补贴，设计补贴管内径为 137 mm，外径为 150 mm，补贴管之间采用锥螺纹连接和密封，无接箍套管螺纹连接，螺纹连接处补贴管外径为 154 mm。

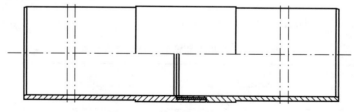

图 4-5-4　补贴管连接示意图

2）补贴丢手总成

补贴丢手总成用于完成加固补贴后实现内管柱的丢手上提。

（1）结构组成。

补贴丢手总成主要由上接头、中心管、活塞、补贴管、上密封管、下胀头和分瓣锁爪等组成，如图4-5-5所示。

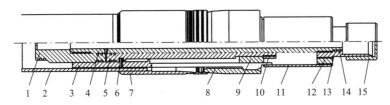

1—上接头；2—补贴管；3—分瓣锁爪；4—中心管；5—活塞；6—剪钉；7—上密封管；8—下胀头；

9—内衬；10—端帽；11—护套；12—挡套；13—下帽；14—密封圈；15—丝堵。

图4-5-5　补贴丢手总成结构示意图

（2）工作原理。

补贴丢手总成通过分瓣锁爪将内管柱的增力机构与外管柱的下胀头连接在一起，补贴工艺完成后继续打压，当压力达到剪断丢手剪钉的压力时，中心管带着挡套相对于锁爪下行，丢手锁爪得以收回，上提管柱，即可完成丢手。

（3）技术参数。

补贴丢手总成技术参数见表4-5-2。

表4-5-2　补贴丢手总成技术参数

技术参数	取　　值	
套管规格/in	5½	7
剪钉剪断力/kN	60	75
补贴丢手活塞内径/mm	36	52
补贴丢手活塞外径/mm	68	92
丢手液压力/MPa	20	19

3）内外管连接总成

下入管柱时，内外管连接总成用于保证内管下半部分与外管连接并下入井内。

（1）结构组成。

内外管连接总成主要由上接头、挡套、中心管、还原套、下接头、锁球、锁球套、锁球座、密封圈、弹簧等组成，如图4-5-6所示。

（2）工作原理。

当内外管全部下入后，从中心管打液压，液压推动还原套，压缩弹簧，还原套的凹槽对准锁球时锁球脱开内管与外管之间的连接，继续打压，实现内管运动，拖动分瓣爪运动，并实现下密封管与原套管内壁的密封悬挂。

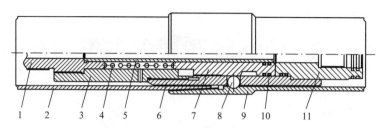

1—上接头；2—补贴管；3—挡套；4—弹簧；5—中心管；6—锁球座；7—还原套；

8—锁球；9—锁球座；10—密封圈；11—下接头。

图 4-5-6　内外管连接总成示意图

（3）技术参数。

内外管连接总成技术参数见表 4-5-3。

表 4-5-3　内外管连接总成技术参数

技术参数	取　值	
套管规格/in	5½	7
弹簧预压缩力/N	220	200
活塞内径/mm	16	32
活塞外径/mm	48	84
内外管脱开连接液压力/MPa	5.5	5

4）插入密封总成

插入密封总成用于实现内管上半部分与下半部分的精确定位和连接。

（1）结构组成。

插入密封总成包括插管和回接筒两部分，主要由上接头、插入杆、弹簧、顶帽、密封圈、分瓣爪、下接头、顶帽、分瓣爪等组成，如图 4-5-7 所示。

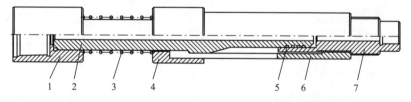

1—上接头；2—插入杆；3—弹簧；4—顶帽；5—密封圈；6—分瓣爪；7—下接头。

图 4-5-7　插入密封总成示意图

（2）工作原理。

管柱下入时，分瓣爪与下接头相连，并与外管柱连接，当外管柱完成下入之后，下入内管柱，内管柱下到位之后，从内管施加压力，向下推动，插入杆前端的锥面插入分瓣爪的内部，并将分瓣爪胀开。弹簧设计可保证动作冲力较小，实现内管平稳插入。至此，内外管连接全部完成，后续可以开始补贴管柱的工艺。

（3）技术参数。

插入密封总成技术参数见表4-5-4。

表 4-5-4 插入密封总成技术参数

技术参数	取 值	
套管规格/in	5½	7
插入载荷/kN	8	10
设计防脱载荷/kN	600	800

5）补贴增力器

补贴增力器可提供补贴时推动胀头运动所需的力，以保证密封管与原套管内壁之间的密封和悬挂。

（1）结构组成。

补贴增力器主要由连接头、活塞机构、缸套机构、中心管机构、密封圈等组成，如图4-5-8所示。

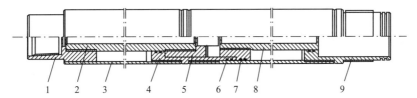

1—上接头；2—中心管1；3—液缸1；4—活塞1；5—连接头；6—液缸2；7—密封圈；8—中心管2；9—活塞2。

图 4-5-8 补贴增力器示意图

（2）工作原理。

工作时，中心管与水力锚连接，从中心管打压，推动活塞1、活塞2向上运动，并带动液缸1、液缸2一起向上运动。在实际使用中，根据所需推力的大小，可以增加增力器的级数（图4-5-8为两级）。通过多级增力器串联，其对胀头的推力可以呈倍数增加，从而提高补贴效果。

（3）技术参数。

补贴增力器技术参数见表4-5-5。

表 4-5-5 补贴增力器技术参数

技术参数	取 值	
套管规格/in	5½	7
增力器外径/mm	95	115
增力器活塞内径/mm	36	52
增力器活塞外径/mm	80	99
增力器行程/mm	300	300
20 MPa 对应的单级增力/kN	80	120

6）长度调节机构

长度调节机构用于调节内管与外管之间的定位。由于外管和内管是分开、独立下入的，因此保证补贴时增力器的力可以恰好传递到胀头上是必须解决的关键问题。

（1）结构组成。

长度调节机构主要由上接头、调节杆、端帽、压紧帽、调节环、密封圈等组成，如图 4-5-9所示。

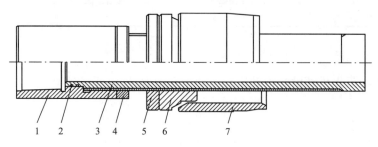

1—上接头；2—密封圈；3—调节杆；4—端帽；5—压紧帽；6—调节环；7—上胀管。

图 4-5-9　长度调节机构示意图

（2）工作原理。

当内、外管全部下入之后，在井口调整调节环，使调节环恰好压进上胀管。调节杆设计长度较大的螺纹与调节环形成配合，并利用压紧帽对调节环进行锁紧定位。

（3）技术参数。

长度调节机构技术参数见表 4-5-6。

表 4-5-6　长度调节机构技术参数

技术参数	取　值	
套管规格/in	5½	7
调节长度/mm	1 200	1 500

二、热采水平井液压加固补贴技术

随着热采水平井应用油藏类型的日益复杂，应用条件越来越差，特别是采取了蒸汽吞吐伴注二氧化碳、氮气等措施，导致热采水平井套破现象日益严重。采用套管加固补贴技术可有效修复套破热采水平井。针对套破热采水平井的特点，以提高管柱的耐温性能和丢手的可靠性为目标，对液压套管加固补贴技术进行优化完善，改进密封结构和丢手结构，以满足热采水平井注汽生产的需要。主要从以下几个方面开展研究：

（1）针对热采水平井高温注汽要求，对加固补贴管的密封机构进行优化改进，满足注汽温度大于或等于 350 ℃、密封压力大于或等于 15 MPa 的要求。

（2）随着开发时间延长，套破位置由点连片，长井段套破水平井逐渐增多，因此研发长井段加固补贴技术,单次补贴长度大于或等于 20 m,补贴后耐压大于或等于 15 MPa,耐温大于或等于 350 ℃。

(3) 由于地层水腐蚀、注汽热损伤等问题,浅层套漏问题日益严重,因此研发浅层大通径加固补贴技术,其中 7 in 套管补贴后内通径大于或等于 150 mm,耐压大于或等于 10 MPa,耐温大于或等于 350 ℃,可以解决常规浅层加固补贴技术实施后套管缩径严重,无法下入分层注汽、分层防砂管柱的问题。

1. 结构组成

热采水平井液压加固补贴工艺管柱由液压加固工具、补贴部件、密封部件和丢手部件等工具组成,如图 4-5-10 所示。

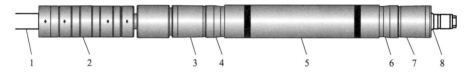

1—下井管柱;2—液压动力工具;3—上胀头;4—上密封管;5—补贴管;
6—下密封管;7—下胀头;8—丢手工具总成。

图 4-5-10 热采水平井液压加固补贴工艺管柱结构示意图

2. 工艺原理

1) 补贴过程

工作时,首先利用钻杆或油管携带全部管柱(液压动力工具、上下胀头、上下密封管、补贴管、丢手工具总成)一起下入油井内预定补贴位置;然后正循环洗井,从地面打压,活塞带动中心拉杆与活塞外缸套做相对运动,迫使密封管两端锥形胀头压入,在极短时间内使胀头产生径向扩张,受挤压段扩张产生永久性塑性变形,从而紧紧锚定在套管内壁上,同时两端的软金属密封材料受挤压而变形,密封补贴管两端的环形空间,达到对套管封堵和修复的目的。热采水平井液压加固补贴工艺流程如图 4-5-11 所示。

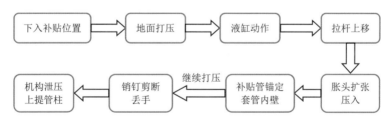

图 4-5-11 热采水平井液压加固补贴工艺流程

2) 丢手过程

当连接丢手活塞和丢手锁爪的剪钉所受压力达到设计压力时,剪钉剪断,丢手活塞、挡套、丢手挡环相对于丢手锁爪下行,锁爪收回,泄压,然后上提管柱,丢掉整个加固管柱,加固完成。完成加固后的留井管柱如图 4-5-12 所示。

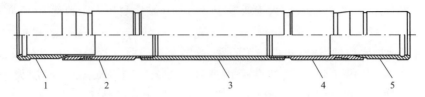

1—上胀头;2—上密封管;3—补贴管;4—下密封管;5—下胀头。

图 4-5-12　液压加固补贴工艺留井管柱结构示意图

3. 技术特点

热采水平井液压加固补贴技术特点为:

(1) 针对热采水平井的特点,设计了耐高温金属填料密封方式,解决了热采水平井中的套管加固补贴问题;

(2) 该工艺适用性广,对井深、井径、温度等无严格条件限制,补贴后井径有一定的缩小,但对修井作业不会造成太大的影响;

(3) 为保证热采水平井液压加固补贴修复成功率,需采用合理的方法对油井进行优选,找出该技术的适用范围。

4. 技术参数

热采井套管液压加固补贴技术参数见表 4-5-7。

表 4-5-7　热采水平井套管液压加固补贴技术参数

技术参数	数　值	
套管规格/in	5½	7
额定工作压力/MPa	18	18
丢手压力/MPa	19～21	19～21
补贴管内径/mm	100	135
补贴管长度/m	≤8	≤8
耐压/MPa	25	25
悬挂力/kN	≥500	≥500
耐温/℃	360	360

5. 关键工具

1) 补贴管

根据热采水平井的特点,补贴管补贴后承受内外压力,既要保证密封长期有效,又要保证补贴后的套管具有足够的强度。常规套管加固补贴工艺的密封结构和密封材料应用在热采水平井的高温、高压、腐蚀环境下会出现诸多不适应的问题,如密封材料老化失效、密封接触面积小、密封强度低等,严重影响热采水平井加固补贴的成功率和有效期限。因此,针对热采水平井的特点,进行密封结构的优化改进和密封材质的优选,得到密封强度高、耐温耐压、抗腐蚀的密封结构。

(1)密封结构优化改进。

考虑到热采补贴管的工作环境和密封要求,对热采水平井液压加固补贴管柱两端的密封管进行结构优化,采用耐高温金属填料密封,既能够适应热采水平井高温的特点,又具有结合面积较大、铆定力强、密封强度高的优点。

在 SOLIDWORKS 中完成薄壁管和密封材料的三维建模(图 4-5-13),并进行装配。将模型导入 ANSYS WORKBENCH 中,分别定义补贴管和密封材料的属性。

对模型施加约束、载荷,求解结果如图 4-5-14 所示。

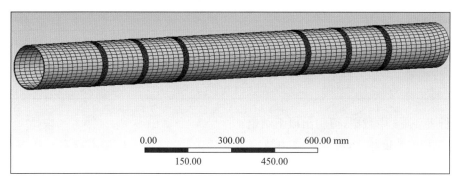

图 4-5-13　补贴管模型

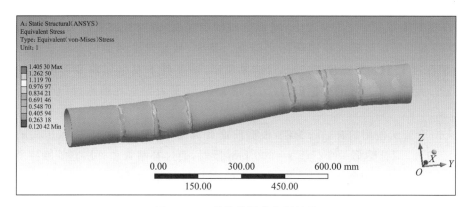

图 4-5-14　补贴管屈曲分析结果

计算不同补贴管及密封件尺寸发生屈曲变形的压力,结果见表 4-5-8。

表 4-5-8　补贴管屈曲变形膨胀压力计算结果表

补贴管外径 /mm	补贴管内径 /mm	密封槽宽度 /mm	密封槽深度 /mm	补贴管长度 /m	发生屈曲的膨胀压力/kN
152	145	20	1.2	3	328.39
149	142	20	1.2	3	318.93

补贴管外径 /mm	补贴管内径 /mm	密封槽宽度 /mm	密封槽深度 /mm	补贴管长度 /m	发生屈曲的膨胀 压力/kN
146	139	20	1.2	3	315.63
152	145	15	1.2	3	351.67
152	145	20	1.2	3	339.96
152	145	25	1.2	3	334.99
152	145	20	0.9	3	346.72
152	145	20	1.2	3	339.96
152	145	20	1.5	3	332.57
152	145	20	1.2	3	339.96
152	145	20	1.2	5	302.51
152	145	20	1.2	8	268.97

分析表 4-5-8 中数据,可得出以下结论:

① 密封槽宽度越大,密封管结构越容易发生失稳,结构变得越不稳定。其中,最易发生屈曲的补贴管密封槽尺寸为:密封槽深度 1.2 mm,宽度 25 mm。结果显示,该条件下发生屈曲变形的膨胀压力为 334.99 kN,大于膨胀过程的理论压力(264.64 kN),因此补贴管在膨胀过程中不会发生屈曲变形。

② 在密封槽宽度一定的情况下,增加密封槽的深度,薄壁补贴管应力随之增大,而薄壁管发生屈曲变形的临界失稳载荷随之降低。其中,最易发生屈曲的补贴管密封槽尺寸为:密封槽深度 1.5 mm,宽度 20 mm。结果显示,该条件下发生屈曲变形的膨胀压力为 332.57 kN,大于膨胀过程的理论压力(264.64 kN),因此补贴管在膨胀过程中不会发生屈曲变形。

以 7 in 套管所使用的补贴管为例,根据前面计算结果,能够支撑起膨胀压头的补贴段长度为 1.79 m,则补贴第一个行程 $s＝600$ mm 段时,通过补贴管和外层套管摩擦所提供的悬挂力为 89.28 kN。补贴完成后,密封槽中的密封材料紧贴外层套管。以宽 15 mm、深 0.9 mm 的密封槽计算,密封材料与外层套管的接触面积为 7 187.46 mm^2。

图 4-5-15～图 4-5-17 为补贴后密封结构。

密封填料

图 4-5-15 密封结构示意图

图 4-5-16 密封管实物图

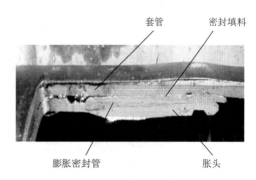

图 4-5-17 补贴后实物图

（2）密封材质优选。

常用密封材质包括金属材料（如黄铜、紫铜、铝、低碳钢、不锈钢、合金等）、非金属材料（如橡胶、塑料、陶瓷、石墨等）和复合材料（如橡胶-石棉板、聚氨酯）。根据热采水平井的特点和加固补贴的需要，密封金属选取能够耐高温、抗腐蚀性强、热膨胀系数比套管大、硬度较低的软金属密封材质。

表 4-5-9 和表 4-5-10 给出了常用密封材料的性能指标，经过对比，选择性能稳定、回弹性好、机械强度适当、柔软贴合、抗腐蚀、耐高温的密封材质紫铜作为热采水平井液压加固补贴工具补贴管的密封材料。

表 4-5-9 密封材质性能表

密封材质	加工性能	耐温/℃	耐 蚀	伸长率/%	硬度（HB）	性 能
铝合金	一 般	350	一 般	15	150～200	耐蚀性
紫铜	较 好	800	较 好	50	35～45	延展性
不锈钢	好	450	好	40	225～670	硬 度

表 4-5-10 材料属性

名 称	材 料	密度/(kg·m⁻³)	弹性模量/MPa	泊松比
补贴管	不锈钢	7 800	$2×10^5$	0.3
橡胶密封	硫化橡胶	1 200	14.0	0.499
金属密封	紫 铜	8 900	$1.1×10^5$	0.32

紫铜片密封能力按照《机械设计手册》计算，设计的紫铜环壁厚为 4 mm。在 ANSYS 中进行二维建模，施加约束和载荷并求解，分析紫铜密封的米塞斯应力和接触应力，如图 4-5-18 所示。由图可知，紫铜环与补贴管的接触应力为 30.256 MPa，能够满足耐压 25 MPa 的要求。

2）液压加固补贴丢手结构

液压加固补贴工艺实施完成后，如何实现工艺管柱的丢手上提是加固补贴工艺是否成功的关键。原有液压加固补贴丢手工具存在成功率低、稳定性差的问题，因此对加固补贴

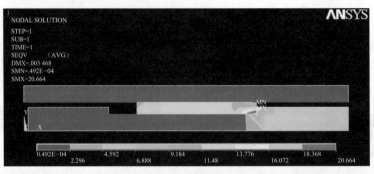

（a）米塞斯应力

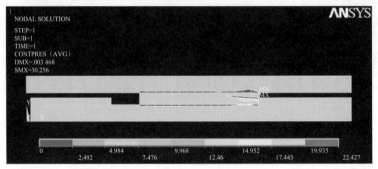

（b）接触应力

图 4-5-18 紫铜密封应力分布示意图（单位：MPa）

丢手结构进行优化改进，改善其受力条件和状况，以有效防止丢不开或提前丢手，保证稳定的丢手压力。

（1）丢手结构组成及工作原理。

液压加固补贴丢手工具主要由钢球、剪钉套、剪钉、球座、异形锁珠、球套和分瓣锁爪等部件组成，如图 4-5-19 所示。

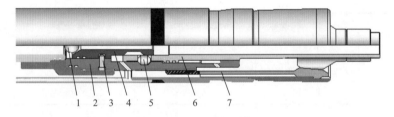

1—钢球；2—剪钉套；3—剪钉；4—球座；5—异形滚珠；6—球套；7—分瓣锁爪。

图 4-5-19 液压加固补贴丢手工具结构示意图

工作原理：在液压加固补贴工艺实施完成后继续打压，采用锁爪锁紧方式，当压力达到剪断丢手剪钉的压力时，中心管带着挡套相对锁爪下行，丢手锁爪收回，上提管柱，即可完成丢手。

（2）原有丢手结构弊端。

室内实验和现场实施中发现，目前套管加固补贴丢手装置靠液压打压球座剪断剪钉，锁球进入凹槽后中心杆下移,堵头脱开,锁爪收回,完成丢手动作。这种结构的丢手装置在实际应用过程中会出现锁球不能顺利进槽的情况,并且由于分力很大且其滚珠点接触结构通常会在槽体上卡出深深的坑槽,容易使整个丢手机构处于瘫痪状态,因而当该工具补贴完以后经常会出现脱不开手或提前坐封等问题。因此,应在原有丢手结构的基础上改进丢手结构,以得到稳定可靠的液压加固补贴丢手装置。

（3）改进后的丢手结构及工作原理。

在液压加固补贴工艺实施完成后继续打压,液压力推动钢球、活塞,剪断剪钉,异形滚珠让位,卡在球座和球套之间(均为线接触),异形滚珠进入槽内,整体下移,实现锁爪和堵头脱开。锁爪上设有止转沟槽,采用凹凸交替设计,从而实现止转功能。锁爪和堵头之间设有让位空间,在液压丢手受到井况外部环境限制时,正转中心管并带动接头旋转。当管柱正转时,由于锁爪与套管实现了止转,锁爪只能沿外套螺旋上移,此时锁爪和堵头利用上移时产生的让位空间脱开。

（4）改进后丢手结构的优点。

改进后丢手结构的优点为:

① 球套上设计有异形滚珠线接触机构。异形滚珠线接触机构替代滚珠点接触结构,使分力分解,从而改善受力条件和状况,稳定丢手压力。

② 锁爪上设有止转沟槽机构,并在锁爪和堵头之间设有让位空间。当受到井况外部环境限制时,通过正转工具,靠异形锁爪面的径向固定防止空转,并利用让位空间使锁爪和堵头让位,实现丢手操作。

第六节　液压扶正补接技术

随着油田开发时间的延长,地层性质发生了很大的变化。在热采水平井中,由于温度变化剧烈,套管的强度受到一定的影响,当遇到地层滑移时,往往会发生套管或筛管的错断,造成地层漏失或大量出砂,严重影响了油水井的正常生产,甚至报废停井。

套管错断是发生较多的套损情况之一,图 4-6-1 所示就是最为典型的错断情况。由于泥岩、页岩在注水区域经长期浸泡膨胀而发生岩体滑移,当这种地壳升降、滑移速度超过 30 mm/a 时,将导致套管被剪断,发生横向错位,即套管错断。由于套管在固井时受拉伸载荷及钢材自身收缩力的作用,套管发生横向错断后,便向上、向下沿各自方向收缩,尤其在热采井中,受温度变化的影响,这种错断口的上、下收缩更加显著。套管错断后,从一个整体分为上、下两部分,原有的通道消失,油水井无法进行正常生产。

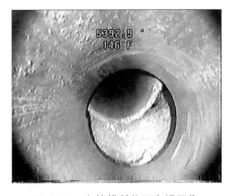

图 4-6-1　套管错断井下电视图像

目前国内外修复错断井的措施主要有以下两种。

第一种措施为利用原套管原地挤水泥修复,其施工步骤为:

(1) 挤水泥。挤入按照封堵要求计算好的体积的水泥浆,并使水泥浆上返到错断部位以上的环形空间。

(2) 活动对中。在水泥凝固前活动并对中套管。

(3) 磨铣。水泥凝固后下锥形铣鞋,铣掉套管中凝固的水泥,恢复套管内径。

(4) 试压。按照设计要求试压,试压合格后油井即可恢复生产。

这种措施的不足之处在于:① 施工风险大,不可靠。在水泥凝固前就活动并对中套管有一定的难度,尤其是对于深井错断的情况。② 对套管的要求严格。要求井下套管错断部位以上整个井段未固井,错断距离小,断口也规则。

第二种措施为套管补接,其施工步骤为:

(1) 打捞。用套管打捞矛将错断部位以上的套管捞出,如果套管已用水泥加固,则需采用套铣的方法把水泥环铣掉,再捞出错断部位以上的套管。

(2) 对不规则错断口进行切割修平。

(3) 补接。下入带有套管补接器的新套管,修复时补接器引鞋的唇部罩在已切去损坏段的井下套管上,补接器上的一组单向卡瓦或一组双向卡瓦牢牢地咬住套管外壁。

这种措施的不足之处在于需要取出错断部位以上的套管,并要求错断口形状规则,这导致施工周期过长,施工成本过高,而且目前能修复的套管最深为 900 m。

对于热采水平井,一般采用全井段固井,当热采水平井的套管发生错断时,第一种措施不适用,而第二种措施的适用井深有限,且成本较高。此外,对于水平段的筛管错断,以上两种措施都不能有效修复。

鉴于此,研究并完善了热采水平井套管错断的修复技术。针对错断位置的不同,热采水平井套管错断修复技术可分为以下两种:一是用于修复筛管段错断的插入扶正技术,二是用于修复固井段套管错断的扶正补接技术。

一、插入扶正技术

1. 技术原理

插入扶正技术通过井下液压增力装置将扶正工具插入筛管错断口,丢手后将扶正工具留在井内错断口处,形成具有一定直径的作业通道。该工艺主要用于修复筛管段的错断,工艺简单可靠,对设备的要求低,施工方便。

插入扶正工具是一种用于修复筛管错断的新型工具,如图 4-6-2 和图 4-6-3 所示。该工具前部为小直径导引头,中部为锚定卡瓦牙,后部为大直径悬挂头。工具到位后,中部锚定卡瓦牙与筛管错断口接触,依靠卡瓦牙与错断口之间的阻力将该工具锚定在错断口位置上,防止该工具产生轴向移动。前部导引头和中部卡瓦牙之间有多个单向沉砂槽,一方面,单向沉砂槽便于工具的引入,并可以阻止工具朝井口方向移动;另一方面,当错断口出砂时,地层产出砂被多道沉砂槽拦截,当沉砂槽被填满后形成挡砂屏障,可以阻止地层进一步出砂。后部的大直径悬挂头依靠大直径在套管错断变径处起到悬挂作用,可以阻止工具朝井底方向移动。悬挂头外壁中部有一段凹槽,该凹槽可以起到两个作用:一是减小工具的大直径段长度,便于通过井下造斜段等曲率较大的井段;二是当错断口出砂时,可以起到沉砂密封的作用。总体而言,该工具结构简单、性能可靠,不但能够实现筛管错断口的扶正补接,还可以阻止错断口出砂。

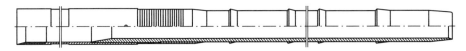

图 4-6-2　插入扶正工具结构示意图

图 4-6-3　插入扶正工具实物图

2. 技术特点

插入扶正技术特点为:

(1) 需要配合井下液压增力装置共同使用,施工压力在 5～15 MPa 之间;

(2) 对施工设备要求低,只需配备泵车等大修常用设备即可;

(3) 依靠错断口产出砂在工具沉砂槽处沉积实现自密封,无须注水泥等其他封堵措施,工艺简单,可降低施工风险和施工成本;

(4) 需要先对井筒及错断口不规则处进行磨铣处理;

(5) 对直井和水平井都有很好的适应性。

3. 技术参数

插入扶正技术参数见表 4-6-1。

表 4-6-1　插入扶正技术参数

技术参数	适用套管/in	扶正管柱长度/m	管柱内径/mm	管柱最大外径/mm	管柱耐温/℃
数　值	7	8	104	154	360

4. 施工工艺

插入扶正技术经现场试验优化,形成了一套完善的施工工艺。

1）井筒准备

（1）探冲砂、通井。下入探冲砂、通井工具管柱，探冲砂、通井至错断位置，验证套管完好程度，彻底洗井。

（2）磨铣修套。下入修套铣锥，对套管（筛管）错断口进行磨铣修复。下入配接好的管柱，管柱组合（自下而上）为：铣棒＋滚动扶正器＋钻杆＋滚动扶正器＋钻杆至井口。

钻铣参数：钻压 5～20 kN，钻速不低于 60 r/min，排量不低于 800 L/min。

2）下入扶正工具

若插入阻力小于钻杆自重，直接下入错断修复插入扶正工具＋正反扣丢手接头＋钻杆至井口。若插入阻力大于钻杆自重，则执行以下工序：

（1）下入配接好的管柱。管柱组合（自下而上）为：错断修复插入扶正工具＋增力器＋两级水力锚＋刚性扶正器＋变扣接头＋油管至井口。

（2）核对管柱数据，确定管柱下至错断位置以上 2 m。

（3）接好水泥车管线，试压 25 MPa。

（4）扶正修复。缓慢下放管柱，将管柱下至错断位置，下放管柱至悬重为零（可确认插入扶正工具与下部错断套管接触），记录管柱深度；从油管打压，小排量循环，待套管灌满水后，增大排量，泵车起压后，按 5 MPa，10 MPa 和 15 MPa 的顺序打压，每个压力点稳压 3 min，保证插入扶正工具进入下部错断套管内，直至泄压；下放管柱，重复打压、停泵、下放，直至工具定位牙块进入下部错断套管内。从记录遇阻点开始，严格控制进尺在 6 m 之内。

（5）丢手。插入扶正工具插入到位后，停泵、泄压，等待 10 min，缓慢上提管柱并判断工具插入锚定状态，下放管柱至原悬重，正转管柱 40 圈，倒扣丢手，上起管柱。

3）下入生产管柱，完井

错断套管插入扶正技术有效解决了目前套管错断井难以修复的问题，该工艺简单可靠，施工费用低廉，对于直井和水平井都有很好的适应性。

4）施工要求

（1）控制起下速度在 10～15 m/min 内，严防抽吸诱喷。

（2）下放管柱至错断位置以上 2 m，缓慢下放管柱至遇阻，记录此时管柱深度，进行磨铣，并进行反洗井。这一过程中严格控制进尺，保证铣棒通径部位在上部错断套管内，而不是完全进入下部错断套管内，即从记录遇阻点开始，严格控制进尺在 0.6 m 之内。

（3）控制钻压、转速等施工参数，防止过度磨铣套管断口；多次重复插入，判断插入阻力和反扭矩。

（4）起管柱时注意观察井内液面情况，随时向井内灌注与井内流体性质一致的压井液。

（5）根据施工情况及时调整修井液性能、密度，做好油层保护工作。

二、扶正补接技术

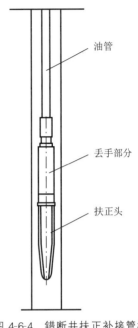

油水井出现错断的情况后,套管从原来的一个整体变为上、下两部分套管,原有通道消失,油水井无法正常工作。修复错断井就是要将上、下两部分套管连接起来,恢复通道,首先利用管柱重量及下击力将扶正体挤入错断位置并将上、下套管扶正对中,然后通过挤水泥将上、下套管固定起来,最后进行磨铣,恢复套管生产通道。

1. 管柱结构及技术原理

1)管柱结构

扶正补接管柱主要由油管、丢手部分、扶正头组成,如图 4-6-4 所示。

2)工具结构

错断井扶正补接工具由扶正装置和丢手装置两部分组成。

图 4-6-4　错断井扶正补接管柱结构示意图

扶正装置由扶正头、连接管和连接套组成,如图 4-6-5所示。扶正头前部设计为锥形结构,其作用是引导扶正补接工具进入下部错断套管。该装置的工作原理为:在上部钻杆施加下击力的作用下,扶正头通过错断的上部套管挤入下部套管中,将上、下两部分套管重新扶正对中。

丢手装置主要由上接头、上中心管、下中心管、下接头、活塞、外套、锁块等组成,如图4-6-6 所示。

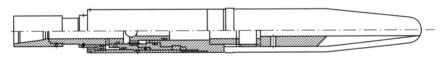

图 4-6-5　扶正补接工具结构示意图

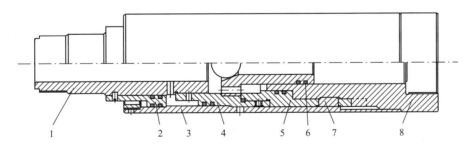

1—上接头;2—活塞;3—外套;4—上中心管;5—下中心管;6—密封圈;7—锁块;8—下接头。

图 4-6-6　丢手装置结构示意图

扶正头通过连接管、连接套与丢手装置相连。为了保证丢手可靠,设计了两种丢手方式。第一种丢手方式为倒扣丢手。在扶正头的上部有反扣梯形螺纹,与连接套相连,当顺时针旋转地面钻杆时,扭矩通过接箍、上接头、上中心管、下中心管、下接头、连接管传递到连接套上,实现丢手。若出现下部套管与扶正头之间摩擦力不够大而无法倒扣丢手的情况,则采用第二种丢手方式——液压丢手。

扶正补接工具工作原理为:将扶正补接工具下入待修复井段,在地面向管柱施加下击力,直至工具挤入下部错断套管(可根据地面指重表判断),在井口顺时针旋转地面钻杆,实现倒扣丢手;若倒扣丢手失败,则投球打压至丢手压力,活塞在液压力的作用下上行,剪断剪钉,带动挡环继续上行,释放锁块,实现丢手。丢手成功后,井口压力降为 0 MPa,此时上提管柱一段距离,进行挤水泥施工。

2. 技术特点

扶正补接技术特点为:

(1)修复范围大,对错断口的形状没有要求;

(2)设计有双重丢手的功能,使修复工作安全可靠;

(3)可利用小修设备完成错断井的快速扶正修复;

(4)扶正工具易钻铣,施工速度快,可缩短施工周期,极大地降低生产成本。

3. 技术参数

扶正补接技术参数见表 4-6-2。

表 4-6-2　扶正补接技术参数

技术参数	数　据	
适用套管规格/in	5½	7
扶正补接工具最大外径/mm	115	150
适用错断套管内径/mm	>90	>100
丢手压力/MPa	10	10

4. 施工工艺

扶正补接施工工艺为:

(1)填砂。下油管,填砂至砂面距离错断口 10 m 左右,起出油管。

(2)下扶正补接管柱。扶正补接管柱结构(自下而上)为:扶正补接工具＋钻杆(或油管)至井口。

根据管柱结构和设计下深配接扶正补接管柱,下入井内,至套错位置以上 1~2 根套管时缓慢下放,实探套错深度,下击上部钻杆,逐步施加下击力,在管柱的惯性作用下扶正补接工具挤入下部错断套管内,当悬重下降 20~30 kN 且上提有遇阻现象时,说明扶正器已到位。

（3）丢手。

倒扣丢手：缓慢上提管柱至原悬重以下 5 kN，顺时针旋转上部钻杆 10～15 圈，缓慢试提管柱，检查是否丢手，若倒扣丢手不成功，则改用液压丢手。

液压丢手：从井口向管柱内投入 ϕ45 mm 钢球，接正循环管线，开泵送球到位，打压至 10 MPa，完成丢手。

（4）挤水泥。上提管柱 3 m，从油管挤水泥浆（水泥浆密度为 1.75～1.80 g/cm³），水泥浆用量为 2～3 m³，挤注顶替液，上提管柱 200 m，关井候凝 48 h，探灰面，若灰面不合适，应再次挤注水泥浆。

（5）打通道。选用合适的打通道工具，铣掉错断部位的水泥塞及部分扶正工具，恢复错断部位的套管内径。

（6）试压。按照设计要求试压，试压成功后交井。

第五章
矿场应用及效果

为解决胜利油田高含水期面临的油水关系复杂、非均质加剧、井网损坏严重等问题,将水平井选择性完井技术、精细分层注水技术、复杂井况快速诊断及井下液压修井技术等关键采油工程技术在多个高含水油田进行了推广应用,取得了良好的应用效果。完井、注水、修井 3 项关键工程技术累计应用 92 470 井次,增加可采储量 3 715×10^4 t,提高采收率 1.17%。

第一节　水平井选择性完井技术应用

一、总体应用情况

老油田采油井层层高含水、井井高含水,且出砂严重。由于陆相沉积复杂,老油田仍然存在低含水层位和区域。为了实现堵水防砂一体化完井,高效挖潜,满足老油田控含水、提产能的迫切需要,对水平井选择性完井技术进行了推广应用。2008—2019 年累计应用 18 219 井次,累计增油 350.28×10^4 t。其中,新井水平井完井 1 017 口,累计增油 126.20×10^4 t;老井防砂完井 17 202 口,累计增油 224.08×10^4 t,见表 5-1-1。

表 5-1-1　水平井选择性完井应用效果统计表

序　号	年　度	老井防砂		新井完井		总计井次	增油量 /(10^4 t)
		井　次	增油量/(10^4 t)	井　次	增油量/(10^4 t)		
1	2008	1 527	10.30	96	11.00	1 623	21.30
2	2009	1 574	12.95	105	12.00	1 679	24.95
3	2010	1 603	11.80	100	13.80	1 703	23.60
4	2011	1 537	19.37	96	12.93	1 633	31.29
5	2012	1 626	17.14	98	11.00	1 724	28.13

| 序　号 | 年　度 | 老井防砂 | | 新井完井 | | 总计井次 | 增油量 /(10⁴ t) |
		井　次	增油量/(10⁴ t)	井　次	增油量/(10⁴ t)		
6	2013	1 631	12.89	90	10.47	1 721	23.36
7	2014	1 577	16.95	78	10.87	1 655	26.61
8	2015	1 585	20.40	70	9.67	1 655	31.27
9	2016	928	21.57	72	8.93	1 000	30.50
10	2017	1 187	21.04	66	5.40	1 253	31.44
11	2018	1 099	31.87	68	9.73	1 167	41.60
12	2019	1 328	27.80	78	10.40	1 406	36.20
合　计		17 202	224.08	1 017	126.20	18 219	350.28

按示范区单井增加可采储量计算方法,水平井新井增加可采储量 10 000 t,防砂增加可采储量 1 000 t。按工艺贡献占比 1/3 计算,水平井选择性完井技术累计增加可采储量 912×10⁴ t。

二、典型区块应用效果分析

1. 草 33 区块

1)区块概况

草 33 区块位于断块东南构造高部、边部区域,储层厚度较薄,一般小于 5 m,且有边水,直井开发含水上升快,开发效果不理想,基本处于未动用状态,单井控制储量达 260×10⁴ t。

2)应用情况

对该区块进行水平井投产开发,其中选择性完井投产 13 井次,笼统完井投产 8 井次,生产情况见表 5-1-2 和表 5-1-3。

表 5-1-2　草 33 区块选择性完井水平井生产情况

| 序号 | 井　号 | 分段数 /段 | 生产周期 /个 | 投产日期 | 平　均 | | | 累产油量 /t |
					日产液量 /(t·d⁻¹)	日产油量 /(t·d⁻¹)	含水率 /%	
1	草 20-平 84	3	2	2011-03-02	16.0	8.8	45.0	1 672
2	草 20-平 92	2	1	2011-05-03	13.1	8.6	32.9	1 131
3	草 20-平 96	2	1	2011-05-16	11.2	7.3	35.3	867
4	草 20-平 97	2	1	2011-05-12	15.1	9.6	36.8	1 150

续表 5-1-2

序　号	井　号	分段数/段	生产周期/个	投产日期	平　均			累产油量/t
					日产液量/(t·d⁻¹)	日产油量/(t·d⁻¹)	含水率/%	
5	草 20-平 98	2	1	2011-06-26	23.0	13.1	43.0	1 045
6	草 20-平 100	2	1	2011-07-09	20.9	9.1	56.4	764
7	草 20-平 101	2	1	2011-09-09	19.0	10.3	45.0	236
8	草 20-平 102	2	1	2011-05-20	21.5	9.6	55.4	1 057
9	草 20-平 104	2	1	2011-06-26	15.7	8.5	46.3	679
10	草 20-平 106	2	1	2011-05-17	18.5	9.4	49.4	1 260
11	草 20-平 107	2	2	2011-02-15	14.6	7.8	46.6	1 330
12	草 20-平 110	2	1	2011-05-08	13.1	8.7	33.8	1 130
13	草 20-平 112	2	1	2011-05-26	16.8	10.8	36.3	1 306
平　均					16.9	9.4	43.5	1 090

表 5-1-3　草 33 区块笼统完井水平井生产情况

序　号	井　号	分段数/段	生产周期/个	投产日期	平　均			累产油量/t
					日产液量/(t·d⁻¹)	日产油量/(t·d⁻¹)	含水率/%	
1	草 20-平 82	全井合采	1	2011-06-17	18.6	6.9	62.0	1 695
2	草 20-平 85	全井合采	2	2011-03-01	16.6	8.1	51.5	1 452
3	草 20-平 86	全井合采	1	2011-02-26	20.6	10.2	50.5	2 267
4	草 20-平 88	全井合采	1	2011-05-21	10.8	4.5	58.5	508
5	草 20-平 94	全井合采	1	2011-08-16	18.8	7.7	59.3	348
6	草 20-平 99	全井合采	1	2011-04-01	18.1	8.4	53.3	1 378
7	草 20-平 108	全井合采	1	2011-05-16	16.6	8.82	46.9	1 379
8	草 20-平 109	全井合采	2	2011-02-18	17.3	7.05	59.4	1 339
平　均					17.2	7.7	56.4	1 176

3) 实施效果分析

由该区块投产水平井生产情况来看,笼统完井水平井平均综合含水率为 56.4%,平均日产油量为 7.7 t/d;选择性完井水平井平均综合含水率为 43.5%,平均日产油量为 9.4 t/d。可以看出,选择性完井水平井比笼统完井水平井平均综合含水率降低了 23%,平均日产油量提高了 22%,选择性完井产量明显优于同区块笼统完井。

应用情况表明,水平井选择性完井技术起到了良好的稳油控水效果,同时为后期高含水生产阶段卡、堵水增产措施的实施创造了有利的先决条件,极大地提高了疏松砂岩油藏水平井的整体开发效果。

4）典型井对比分析

图 5-1-1、图 5-1-2 分别为实施选择性完井和笼统完井的水平井生产曲线图。可以看出,草 20-平 92 井进行选择性完井后整个生产周期内含水率稳定在 32% 左右,周期平均含水率为 32.9%,平均日产油量为 8.6 t/d,边水锥进缓慢;草 20-平 82 井在含水率 50%～70% 之间维持了较长时期,随着产液量降低,含水率稳定在 40% 左右,周期平均含水率为 62%,平均日产油量为 6.9 t/d,受边水影响,含水上升速度快。通过对比可以看出,草 20-平 92 井进行选择性完井后有效延长了油井的低含水产油期。

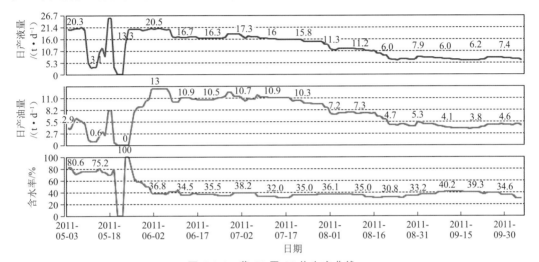

图 5-1-1 草 20-平 92 井生产曲线

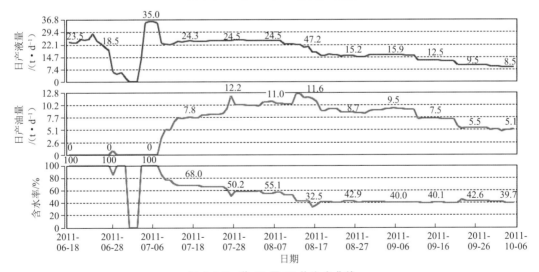

图 5-1-2 草 20-平 82 井生产曲线

2. 营 13 区块

1）区块概况

营 13 区块位于东营凹陷中央隆起带、东营穹隆背斜中央塌陷区,构造破碎,断层极为发育,该块南带构造尤为复杂,中带次之,北带构造简单。目前该区块的东营组含油面积为 4.3 km²,地质储量为 1 070×10⁴ t,含油层位为东一至东三。东营组构造复杂,储层变化大,油稠出砂,无注水井,储量动用差。稠油热采先导方案研究的主要是东二段,根据热采的要求,选取营 8 二级大断层以南、华 8 三级大断层以北、辛 131 井以东、营 23 井以西的区域为研究对象。该区域主要由 4 个断块组成,每个断块各自形成独立的油水系统。最为主力的区块是位于营 17-10 断层与营 60 断层之间的高平台区。该区域叠合含油面积为 3.8 km²,碾平有效厚度为 8.32 m,地质储量为 439.4×10⁴ t。主要目的层相当于营 13-99 井的 1 554.4~1 557 m 层段,电测解释东二 3¹⁻² 层油层 1 层 2.6 m。

2)应用效果分析

在营 13 区块应用选择性完井 18 井次,并与常规射孔完井进行对比。

(1)初期产量对比。

常规射孔完井初期产量为日产液 19.1 t/d、日产油 7.1 t/d,含水率为 62.8%;选择性堵水防砂一体化完井初期产量为日产液 20.5 t/d、日产油 9.5 t/d,含水率为 53.6%。应用情况表明,水平井分段完井技术起到了良好的稳油控水效果,提高了疏松砂岩油藏水平井的整体开发效果。

(2)投产 3 年平均产量对比。

对试验区不同完井方式水平井的生产效果进行跟踪分析,结果表明,常规射孔完井投产 3 年平均产量为日产液 24.4 t/d、日产油 4.7 t/d,含水率为 80.8%;选择性堵水防砂一体化完井投产 3 年平均产量为日产液 16.8 t/d、日产油 6.1 t/d,含水率为 63.6%。可见,选择性堵水防砂一体化完井控水增油效果显著,平均含水率下降了 17.2%,产能提高了 30% 以上,有效减缓了高含水期油水关系复杂条件下的含水上升速度,平均单井控制可采储量达到 1.4×10⁴ t,增加可采储量 31.6×10⁴ t,提高采收率 7.2%。

第二节　高含水油田精细分层注水技术应用

一、总体应用情况

胜利油田以提高水驱开发质量为目标,围绕提高注水"三率",强化提高分注率和层段合格率关键技术的攻关与配套,分层注水技术系列得到进一步提高和完善,形成了标准化分层注水管柱和规范化技术管理,同时强化分层注水技术进行了规模化应用,注水"三率"大幅度提高,水驱开发取得了良好效果。在提高分注率方面,攻关形成了高温高压密封、封隔器精确定位、锚定补偿等关键技术,实现了 0.5 m 小隔层、1.2 m 小卡距的精确卡封分封,并将高温 150 ℃、高压 35 MPa、4 000 m 深分注管柱寿命提高到 3 年以上;在提高层段合格率方面,重点攻关了测调一体化和大压差预节流控制配水等关键技术,解决了大斜度井高效测调的难题,最大井斜达 60°,对接成功率达 99%,实现边测边调,测调效率提高了 2 倍,并将最大配水压差由 5 MPa 提高到 12 MPa。在关键技术取得突破的基础上,形成了可满足不同油藏、井况等条件的 7 套标准化管柱,结合在胜利油田内部的推广应用,对分层注水工作实施标准化管柱、标准化测调、标准化检验和标准化运行"四标"管理,并利用产能建设、一体化治理和水井作业等平台对分层注水技术进行了规模化应用。高含水油田精细分层注水技术在胜利油田累计应用 65 611 井次,覆盖注水储量达 $33×10^8$ t,分注率和层段合格率分别提高了 14.8 和 16.2 个百分点,注采对应率提高了 6.6 个百分点,增加可采储量 $1\ 911×10^4$ t,累计增油 $1\ 011×10^4$ t,为提升高含水油田水驱开发质量奠定了基础。

二、整装油藏典型应用——坨 21 沙二 8 单元

1. 区块概况

坨 21 沙二断块位于胜坨油田三区西部,其东、南、北分别以 9 号、7 号、5 号大断层为界,并与坨 11 断块、胜二区、坨 28 断块相邻,西部与边水相接。单元构造是一个东高西低、中部抬起、向西开口的地堑式长条状构造,地层倾角为 2°~3°,构造幅度为 200 m,内部有两条东西走向的小断层,密封较好。

沙二 8 砂组最大含油面积为 2.07 km²,地质储量为 $826×10^4$ t,为三角洲前缘相反韵律沉积,韵律层和隔夹层发育,油层大片分布。坨 21 沙二 8 砂组分为 1-2 和 3 两套开发层系,沙二 8^{1-2} 平均厚度为 12 m,沙二 8^3 平均厚度为 18 m。沙二 8^1 层内部发育 3 个韵律层,沙二 8^2 层内部发育 2 个韵律层,沙二 8^{1-1} 和 8^{1-2} 韵律层夹层分布稳定,对剩余油能够起到有效的遮挡作用;沙二 8^{1-2} 与沙二 8^{1-3} 隔夹层发育不稳定,仅在局部发育,沙二 8^{2-1} 和 8^{2-2} 夹层大片分布。沙二 8^3 层纵向上划分为 3 个韵律层,其中沙二 8^{3-1} 和 8^{3-2} 砂体分布范围较大且韵律层间夹层局部发育,沙二 8^{3-3} 仅在西部发育,厚度相对较薄;沙二 8^{3-2} 与 8^{3-3} 韵律层间有明显的隔夹层,对剩余油能够起到有效的遮挡作用。沙二 8 砂组纵向上划分为 8 个韵律层,沙二 8^{1-2} 层系渗透率级差为 1.95,沙二 8^3 层系渗透率级差为 4.6,层间非均质性较强。

单元油藏埋深为 2 050~2 260 m,油层温度为 81 ℃,原始地层压力为 21.5 MPa,饱和压力为 11.4 MPa,目前地层压力为 14.2 MPa,压力下降 7.3 MPa,属于常温常压系统。原油地下密度为 0.84 g/cm³,地下黏度为 15.7~56.7 mPa·s;地面密度为 0.918 3~0.959 6 g/cm³,地面黏度为 300~3 500 mPa·s;原油物性呈现顶稀边稠、上稀下稠的变化趋势,地饱压差大,边水能量弱,属于反韵律、低饱和油藏。

2. 开发现状

坨 21 沙二 8 砂组目前开油井 29 口,日产液量为 2 952 m³/d,日产油量为 95.7 t/d,综合含水率为 96.8%,平均动液面为 810 m,采出程度为 36.6%;开水井 19 口,日注能力为 2 964 m³/d,注采对应率为 87.5%,层段合格率为 76%,分注率为 63%,自然递减率为 9.0%。

3. 存在的主要问题

1) 韵律层注采对应率低

通过韵律层精细对比(表 5-2-1)可知,韵律层注采对应率仅为 71.6%,低于单元小层注

采对应率(88.5%)。该单元19口水井共钻遇63个小层,正注层有40个,其中欠注层有10个,不吸水层有6个,待射孔层有9个,水驱动用程度仅为70%。

表 5-2-1　韵律层对应率统计表

韵律层	单层	韵律层			
	对应率/%	对应率/%	一向对应率/%	二向对应率/%	三向及以上对应率/%
8^{1-1}		72.8	18.9	42.8	11.1
8^{1-2}	87.2	83.8	23.3	33.3	17.2
8^{1-3}		45.2	15.2	32.1	
8^{2-1}		50.0	42.5	7.5	
8^{2-2}	82.3	100.0	25.0	35.2	15.0
8^{3-1}		60.0	10.0	38.5	10.0
8^{3-2}	89.2	78.0	50.0	28.0	
8^{3-3}		65.3	60.1	5.2	
8砂组	88.5	71.6	30.6	27.8	13.2

2)注水状况层间差异大

沙二8砂组纵向上划分为8个韵律层,韵律层各小层水驱效果如图5-2-1所示,除8^{1-2}和8^{1-3}外,其他韵律层间隔夹层发育较稳定。8^{1-2}层系内渗透率级差为1.95,8^3层系内渗透率级差为4.6,层间非均质性较强。

韵律层注水差异较大,沙二8^{1-2}和8^{3-1}主力韵律层干扰非主力层动用,11个井组层间动用不均衡。8^{1-1},8^{2-1}和8^{3-3}韵律层启动压力高,为8.12~8.99 MPa,吸水指数低,需要细分后配套工艺措施以进一步提高注水量。

8^{1-1},8^{2-1}和8^{3-3}韵律层动用差,采出程度为30.2%~32.6%,韵律层驱油效率为31.6%~34.9%,含油饱和度为40.2%~41.8%,剩余油潜力大,生产时液量低,含水率为89%~95%,下一步需要重点加强3个韵律层的注水。

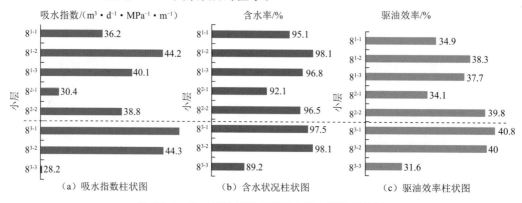

图 5-2-1　沙二8砂组韵律层各小层水驱效果统计

4. 技术对策

鉴于上述问题,对坨21沙二8砂组通过韵律层细分实现纵向均衡驱替,采用层系内细分注水技术进行韵律层细分;通过差异注采实现均衡水驱,采用矢量配注技术,有效控制自然递减率和含水上升率。总原则是老井利用新工艺细分,新井全部细分。分层标准为层间细分到小层,层内细分到韵律层,划分为2～6段注水。采用韵律多级细分、薄互层细分及大厚层层内卡封技术,依托实时测控分层注采技术和测调一体化分层注水技术进行细分多段注水,动停主力韵律层,同时攻欠增注非主力韵律层(图5-2-2),方案部署水井工作量20井次。

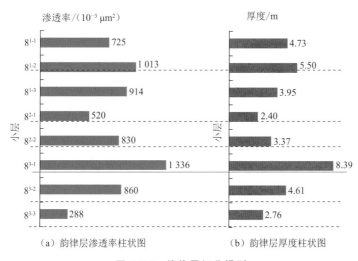

（a）韵律层渗透率柱状图　　　（b）韵律层厚度柱状图

图 5-2-2　韵律层细分规则

5. 实施情况及效果分析

试验区实施细分注水17井次,其中以矢量井网为依托的小层分注5井次,在现有射开层位基础上层系内细分韵律层注水9井次,根据韵律层井网需求韵律层补孔细分注水3井次。按照工艺技术来分,测调一体化精细分注技术实施12井次,实时测控分层注水技术5井次。攻欠增注韵律层39个,减少低效日注水量340 m³/d,减少日产液量310 m³/d。注采对应率由88.5%上升至98.1%,分注率由68.4%上升至95.6%,层段合格率由75.9%上升至92.2%,单元日产油量增加6.2 t/d,综合含水率下降0.46%,自然递减率降低1.58%。

6. 典型井组

1）存在问题

在对 ST3-11-178 井组分层流量和吸水剖面进行对比分析后,发现两个问题:
(1) 层间干扰严重,潜力层 8^{1-1} 和 8^{1-3} 动用差;
(2) 单井产液量差异大,流线不均衡,如图5-2-3所示。

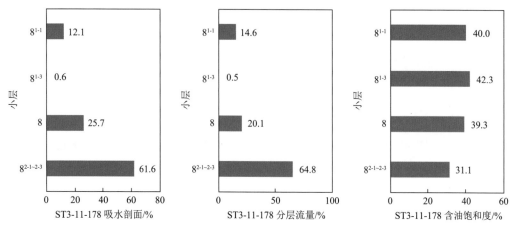

图 5-2-3　井组油水井小层生产情况分析

2）技术对策

针对 ST3-11-178 井组存在的问题，制定多层分注调整措施：

（1）运用韵律层细分技术将 2 段细分为 4 段，如图 5-2-4 所示，管柱如图 5-2-5 所示；

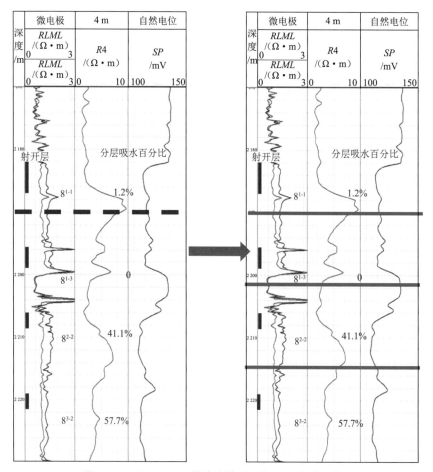

图 5-2-4　ST3-11-178 井分注前后示意图（2 段分 4 段）

（2）酸化＋调配加强次主力层注水,控制主力层注水,如图 5-2-6 所示；

（3）对次流线油井小幅提液,主流线小幅降液。

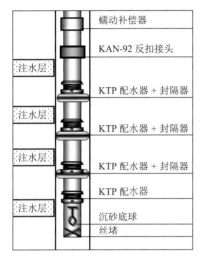

图 5-2-5　精细分层注水完井管柱

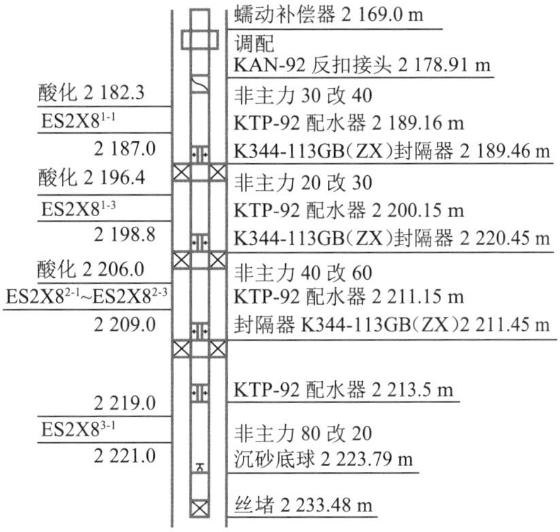

图 5-2-6　ST3-11-178 井下管柱图及调整措施

3）实施效果

措施实施后有效减缓了层间干扰,增加 2 个分注层段,层段合格率为 100％,井区累增油 425 t,如图 5-2-7 所示。

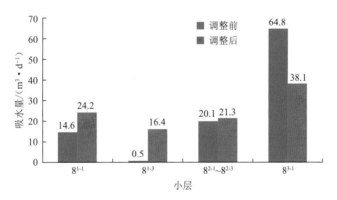

图 5-2-7　ST3-11-178 井组调整前后吸水量对比柱状图

三、断块油藏典型应用——现河庄河 31 块

1. 区块概况

河 31 断块地面位置位于现河庄油田西部,为典型的复杂断块油藏,动用含油面积为 3.6 km²,地质储量为 961×10⁴ t,标定采收率为 50.9％（表 5-2-2）；地层发育较为齐全,自上而下为平原组、明化镇组、馆陶组、东营组以及沙河街组的沙一段、沙二段、沙三段；主要

含油层系为东三、沙一、沙二,埋深 1 700~2 600 m。

表 5-2-2　河 31 断块油藏参数表

项　目	数　据	项　目	数　据
含油面积/km²	3.6	地层压力系数	0.97
有效厚度/m	18	原油体积系数	1.128
地质储量/(10⁴ t)	961	地下原油黏度/(mPa·s)	6.2~252
可采储量/(10⁴ t)	478.6	地面原油黏度/(mPa·s)	116~4 500
标定采收率/%	49.8	地下原油密度/(g·cm⁻³)	0.813 1~0.890 0
油藏深度/m	1 750~2 470	地面原油密度/(g·cm⁻³)	0.88~0.96
孔隙度/%	23~32	原始油气比/(m³·t⁻¹)	20~25
平均渗透率/(10⁻³ μm²)	538	油层温度/℃	84~95
原始含油饱和度/%	53~82	凝固点/℃	26~36
原始地层压力/MPa	19.8~20.6	总矿化度/(mg·L⁻¹)	21 000~48 000
饱和压力/MPa	6.6~8.4	水　型	CaCl₂

河 31 块为中高渗透油藏,平均孔隙度为 26.3%,平均空气渗透率为 1 128×10⁻³ μm²。纵向上含油层系多,非均质差异大,渗透率介于(69~2 821)×10⁻³ μm² 之间,平均渗透率为 538×10⁻³ μm²,层间渗透率级差为 40.8,非均质性严重。东营组渗透率介于(440~2 821)×10⁻³ μm² 之间,平均渗透率为 1 574×10⁻³ μm²,为高孔高渗储层,层间渗透率级差为 6.1。沙一段渗透率介于(69~1 459)×10⁻³ μm² 之间,平均渗透率为 532×10⁻³ μm²,为高孔高渗储层,层间渗透率级差为 21.4。沙二 1~5 层系渗透率介于(232~798)×10⁻³ μm² 之间,平均渗透率为 511×10⁻³ μm²,为高孔高渗储层,层间渗透率级差为 3.4。沙二 6~10 层系渗透率介于(128~601)×10⁻³ μm² 之间,平均渗透率为 325×10⁻³ μm²,为高孔高渗储层,层间渗透率级差为 4.7。

河 31 块开油井 74 口,平均单井日产液量为 77.1 t/d,平均单井日产油量为 2 t/d,综合含水率为 97.3%,动液面为 793 m;开水井 46 口,平均单井日注水量为 118.6 m³/d,注采比为 0.94。

2. 存在的主要问题

河 31 块注水开发主要存在以下问题:

(1)注水层多,细分程度低,层间干扰严重。

河 31 块水井共 55 口,开水井 46 口,其中单注井 7 口、分注井 39 口,分注率为 84.8%,层段合格率为 64.9%;细分井数 13 口,细分率为 28%;一级两段分注 26 口,二级三段分注 10 口,三级四段分注 3 口。总体细分率及层段合格率较低。

例如,河 31 单元沙二 6~10 层系纵向跨度为 189 m,含油小层 19 个,渗透率级差为 4.7。由于层间物性差异较大,故注水有效率不足。其中,沙二 6²⁻³层渗透率较低,导致吸水较差,剩余油饱和度较高,需层系内细分注水。

以河 31-更斜 38 井为例,井组连通如图 5-2-8 所示。该井为河 31 块沙二 3～5 层系和沙二 6～7 层系共用水井,对应 4 口油井,分别是河 31-斜 88、河 31-斜 109、河 31-斜 66 和河 31-斜 89 井。目前井组日产液量 253.4 t/d,日产油量 6 t/d,含水率 97.7%,平均动液面 324 m,日注水量 139 m³/d,注采比 0.55。

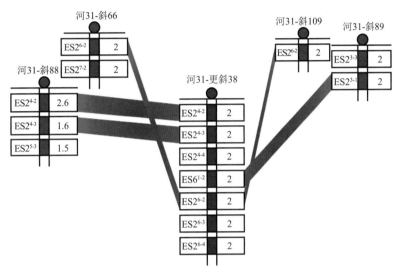

图 5-2-8　河 31-更斜 38 井组栅状连通图

沙二 6^{1-4} 未动停时,吸水剖面显示注入水全部进入沙二 6^4 小层,沙二 4^{2-4} 吸水较差,沙二 6^1 油井无对应注水,亟须补充能量。为实现沙二 4 及沙二 6 层系均衡注水,补充地层能量,对河 31-更斜 38 井进行细分。细分后,沙二 4 和沙二 6^4 吸水状况发生变化,沙二 6^{1-3} 吸水差。

(2) 超欠注层多,不合格层待治理。

河 31 单元测试不合格的注水井有 6 口,欠注层 6 层、超注层 2 层,层段合格率偏低,仅为 64.9%(表 5-2-3)。

表 5-2-3　河 31 单元层段合格率表

单　元	井数/口	层数/层	检查层/层	合格层/层	超注层/层	欠注层/层	不清层/层	层段合格率/%
河 31	39	94	94	61	1	11	21	64.9

3. 技术对策

油藏上从各小层的渗透率、采出程度出发,针对该区块储层性质、井筒状况等特点,优化工艺技术配套措施,考虑实施两级、三级细分注水:对照前期注水状况,对欠注井实施酸化,对层间差异大的分注井实施大压差分级节流配水,大井斜配套管柱扶正,综合治理,保证细分管柱长效性,提高区块注水开发效果。

4. 实施情况及效果分析

累计 16 口井实施分注,其中 2 层实施 4 口井,3 层实施 4 口井,4 层实施 5 口井,5 层实施 3 口井。根据层间压差情况,在河 31 单元配套实施大压差分注 7 口井,成功率 100%,总层数 28 层,其中 23 层测试合格,层段合格率为 82%。实施后区块总层段合格率为 87.5%,层段合格率提高了 22.6%;日产油量由 89.2 t/d 上升至 107.9 t/d,综合含水率由 98.1% 下降至 97.5%。

(1) 河 31-更斜 103 井组见效。

该井组中河 31-更斜 103 井于 2017 年 11 月进行 5 层细分,完井配套大压差分注技术,优化酸化措施,合并酸化沙二 $6^{4-1} \sim 7^3$ 层后,完井单独酸化沙二 $5^4 \sim 6^1$ 层,开井油压为 11.8 MPa,日注水 140 m³,5 层测试合格。2018 年 1 月,对应油井河 31-斜 109、河 31-侧 38 注水见效,累增油 53 t。

(2) 河 31-斜 143 井组见效。

该井组中河 31-更 31 井为分注井,4 层细分,配套大压差分注技术,利用 40 臂测井+磁定位校深来保证卡封长效,生产时间为 384 d,4 层测调均合格。通过细分实现了对弱吸水主力层的有效治理,2017 年 7 月对应油井河 31-斜 143 注水见效,日增油 4.8 t,综合含水率下降 0.7%。

四、低渗透油藏典型应用——纯化油田纯 6 块

1. 区块概况

纯化油田纯 6 块地处山东省博兴县纯化镇西部,区域构造位置位于东营凹陷南斜坡、纯化—草桥鼻状构造带西端,主力含油层系为沙四上,油藏埋深 2 200～2 350 m,含油面积 10 km²,石油地质储量 1 221×10⁴ t,标定采收率 28%。

纯 6 块于 1970 年投入开发,1977 年转为注水开发,1990 年在 C23 和 C11 单元进行了加密调整,分层系完善了注采井网,2000 年开始零星调整完善,2012 年完成该块的油藏描述工作,2014 年开展综合一体化调整,目前采用一套井网进行开发。含油层系为新生界下第三系沙四段,纵向上可分为 5 个砂层组、19 个含油小层,其中主力小层有 7 个($C1^2$,$C1^3$,$C2^{3+4}$,$C3^3$,$C3^5$,$C4^1$,$C5^1$)。纯 6 块水井总数为 54 口,开井 44 口,日产液量为 556.6 t/d,日产油量为 80 t/d,平均单井日产液量为 12.7 t/d,单井日产油量为 1.8 t/d,综合含水率为 85.6%,动液面为 1 409 m;水井总数为 31 口,开水井 27 口,日注水量为 521 m³/d,平均单井日注水量为 19.3 m³/d,累积注水量为 1 247.7×10⁴ m³,月注采比为 0.90,累注采比为 1.38。

2. 存在问题

纯 6 块注水开发主要存在以下问题:

(1) 层间干扰严重,纵向驱替不均衡。

各小层吸水状况与储层物性一致,主力小层吸水状况较好,其中 $C1^2$,$C2^{3+4}$ 和 $C1^1$ 吸水状况最好,$C1^3$,$C3^3$ 和 $C3^5$ 次之,其他小层吸水状况较差,C2～C3 砂层组吸水指示曲线如图

5-2-9 所示。C1 和 C2 砂层组采出程度较高,但剩余地质储量仍较高,非主力层动用程度低,开发情况如图 5-2-10 所示。

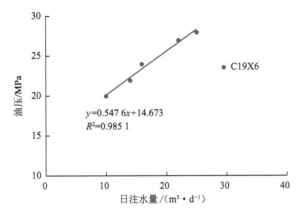

图 5-2-9 纯 6 块 C2~C3 砂层组吸水指示曲线

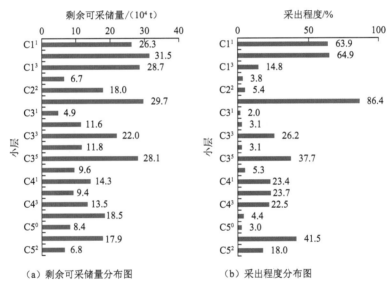

（a）剩余可采储量分布图　　　　　（b）采出程度分布图

图 5-2-10 纯 6 块剩余可采储量与采出程度分布图

（2）细分程度低,不能满足油藏需求。

纯 6 块目前分注井有 23 口,分注率达 74.1%,全部采用两级分注,如图 5-2-11 所示,层间注水启动压差大,达到 10.9 MPa,制约细分程度的提高。

3. 技术对策

针对上述问题,纯 6 块共部署油水井工作量 14 口,其中油井大修 2 口、水井调剖 2 口、水井分注 10 口。根据该区块高温高压特点,配套锚定补偿分注技术;对于两层大压差分注井,配套锚定补偿双管分注技术;对于 3 层及以上分注井,配套高温高压测调一体化分注技术。

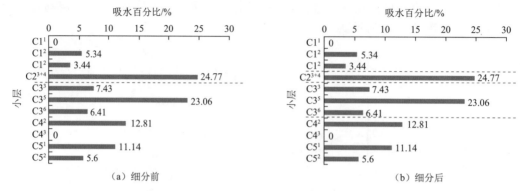

图 5-2-11　C6-39 井细分前后吸水剖面示意图

4. 实施情况及效果分析

完成全部 10 口水井分注的工作量,其中双管分注实施 2 口,高温高压测调一体化分注实施 8 口,实施成功率 100%,分注率提高了 58.1%,注采对应率提高了 12.9%,层段合格率提高了 19.4%,实施效果如图 5-2-12 所示。

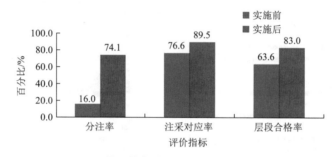

图 5-2-12　纯 6 块实施水井分注前后效果对比图

第三节　复杂井况快速诊断及井下液压修井技术应用

一、总体应用情况

针对老油田套损井数多(全国 2 万余口,其中胜利油田 7 890 口,约占总油水井数的 30%)、井况差的现状,常规修井作业利用大修设备产生提放、旋转动力,并依靠油管或钻杆传递到待修部位,存在管柱自重和弯曲的井眼轨迹导致沿程损耗大(轴向力损失 1/3~1/2),复杂井况或水平井修井效率低、成本高等问题。针对这些问题,研发了井下液压增力、液压整形、液压加固补贴、液压震击增力打捞等液压修井技术并进行了推广。2008—2019 年间累计应用 8 640 井次,累计增油 185.1×10⁴ t,见表 5-3-1。

表 5-3-1 复杂井况快速诊断及井下液压修井技术应用效果统计表

序 号	年 度	防砂井次	累增油量/(10^4 t)
1	2008	699	24.14
2	2009	764	23.05
3	2010	752	19.68
4	2011	711	14.45
5	2012	865	18.43
6	2013	815	14.75
7	2014	641	17.21
8	2015	671	12.78
9	2016	471	11.34
10	2017	671	14.32
11	2018	759	11.00
12	2019	821	4.14
合 计		8 640	185.1

按示范区单井增加可采储量计算方法,直井修井增加可采储量 2 000 t/井次,水平井扶停增加可采储量 5 000 t/井次,复杂井况快速诊断及井下液压修井技术累计增加可采储量 912×10^4 t。

二、典型井例应用效果

1. 孤岛 1-5-20 井

1)基本情况

孤岛 1-5-20 井是一口注水井,套管发生严重缩径,利用铅印、40 臂井径成像测井等测试仪器测得在 1 252.39～1 264.51 m 段套管发生变形,最大缩径至 102 mm。

利用套损井修复专家系统进行作业方案推荐和工序优化(图 5-3-1 和表 5-3-2),利用滚珠整形工艺进行修复。

□选择方案	方案三:套管液压整形工艺技术(滚珠胀头)				
编 号	工具名称	数 量	长度/m	下深/m	操 作
1	滚珠胀头	2			
2	液压胀管增力器	10			
3	锚定器	1			
4	油 管	5			
操作说明					查看方案详情

图 5-3-1 孤岛 1-5-20 井修复工艺推荐方案

表 5-3-2　孤岛 1-5-20 井修复推荐工序

工　序	滚珠胀头外径/mm	预期整形后套管内径/mm
1	104	110～114
2	110	116～120

2）工艺管柱组合

液压滚珠整形工艺管柱（自下而上）为：液压滚珠整形工具＋液压增力装置＋套管锚定器＋提升短节＋2⅞ in 油管至井口。

3）施工过程

滚珠整形工艺施工过程为：

（1）通井，刮管。用外径 115 mm、长度 3 m 的通井规通井至 1 252.39 m 套管变形处。在套管锚定器锚定位置 1 240～1 245 m 上下 10 m 左右进行反复刮削（5 次以上）。

（2）下液压滚珠整形管柱。液压滚珠整形管柱下至整形段上界 1 532～1 237 m 时，上下活动管柱，检查套管液面是否在井口，保证油管和套管压力平衡，以利于套管锚定器锚定。

（3）整形。缓慢下放管柱至变形位置 1 252.39 m 处，按照 20 kN 的阶梯载荷逐渐加压至悬重表指示为零。利用泵车从油管内加液压，泵车起压后，减小泵车排量，升压至 12 MPa，再突降，管柱下行 0.5 m，经过 10 次反复打压整形，整形工具顺利通过，缓慢下压管柱，加压至悬重表指示为零，继续进行液压增力整形，重复上述步骤，直至完成套管变形段的全部整形。整形完毕后，缓慢上提管柱至初始变形位置以上 2 m 左右，然后下放管柱，若无遇阻现象，则管柱顺利通过变形位置。

根据套管整形的作业设计要求，下入 ϕ110 mm 的液压滚珠整形工具继续进行整形，重复上述步骤，进行液压分级整形施工，升压至 15 MPa，再突降，管柱下行 0.5 m，经过 12 次反复打压整形，整形工具顺利通过，上提管柱至初始变形位置以上 2 m 左右，然后下放管柱，若无遇阻现象，则管柱顺利通过变形位置。

（4）通井。按照设计要求用 ϕ116 mm×3 m 的通井规进行通井，管柱顺利通过变形位置，通井至人工井底，成功完成该井的整形施工。

4）应用效果评价

孤岛 1-5-20 井用 ϕ104 mm 和 ϕ110 mm 系列两道工序进行滚珠整形，整形后利用 ϕ116 mm×2 m 通井规通井，恢复作业通道，顺利完成该井的整形施工并恢复正常注水。

2. 莱 38-82 井

1）基本情况

莱 38-82 井 40 臂带流量测井显示 1 278.6 m 处井温、流量均出现异常，下入封隔器验套，确定破损段位于 1 269.3～1 290.8 m。决定应用液压加固补贴工艺对油层套管 1 268～

1 292 m 处存在的破损进行修复,为下一步作业施工做准备。

2）管柱组成

外管柱从下到上为:下胀头＋回接丢手机构＋下密封管＋直连管×24 m＋上密封管。

内管柱从下到上为:插入密封机构＋下增力器＋下水力锚＋连接杆＋上水力锚＋长度补偿机构＋上胀头＋提升短节＋油管至井口。

3）施工过程

液压加固补贴工艺施工过程为:

（1）下入模拟管柱(ϕ154 mm×8 m 模拟管＋油管串),通井至 1 300 m 处,若无遇阻现象,则起出通井管柱。

（2）下入补贴管柱至 1 292 m。

（3）补贴施工。工具到位后,反循环洗井至进出口水质一致,投球,油管依次打压 5 MPa,8 MPa 和 15 MPa(各稳压 5 min),待补贴完成,继续打压至 19.5 MPa,实现工具丢手。

（4）验套。补贴后套管试压 21 MPa,若 5 min 内压降小于 0.5 MPa,则加固补贴成功。

4）应用效果评价

莱 38-82 井利用液压加固补贴技术进行套损修复,补贴长度为 24 m,作业时间共 1.5 d。该井修复后恢复日产液量 9.5 t/d,日产油量 5.5 t/d,增油效果显著。

参 考 文 献

[1] JOHANCSIK C A. Torque and drag in directional wells—Prediction and measurement[C]. SPE 11380,1983.

[2] PAYNE M L. Advanced tonque and drag considerations in extended-reach wells [C]. SPE 35102-MS,1997.

[3] CAI Q J,ZHOU Z Q,WANG Z L,et al. Completion technique of sidetracked horizontal well[C]. SPE 50920-MS,1998.

[4] 冯跃平,潘迎德,黄友梅.射孔对产层的损害机理及评价标准[J].天然气工业,1991, 11(6):57-60.

[5] 薄眠,陈勋,巩永丰,等.辽河油田侧钻井技术[J].石油钻采工艺,2003,25(2):21-24.

[6] KRUEGER P F. An improved modeling program for computing the torque and directional and deep wells[C]. SPE 18047,1986.

[7] JOSHI S D. Horizontal well technology[M]. Tulsa:PennWell Corporation,1991.

[8] 万仁溥.现代完井工程[M].北京:石油工业出版社,2000.

[9] 万仁溥.中国不同类型油藏水平井开采技术[J].北京:石油工业出版社,1997.

[10] 王增林,杨恒林,闫相祯,等.侧钻水平井尾管搭接高度分析[J].石油矿场机械, 2001,30(5):32-34.

[11] 王增林,张全胜.胜利油田水平井完井及采油配套技术[J].油气地质与采收率, 2008,15(6):1-5.

[12] 赵平,陈国华.2005—2006年国内外测井技术现状及发展趋势[J].测井与射孔, 2007,3(6):1-8.

[13] 杜丙国.水平井裸眼分段挤压充填防砂完井工艺[J].石油钻采工艺,2015,37(2): 47-50.

[14] 王增林,曹均合,褚小兵.国内外石油技术进展[M].北京:中国石化出版社,2005.

[15] 贾锁刚,董长银,武龙,等.疏松砂岩油藏水平井管外地层塑性挤压充填模拟[J].中国石油大学学报(自然科学版),2013,37(6):65-71.

[16] 张翼,龙武,宋海,等.水平井封隔体充填调流控水筛管完井技术研究与应用[J].石

油实验地质,2016,38(s1):140-144.

[17] 孙焕泉,王增林.胜利油田水平井技术文集[C].北京:石油工业出版社,2008.

[18] 吴建平.HSS-150水平井卡瓦式高压充填工具的研制[J].石油机械,2010,38(11):
54-56.

[19] 万仁溥,罗英俊.采油技术手册(第七分册)[M].北京:石油工业出版社,1991.

[20] 张绍槐,罗平亚,等.保护储集层技术[M].北京:石油工业出版社,1993.

[21] 沈忠厚.油井设计基础和计算[M].北京:石油工业出版社,1988.

[22] 陈红伟,郝振宪,何汉坤,等.水平井设计应用与展望[J].钻采工艺,2004(5):8-11.

[23] 李根生.水力喷砂射孔机理试验研究[J].石油大学学报(自然科学版),2002,4(3):
62-66.

[24] BREKKE K,JOHANSEN T E,OLUSFEN R A. New modular approach to comprehensive simulation of horizontal wells[C]. SPE 26518,1993.

[25] 杨喜柱,刘树新,薛秀敏,等.水平井裸眼砾石充填防砂工艺研究与应用[J].石油钻
采工艺,2009,31(3):76-78.

[26] ZASLAVASKY D,IRM S. Physical principle of percolation and seepage[C]. SPE 19824,
1968.

[27] 梅庆文,陈孝贤,王玲娜,等.文昌油田裸眼水平井砾石充填防砂技术应用及分析
[J].特种油气藏,2007,14(3):95-98.

[28] 白易,董长银,任闽燕,等.水平井砾石充填可视化模拟及充填效果评价[J].科学技
术与工程,2012,12(17):4149-4153.

[29] 吴建平.水平井砾石充填防砂施工参数模拟研究[J].油气地质与采收率,2009,16
(3):104-106.

[30] 关月,袁照永.水平井防倒流砾石充填工具的改进与应用[J].石油钻采工艺,2015,
(6):117-118.

[31] TOSHI S D. A review of horizontal well and drainhole technology[C]. SPE 16868,
1987.

[32] LENN CHRIS. Production logging in high-angle wells:Middle east examples[J].
World Oil,1998,219(7):85-89.

[33] COBBETT S. Sand jet perforating revisited[J]. SPE Drilling & Completion,1999,
14(1):28-33.

[34] TIFFIN D L,KING G E,et al. New criteria for gravel and screen selection for sand
control[C]. SPE 39437,1998.

[35] AKENOMIDESM J,NOLTEK G. Reservoir stimulation[M]. 3rd ed. 北京:石油工
业出版社,2002.

[36] DIKKEN B J. Pressure drop in horizontal wells and its effect on production performance[J]. Journal of Petroleum Technology,1990,11:1426-1433.

[37] 池明,刘德华.特高含水砂岩油田细分注水技术界限研究[J].中国石油和化工标准

与质量,2013(5):122,126.

[38] 丁晓芳,张一羽,刘海涛.双管分层注水工艺技术的研究与应用[J].石油机械,2009,37(10):50-51.

[39] 丁晓芳,范春宇,刘海涛,等.集成细分注水管柱研究与应用[J].石油机械,2009,37(3):61-63.

[40] 王增林.胜利油田分层注水工艺技术研究与实践[J].油气地质与采收率,2018,25(6):1-6.

[41] 王增林,辛林涛,崔玉海,等.埕岛浅海油田注水管柱及配套工艺技术[J].石油钻采工艺,2001,23(3):64-67.

[42] 王增林,孙宝全,董社霞,等.埕岛油田油水井安全控制系统[J].石油机械,2001,29(6):35-37.

[43] 王增林,崔玉海,郭海萱,等.锚定补偿式分层注水管柱研究及应用[J].石油机械,2001,29(7):30-32.

[44] 王增林,田帅承,孙宝全,等.单甲基丙烯酸锌对氢化丁腈橡胶复合材料性能的影响[J].橡胶工业,2016,63(6):332-335.

[45] 王增林,马珍福,陈静哲,等.单甲基丙烯酸锌改性氢化丁腈橡胶老化过程的力学性能演变及其老化动力学[J].合成橡胶工业,2019,42(3):204-208.

[46] 张书进,王中国,孙宏志,等.大庆油田提高测调效率工艺技术新进展[J].大庆石油地质与开发,2009,28(5):243-245.

[47] 谭文斌.油田注水开发的决策部署研究[M].北京:石油工业出版社,2000.

[48] 宋显民,孙成林,陈雷,等.深斜井偏心定量早期分注技术[J].石油钻采工艺,2007(s1):78-84.

[49] 刘新.水驱特高含水期细分注水技术界限研究[J].中国新技术新产品,2011(19):22-23.

[50] 刚振宝,卫秀芬.大庆油田机械分层注水技术回顾与展望[J].特种油气藏,2006,13(15):4-9.

[51] 袁铁燕,王修利,张传军,等.大庆油田高含水后期细分注水工艺技术[J].石油钻采工艺,1998,20(5):85-88.

[52] 刘富,张桂林.吐玉克油田注水开发存在的问题与技术对策[J].新疆石油天然气,2008,4(3):59-62.

[53] 张红伟,谷磊,郝文民,等.胡状集油田分层注水开发对策[J].内蒙古石油化工,2008(18):131-132.

[54] 杨国庆,侯宪文,刘玉龙.萨北油田注水工艺技术发展方向及评价[J].大庆石油地质与开发,2006,25(s1):51-53.

[55] 杨康敏,马宏伟,杨军虎,等.河南油田特高含水期分层注水配套工艺技术[J].钻采工艺,2002,25(1):55-57,67.

[56] 侯建华,邵建中,苑晓荣.濮城油田特高含水期高压分层注水工艺技术[J].钻采工

艺,2005,28(3):112-114.

[57] ZHOU W,XIE Z Y,LI J S,et al. The development and practice of separate layer oil production technology in Daqing oilfield[C]. SPE 30813,1997.

[58] PEI X H,YANG Z P,BAN L,et al. History and actuality of separate layer oil production technologies in Daqing oilfield[C]. SPE 100859,2006.

[59] YANG Y,ZHANG S J,LI C S,et al. Case histories of production technologies in separate zone water flooding in Daqing oilfield[R]. IPTC 12512,2008.

[60] 夏庆.萨中开发区特高含水期细分注水方法及配套工艺技术研究[D].黑龙江:大庆石油学院,2008.

[61] 张齐鸣,袁林,石建设.JSY341型封隔配水器的研制与应用[J].石油钻探技术,2006,34(3):75-77.

[62] 徐广天,米忠庆,张传军,等.注水井高效测调技术的开发与应用[J].石油科技论坛,2010,29(6):28-32,72.

[63] 邓刚,王琦,高哲.桥式偏心分层注水及测试新技术[J].油气井测试,2002(3):23-27.

[64] 石晓渠,马道样.注水井合理配注水量计算方法研究[J].西部探矿程,2008(9):101-106.

[65] 巨亚锋,王治国,马红星.分层注水井智能测试调配技术试验评价[J].油气井测试,2006(6):73-79.

[66] 李增仁.高压注水井分注技术研究[J].钻采工艺,2003,26(3):109-111.

[67] 张琪.采油工程原理与设计[M].东营:石油大学出版社,2000.

[68] 张冰华.用于偏心分层注水的可调堵塞器的研制[J].机械电子工程,2007(3):41-45.

[69] 程智远,翁博,黄大云,等.同心集成分注工艺技术研究与应用[J].西部探矿工程,2006,18(3):59-60.

[70] 孔宪辉,卢德唐,林春阳.配水器流场的数值模拟[J].水动力学研究与进展,2007,1(1):2-3.

[71] 任向阳,罗江涛,龙远强,等.同心集成式分注工艺在江苏油田的推广应用[J].小型油气藏,2006,11(1):64-67.

[72] HOU G D. Research on zonal injection technology of Triassic ultra-low permeability reservoir in Changqing oilfield[J]. Fault-Block Oil & Gas Field,2008(2):76-80.

[73] 贾兆军,李金发,陈新民.桥式偏心分层注水技术在平方王油田的试验[J].石油机械,2006,34(3):66-68.

[74] 袁恩熙.工程流体力学[M].北京:石油工业出版社,2002.

[75] 陈国定,HAISER H,HAAS W,等."O"形密封圈的有限元力学分析[J].机械科学与技术,2000,19(5):740-741,744.

[76] 沃林 R H. 密封件与密封手册[M].宋学义,张尔正,译.北京:国防工业出版社,1990.

[77] 顾永泉.流体动密封[M].东营:石油大学出版社,1990.

[78] 成大先.机械设计手册第五版(第一卷)[M].北京:化学工业出版社,2007.

[79] 裴承河,陈守民,陈军斌.分层注水技术在长6油藏开发中的应用[J].西安石油大学学报(自然科学版),2006,21(2):121-125.

[80] AMIRANTE R,DEL VESCOVO G,LIPPOLIS A. Flow forces analysis of an open center hydraulic directional control valve sliding spool[J]. Energy Conversion and Management,2006,47(1):114-131.

[81] 李万平.计算流体力学[M].武汉:华中科技大学出版社,2004.

[82] SY/T 5906—2003 配水水嘴嘴损曲线图版制作方法[S].

[83] 王文涛.关于油藏细分注水的研究及探讨[J].中国石油和化工标准与质量,2013,33(15):178.

[84] 邹艳华,李远,那贺忠.注水井分层流量调配方法研究[J].气井测试,2003,12(3):4-6.

[85] 王鹏.海上油田套损修复井小直径防砂分注可行性研究[J].内江科技,2017,38(3):63-64.

[86] 李常友.胜利油田测调一体化分层注水工艺技术新进展[J].石油机械,2015,43(6):66-70.

[87] 崔传智,刘力军,丰雅,等.基于均衡驱替的分段注水层段划分及合理配注方法[J].油气地质与采收率,2017,24(4):67-71.

[88] 崔传智,安然,李凯凯.低渗透油藏水驱注采压差优化研究[J].特种油气藏,2016,23(3):83-85.

[89] 李常友.预节流测调一体化配水技术研究与应用[J].石油机械,2017,45(1):90-94.

[90] 张一羽,王宏万,韩封,等.YJLP-112预节流防刺配水器的研制与应用[J].石油机械,2014,42(6):61-64.

[91] 石建设,陶晓玲,何建民.井下分层流量-压力测试与水嘴调配[J].石油机械,2003,31(1):39-40.

[92] 王东琪,殷代印.特低渗透油藏水驱开发效果评价[J].特种油气藏,2017,24(6):107-110.

[93] 黄迎松.三角洲沉积厚油层韵律层提高采收率技术政策研究[J].石油地质与工程,2008,22(2):52-54.

[94] 王建华,孙栋,李和义,等.精细分层注水研究与应用[J].油气井测试,2011,20(4):11-16.

[95] 杨康敏,罗洪友,马宏伟,等.厚油层液力投捞细分注水工艺技术[J].石油钻采工艺,2002,24(2):15-16.

[96] 于欢,蒋建宁,杨军虎,等.细分注水液力投捞技术的研究与应用[J].辽宁工程技术大学学报,2003,22(2):208-210.

[97] 陈荣芹.复杂断块油藏细分注水开发方案优化研究[J].断块油气田,2006(1):12-13.

[98] 毛莜菲,汤苏林.边界层对喷水推进器进水管内流场影响[J].水动力学研究与进展(A辑),2005,20(4):479-485.

[99] 张成龙,李再峰,白延光,等.氢化度与丙烯腈含量对HNBR硫化胶性能的影响[J].高分子材料科学与工程,2013,29(5):169-172.

[100] 棘灏.机械设计手册[M].北京:机械工业出版社,1998.

[101] 张立新,沈泽俊,李益良,等.我国封隔器技术的发展与应用[J].石油机械,2007,35(8):58-60,74.

[102] 韩新苗,聂松林,葛卫,等.先导式水压溢流阀静动态特性的仿真研究[J].机床与液压,2008,36(10):106-108.

[103] 高钦和,王孙安.基于MATLAB的节流阀调速液压回路计算机仿真[J].机床与液压,2006(6):231-246.

[104] 巨亚峰,于九政,曼耿成,等.姬塬油田多层细分注水工艺技术研究[J].科学技术与工程,2012,12(18):33-39.

[105] 刘永胜.注水井分层智能联动调配系统[J].石油仪器,2007,21(1):62-63.

[106] 谢华,王凤.细分注水方法的研究[J].油气地面工程,2007,26(2):8-9.

[107] 唐高峰,崔玉海,刘海涛,等.GZF高压注水井口测试防喷器的研究与应用[J].石油机械,2003,31(11):35-36,54.

[108] 孟军.油气井测试井口防喷装置的改进和提高[J].天然气工业,1998,18(3):89-90.

[109] 黄晓川.胜坨油田剩余油及韵律层细分开采固井技术[J].钻采工艺,2013,36(3):23-24.

[110] 王宁,白延光,李岩峰,等.吸油膨胀橡胶的制备与性能研究[J]橡胶工业,2013,60(4):206-210.

[111] 武守鹏,王婷,纪彦玲,等.硫化时间对HNBR/HZMMA复合材料形态结构及性能的影响[J].特种橡胶制品,2013,34(3):1-4.

[112] MILLHEIM K K. Bottom-hole assembly analysis of using the finite-element method[J].JPT,1978:96-121.

[113] HO H S. An improved modeling program for computing the torque and directional and deep wells[C]. SPE 18047,1988.

[114] 文云飞.长井段膨胀管补贴在Hu16P3井的应用[J].石油矿场机械,2018,47(4):68-71.

[115] 于新.套管补贴水泥加固修井技术在套损井中的应用[J].石化技术,2018(4):91.

[116] 赵勇.热采井小套管修套工艺技术研究[J].科技视界,2018(21):184-185.

[117] 杨海波,侯婷,冯德杰,等.免钻式膨胀管补贴技术研究与现场试验[J].石油钻探技术,2017,45(5):73-77.

[118] 刘言理,聂上振,齐月魁,等.套损井多次补贴用可变径膨胀锥设计与性能分析[J].石油钻探技术,2017,45(5):78-83.

[119] 姜民政.套损井修复过程中修复力的确定及水泥环损伤机理研究[D].哈尔滨:哈尔滨工程大学,2003.

[120] 艾池.套管损坏机理及理论模型与模拟计算[D].大庆:大庆石油学院,2003.

[121] 尚志峰,何成德,吴占关,等.裸眼段取换套技术实践与认识[J].化工设计通讯,2018,44(2):67.

[122] 李梅.套管损坏采油井修复治理经济评价方法研究[J].化工设计通讯,2018,44(3):213.

[123] 陈会军.泥岩的本构方程及油水井套管剪切破坏机理的研究[D].哈尔滨:哈尔滨工程大学,2003.

[124] 陈磊.油水井套管损坏综合治理工艺研究[J].石化技术,2018,25(9):86.

[125] 练章华,甘全,许定江,等.油井热采水泥环内套管承载应力预测研究[J].计算机仿真,2016,33(12):100-104,168.

[126] 练章华,罗泽利,于浩,等.砂泥岩夹层套管损坏的有限元分析及防控措施[J].石油钻采工艺,2016,38(6):887-892.

[127] 于乐丹.济阳坳陷套管损坏的地质因素分析[J].石化技术,2017(1):82.

[128] 李茂华.套管损坏机理模型分析计算[D].东营:中国石油大学(华东),2008.

[129] WANG G,CHEN Z,XIONG J,et al. Study on the effect of non-uniformity load and casing eccentricity on the casing strength[J].Journal of Oil & Gas Technology,2012,14(10):285-291.

[130] 庞全书.膨胀管套管补贴技术在锦州油田的应用[J].化工管理,2015(29):77.

[131] 伊伟锴.井口连接式长井段套管补贴密封技术[J].内蒙古石油化工,2016,42(3):125-127.

[132] 黄守志,杨晓莉,李涛,等.基于铜密封的耐高温膨胀管套管补贴技术[J].科学技术与工程,2015,15(2):202-205.

[133] 马贵才.膨胀管补贴修复套管技术在油田的应用分析[J].化工管理,2014(36):65.

[134] 李建虎,刘乐.膨胀管补贴技术对套管通径的要求分析[J].化学工程与装备,2015(1):91-93.

[135] 吴春洪,谢永全.实体膨胀管补贴技术在坪北油田的引进与应用[J].江汉石油职工大学学报,2011,24(6):38-40.

[136] 王峰,张有天,杨法仁,等.套管补贴技术在稠油井的应用及效果[J].石油矿场机械,2010,39(11):56-59.

[137] 黄毓林,戴祖福.套管腐蚀的预防及治理工艺技术[J].石油钻采工艺,1995,17(2):76-80.

[138] 张建兵.油气井膨胀管技术机理研究[D].成都:西南石油学院,2005.

[139] 艾池,胡超洋,崔月明.延缓大庆油田标准层套损的套管优选[J].石油钻探技术,2015,46(6):7-12.

[140] 张洪宝.辽河油田高效液压套管整形工具的研制与应用[J].石油钻探技术,2016,

44(3):101-104.

[141] 尹飞,高德利,赵景芳,等.储层压实预测与定向井筒完整性评价研究[J].岩石力学与工程学报,2015,39(s2):4171-4177.

[142] 孙磉礅.孤东油田稠油热采井套损机理及防控措施研究[D].长沙:中南大学,2012.

[143] 张杰.复杂断陷盆地套管损坏原因及预测方法研究[D].青岛:中国海洋大学,2014.

[144] 郭建平.热采井筒多场耦合有限元分析[D].北京:中国地质大学(北京),2009.

[145] 于洪金.套管损坏的力学计算与判定[D].大庆:大庆石油学院,2010.

[146] 韩修廷.大庆油田套管损坏机理研究[D].哈尔滨:哈尔滨工程大学,2003.

[147] 党博,任志平,刘长赞,等.dsPIC33EV 5V 系列数字信号控制器原理及实践[M].西安:电子科技大学出版社,2021.

[148] 杨玲.阵列式瞬变电磁法多层管柱损伤检测技术研究[D].西安:西安石油大学,2019.

[149] 党瑞荣,杨玲,党博,等.套管开窗侧钻井开窗轨迹与窗口形态检测方法[J].西安石油大学学报,2022(网络首发).

[150] 党博,李丹,赵建平,等.偏心阵列式瞬变电磁探伤三维成像方法研究[J].仪表技术与传感器,2020(8):6.

[151] 党博,杨玲,刘长赞,等.瞬变电磁测井信号自适应相干积累检测方法[J].测井技术,2017,41(5):534-537.

[152] YANG L,DANG R,DANG B,et al. Eccentric array-based borehole transient electromagnetic system for NDT of multipipe strings in sidetrack well[J]. Journal of Physics Conference Series,2021,1894(1):012050.

[153] YANG L,DANGR,LIU C,et al. Multiple-eccentric-sensor-based borehole transient electromagnetic system for nondestructive evaluation of oil and gas well casings[J]. IFEDC,2020(7):856-868.